Gefahrstoffe **2021**

Mit aktuellen Arbeitsplatzgrenzwerten

Universum Verlag

Redaktionsschluss: November 2020

Herausgeber und Verlag:
Universum Verlag GmbH, Taunusstraße 54, 65183 Wiesbaden
Internet: www.universum.de
E-Mail: info@universum.de
Geschäftsführer: Hans-Joachim Kiefer, Gernot Leinert
Die Verlagsanschrift ist zugleich ladungsfähige Anschrift der im Impressum genannten Verantwortlichen und Vertretungsberechtigten des Verlags.

Herausgeber der abgedruckten TRGS: BAuA, Ausschuss für Gefahrstoffe (www.baua.de/ags)

Redaktion: Dorothee Otto, Karin Seitz, Wiesbaden
Herstellung: Alexandra Heller, Wiesbaden
Satz: FREIsign GmbH, Wiesbaden
Druck: CPI books GmbH, Birkstraße 10, 25917 Leck

ISBN 978-3-89869-523-7
ISSN 0932-8572

Für den Notfall

Telefon

Betrieb/Abteilung: ______ ______

Betriebs-/Abteilungsleiter: ______ ______

Fachkraft für Arbeitssicherheit: ______ ______

Ersthelfer: ______ ______

Unfallstation: ______ ______

Werks-/Betriebsarzt: ______ ______

Sanitäter: ______ ______

Ersthelfer: ______ ______

Nächstes Krankenhaus: ______ ______

Zentrum für Vergiftungen: ______ ______

Unfallversicherungsträger: ______ ______

(Betriebsnummer): ______

Gewerbeaufsichtsamt/
Amt für Arbeitsschutz: ______ ______

Polizei: ______ ______

Feuerwehr: ______ ______

Krankentransport: ______ ______

Inhalt

Abkürzungen

ABAS	Ausschuss für Biologische Arbeitsstoffe
ABS	Ausschuss für Betriebssicherheit
AGS	Ausschuss für Gefahrstoffe
AGW	Arbeitsplatzgrenzwert
AMR	Arbeitsmedizinische Regeln
ArbMedVV	Verordnung zur arbeitsmedizinischen Vorsorge
ArbStättV	Arbeitsstättenverordnung
ASGW	Allgemeiner Staubgrenzwert
ASiG	Arbeitssicherheitsgesetz
ASR	Technische Regeln für Arbeitsstätten
BAuA	Bundesanstalt für Arbeitsschutz und Arbeitsmedizin
BekGS	Bekanntmachung zu Gefahrstoffen
BetrSichV	Betriebssicherheitsverordnung
BGW	Biologischer Grenzwert
BioStoffV	Biostoffverordnung
BMAS	Bundesministerium für Arbeit und Soziales
CAS	Chemical Abstract Service
ChemG	Chemikaliengesetz
CLP	Classification, Labelling and Packaging (CLP-Verordnung: Verordnung zur Einstufung, Kennzeichnung und Verpackung von Stoffen und Gemischen)
DGUV	Deutsche Gesetzliche Unfallversicherung
DNEL	Derived No-Effect Level
EINECS	European Inventory of Existing Commercial Chemical Substances (Europäisches Verzeichnis kommerzieller Altstoffe)

ELINCS	European List of Notified Chemical Substances (Europäische Liste der angemeldeten chemischen Stoffe, die nach dem 18. September 1981 in der Europäischen Gemeinschaft in Verkehr gebracht wurden)
ERB	Exposition-Risiko-Beziehungen
GefStoffV	Gefahrstoffverordnung
GHS	Globally Harmonized System of Classification and Labelling of Chemicals (Global Harmonisiertes System zur Einstufung und Kennzeichnung von Chemikalien)
H-Sätze	Hazard Statements (Gefahrenhinweise)
KMF	Künstliche Mineralfasern
LASI	Länderausschuss für Arbeitsschutz und Sicherheitstechnik
P-Sätze	Precautionary Statements (Sicherheitshinweise)
REACH	Registration, Evaluation, Authorisation of Chemicals (Registrierung, Evaluation und Autorisierung von Chemikalien)
TRBA	Technische Regeln für Biologische Arbeitsstoffe
TRBS	Technische Regeln für Betriebssicherheit
TRGS	Technische Regeln für Gefahrstoffe
VSK	Verfahrens- und stoffspezifische Kriterien
WGK	Wassergefährdungsklasse
ZED	Zentrale Expositionsdatenbank

Schutzmaßnahmen

Die neue TRGS 500 – Bedeutung für die Praxis

Von Dr. Andreas Königer

Nach mehreren Jahren intensiver Gremienarbeit liegt seit Ende 2019 die komplett überarbeitete Technische Regel für Gefahrstoffe TRGS 500 „Schutzmaßnahmen" vor. Mit ihrer Bekanntmachung im Gemeinsamen Ministerialblatt[1] wurde die bis dahin geltende Technische Regel aus dem Jahre 2008 abgelöst. Gleichzeitig wurde auch die Technische Regel für Gefahrstoffe TRGS 504 „Tätigkeiten mit Exposition gegenüber A- und E-Staub" aufgehoben, da die darin genannten Schutzmaßnahmen in die TRGS 500 integriert wurden.

Die Erwartungen an die neue TRGS waren hoch, vielleicht aber auch die Befürchtungen, dass diese Überarbeitung neue Anforderungen bringen würde. Was für Konsequenzen hat die neue TRGS für die Praxis? Der vorliegende Artikel gibt einen Überblick.

Hintergrund

Eine „TRGS konkretisiert im Rahmen ihres Anwendungsbereiches Anforderungen der Gefahrstoffverordnung. Bei Einhaltung der Technischen Regeln kann der Arbeitgeber insoweit davon ausgehen, dass die entsprechenden Anforderungen der Verordnung erfüllt sind"[2].

Diese Sätze stehen in der Präambel jeder Technischen Regel und beschreiben die sogenannte Vermutungswirkung. An eine Technische Regel werden somit in mehrerlei Hinsicht hohe Anforderungen gestellt. Es ist daher verständlich, dass damit auch die Erwartungen an sie hoch sind:

Eine Technische Regel für Gefahrstoffe soll die Schutzziele und Anforderung der Gefahrstoffverordnung wiedergeben und diese themenbezogen detaillieren. Dabei darf sie selbst keine grundsätzlich neuen Pflichten definieren. Sie muss fachlich und juristisch richtig sein. Die beschriebenen Anforderungen sollen dem Arbeitgeber Rechtssicherheit geben (Vermutungswirkung), und sie müssen für den Vollzug durchführbar sein. Eine TRGS soll ambitioniert einen möglichst hohen Schutz der Beschäftigten erreichen, die Maßnahmen müssen aber immer noch für die Betriebe realistisch, praktikabel und bezahlbar bleiben. Sie muss Anforderungen vollständig und unmissverständlich darstellen, aber dem

Anwender gleichzeitig eine flexible Anpassung an seine betriebsspezifischen Belange ermöglichen. Fast nebenbei soll sie darüber hinaus noch kurz und verständlich lesbar sein.

Mit dieser schwer zu lösenden Aufgabe hatte sich der Arbeitskreis zur Überarbeitung der TRGS 500 bis zuletzt zu beschäftigen, um am Ende eine konsensfähige Technische Regel zu erhalten.

Der Weg zur neuen TRGS 500

Für jede Technische Regel wird im Vorfeld eine Projektskizze erstellt. Darin wird der Handlungsbedarf beschrieben, warum diese zu erstellen oder zu überarbeiten ist. Auch die Zielsetzung, der thematische Umfang und dessen Abgrenzung zu anderen Regelungen werden darin festgelegt.

Die TRGS 500 ist eine sogenannte Grundlagen-TRGS, erkennbar an ihrer vollen 100er-Nummer. Sie stellt mit ihren Ausführungen zu allgemeinen Grundzügen und Anforderungen an Schutzmaßnahmen die Basis für andere Schutzmaßnahmen-TRGS dar.

Eine Technische Regel mit einer solch grundlegenden Aufgabe sollte somit vorliegen, bevor detailliertere Technische Regeln zu speziellen Themen entstehen. Diese idealisierte Vorgehensweise lässt sich jedoch schon allein aus Zeitgründen nicht realisieren und durchhalten.

Geänderte Rechtslage

Seit der letzten Überarbeitung der TRGS 500 im Jahr 2008 wurde das europäische Chemikalienrecht überarbeitet. REACH und die CLP-Verordnung sind seitdem in vollem Umfang gültig geworden.

Die Gefahrstoffverordnung wurde novelliert. Es sind zu einigen speziellen Fragestellungen neue TRGS entstanden, wie zum Beispiel die TRGS 910 „Risikobasiertes Maßnahmenkonzept für Tätigkeiten mit krebserzeugenden Gefahrstoffen", die nun in die TRGS 500 integrierte TRGS 504 „Tätigkeiten mit Exposition gegenüber A- und E-Staub" und die TRGS 561 „Tätigkeiten mit krebserzeugenden Metallen und ihren Verbindungen". Andere vorhandene TRGS wurden überarbeitet und aktualisiert. Dadurch werden nun an verschiedenen Stellen neue oder verbesserte Schutzmaßnahmen beschrieben, die in der ursprünglichen TRGS 500 noch nicht enthalten sein konnten.

Wie in der Projektskizze festgelegt, sollte die neue TRGS 500 Kohärenz mit der aktuellen Gefahrstoffverordnung herstellen. Sie musste dazu die in der Gefahrstoffverordnung beschriebenen Grundpflichten sowie die allgemeinen und zusätzlichen Schutzmaßnahmen ausführen. Zudem sollte sie die allgemeingültigen Maßnahmen anderer TRGS aufgreifen, die dort zwischenzeitlich eingeführt wurden, und diese gewissermaßen

Inhalt der TRGS 500

aus den speziellen TRGS herausziehen. Auch besondere Themen sollten eingearbeitet und dabei auf Schnittstellen zu anderen TRGS hingewiesen werden.

Was ist geblieben, was ist weggefallen, was wurde nicht behandelt?

Für den Anwender stellt sich die Frage, welche Konsequenzen die neue TRGS für die Praxis hat.

Um es vorwegzunehmen: Anforderungen, die sich bereits aus der Gefahrstoffverordnung oder anderen Technischen Regeln ergeben, haben sich mit der neuen TRGS 500 nicht verändert. Für diejenigen, die diese Anforderungen bereits umgesetzt haben, ergeben sich aus der neuen TRGS keine akuten Maßnahmen.

Intensiv wurde im Ausschuss für Gefahrstoffe (AGS) und im Arbeitskreis über die Frage diskutiert, welche Maßnahmen als allgemeingültig in die TRGS 500 übernommen werden sollen und an welchen Stellen ein Verweis auf die speziellen TRGS besser geeignet ist. Als Ergebnis greift die TRGS 500 bei speziellen Themen lediglich einzelne, zentrale Kernaussagen auf und verweist ansonsten auf die einschlägigen anderen TRGS. Hier kann die TRGS 500 dann nicht umfassend sein, und der zusätzliche Blick in spezielle TRGS bleibt für den Anwender unerlässlich. Andererseits ließen sich Dopplungen von Texten auch nicht vermeiden, um ein möglichst vollständiges Bild zu zeichnen.

Die Anhänge

Die alte TRGS 500 enthielt im Anhang 1 ein „Muster einer Checkliste zu den Grundsätzen bei Tätigkeiten mit Gefahrstoffen". Die Komplexität der Anforderungen und die Zunahme von Fallunterscheidungen haben in den letzten Jahren in einem Maße zugenommen, dass selbst eine überarbeitete kurze Checkliste schlichtweg unvollständig geblieben wäre. Eine vollständige Darstellung wiederum wäre nicht mehr als Checkliste praktikabel gewesen. Der AGS hat sich daher entschieden, diesen Anhang zu streichen.

Aus der alten TRGS erhalten geblieben sind die für den Umgang mit Zwischenprodukten und zur Bewertung und Feststellung einer geschlossenen Anlage wichtigen Anhänge 2 und 3 (neue Nummerierung: Anhänge 1 und 2). Auch wenn diese beiden Anhänge nicht für alle Branchen gleichermaßen von Bedeutung sind, ist der Erhalt gerade für die chemische Industrie sowie deren industrielle Downstream User essentiell, da es sich hier um eine der wenigen Literaturstellen handelt, in denen eine pragmatische und systematische Bewertung von Anlagen beschrieben wird.

Aus der TRGS 500 herausgenommen wurde der alte Anhang 4 „Technische und organisatorische Maßnahmen beim Umfüllen von Natriumhypochlorid". Die Inhalte sind jedoch nicht verloren gegangen, sondern wurden in einer redaktionell überarbeiteten Fassung als neuer Anhang 4 in die TRGS 509 „Lagern von flüssigen und festen Gefahrstoffen in ortsfesten Behältern sowie Füll- und Entleerstellen für ortsbewegliche Behälter" übernommen[3].

Krebserzeugende Stoffe und Asbest

Obwohl ursprünglich in der Projektskizze vorgesehen, wurden Schutzmaßnahmen zu folgenden Fragestellungen nicht konkretisiert, um einerseits den laufenden Diskussionen zu diesen Themen und der Novelle der Gefahrstoffverordnung nicht vorzugreifen und auf der anderen Seite die Fertigstellung der TRGS 500 nicht weiter zu verzögern:

- Bei den krebserzeugenden Gefahrstoffen stellen die Absenkung der Akzeptanzkonzentration, die Bedeutung und Umsetzung der europäischen BOELV[4] sowie die Einbindung des risikobasierten Maßnahmenkonzepts in die Gefahrstoffverordnung wichtige Diskussionsschwerpunkte dar. Diese Themen wurden und werden in den zuständigen Gremien und Arbeitskreisen intensiv diskutiert. Die TRGS 500 verweist hier im Wesentlichen auf die Regelungen der TRGS 910.
- Bei der Frage zum Umgang mit Asbest war 2019 der „Asbestdialog" noch nicht abgeschlossen und der Umfang und die Umsetzung von Schutz- und Qualifizierungsmaßnahmen besonders für Tätigkeiten mit asbesthaltigen Putzen, Spachtelmassen und Fliesenklebern (PSF-Arbeiten) noch in vollem Gang. Die TRGS 500 kann daher in diesem Zusammenhang nur auf die einschlägigen Regelungen der Gefahrstoffverordnung sowie der TRGS 517 und der TRGS 519 verweisen.

Was ist neu?

Tätigkeiten mit geringer Gefährdung

Viel diskutiert wurde und wird über Tätigkeiten mit geringer Gefährdung. Was darunter zu verstehen ist, wird in der TRGS 400 „Gefährdungsbeurteilung für Tätigkeiten mit Gefahrstoffen" beschrieben. Oftmals geht diese Diskussion einher mit der irrigen Auffassung, man müsse dann gar keine Schutzmaßnahmen treffen. Diese Fehleinschätzung kann dadurch entstehen, dass bei einer nur geringen Gefährdung viele Schutzmaßnahmen richtigerweise nicht oder nur in vereinfachter Form erforderlich sind.

Die neue TRGS stellt diesen Sachverhalt richtig und führt in Kapitel 4 Schutzmaßnahmen auf, die auch bei einer nur geringen Gefährdung umzusetzen sind.

Die wichtigste Maßnahme bei Tätigkeiten mit nur geringer Gefährdung ist, Vorkehrungen zu treffen, die sicherstellen, dass die Gefährdung gering bleibt und Veränderungen, die zu einer Erhöhung der Gefährdung führen können, erkannt und bewertet werden. Die TRGS stellt an dieser Stelle nur auf den ersten Blick eine Verschärfung dar; genauer betrachtet werden keine neuen Anforderungen beschrieben. Die Maßnahmen stellen eigentlich eine Selbstverständlichkeit dar, werden aber gerade deshalb häufig bei der täglichen Routine vergessen.

STOP-Prinzip

Das STOP-Prinzip ist inhaltlich ebenfalls nicht neu und schon lange eine gut etablierte Grundpflicht im gesamten Arbeitsschutzregelwerk, nicht nur beim Umgang mit Gefahrstoffen. In Gesetzestexten und im technischen Regelwerk werden Schutzmaßnahmen nach dieser Rangfolge an vielen Stellen beschrieben. Eine allgemeine Beschreibung der Intention und Umsetzung des STOP-Prinzips fehlte jedoch bislang in einer TRGS. Dies wurde nun nachgeholt.

In Kapitel 5 werden dazu die Elemente der STOP-Rangfolge, die Substitution, danach technische, organisatorische und persönliche Schutzmaßnahmen, zunächst allgemein beschrieben und die Rangfolge erläutert. Im Anschluss daran werden jeweils konkrete Maßnahmen genannt. Es obliegt dem Anwender, daraus die für seinen Betrieb und seine Tätig-

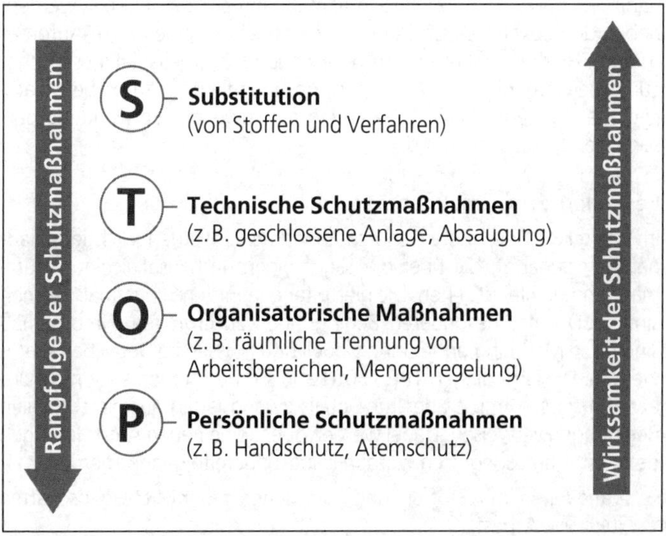

keitssituation geeigneten Maßnahmen auszuwählen. Zu betonen ist in diesem Zusammenhang, dass oftmals keine Schutzmaßnahme allein das Allheilmittel darstellt, sondern eine Abwägung vieler Faktoren zu einer Kombination von Schutzmaßnahmen führt, die geeignet und ausreichend ist, die Beschäftigten und die Umwelt vor Schädigungen zu schützen.

Nach der Darstellung von Schutzmaßnahmen nach der STOP-Rangfolge werden in den Kapiteln 6 bis 11 die Schutzmaßnahmen nach der in der Gefahrstoffverordnung üblichen Gliederung „allgemein", „zusätzlich" und „besonders" dargestellt. Dadurch wird einerseits Konsistenz zur Gefahrstoffverordnung hergestellt. Dies ist aber nicht nur ein formaler Schritt, sondern andererseits auch notwendig, um deutlich zu machen, dass sich der Umfang von Schutzmaßnahmen nach der Höhe der Gefährdung richten muss. Nachteil dieser zusätzlichen Blickrichtung ist, dass es dadurch an einigen Stellen zu Mehrfachnennungen von Maßnahmen kommt, die aber zugunsten einer besseren Lesbarkeit der TRGS bewusst in Kauf genommen wurden. Bei verschiedenen Themen, zum Beispiel zu den Anforderungen des Lagerns von Gefahrstoffen, greift die TRGS 500 lediglich einzelne Aspekte auf und verweist ansonsten auf die speziellen TRGS, deren Anforderungen unbedingt mit zu beachten sind.

Allgemeine und zusätzliche Schutzmaßnahmen

Die Schutzmaßnahmen, die in den Kapiteln 6 „Allgemeine Schutzmaßnahmen" und 7 „Zusätzliche Schutzmaßnahmen" beschrieben werden, haben den bekannten Umfang und beschreiben keine neuen Anforderungen. Hierbei geht es um Anforderungen zur Arbeitsplatzgestaltung, zur Arbeitsorganisation, zur Expositionsminimierung, zur Arbeitsplatzhygiene, zur Lagerung von Gefahrstoffen sowie der Verwendung persönlicher Schutzausrüstung.

Besondere Schutzmaßnahmen

In Kapitel 8 „Besondere Schutzmaßnahmen" werden wichtige Maßnahmen genannt, die über die allgemeinen und zusätzlichen Schutzmaßnahmen hinausgehen. Die hierunter genannten Schutzmaßnahmen sind (nur) unter besonderen Bedingungen zu ergreifen. Naturgemäß sind diese Maßnahmen sehr individuell und müssen im Detail betrachtet werden. Die Grundlagen-TRGS 500 kann solche Themen zwar nicht unerwähnt lassen, muss aber für Details zwangsläufig auf die speziellen Regelungen verweisen. Dabei werden aber keine neuen Anforderungen definiert. Herausgegriffen wurden insbesondere folgende Themen:

- Tätigkeiten mit Stoffen und Gemischen mit KMR[5]-Eigenschaften inklusive Asbest,

- physikalisch-chemische Gefährdungen, insbesondere Brand- und Explosionsschutz,
- Gefährdungen durch spezielle Stoffe oder Bedingungen, zum Beispiel durch erstickende oder narkotisierende Gase.

Schutzmaßnahmen gegen Staub

Da die bei staubenden Tätigkeiten zu treffenden Schutzmaßnahmen von grundlegender Bedeutung und Basis für viele andere Schutzmaßnahmen sind, wurden diese aus der TRGS 504 „Tätigkeiten mit Exposition gegenüber A- und E-Staub" nach redaktioneller Anpassung aber inhaltlich unverändert in Kapitel 9 der TRGS 500 übernommen. Gleichzeitig wurde mit der Bekanntmachung der TRGS 500 die TRGS 504 als eigenständige TRGS zum Thema „Staub" zurückgezogen. Dabei spielte auch eine Rolle, dass Ende 2018 die Übergangsfrist zur Absenkung des A-Staub-Grenzwertes ausgelaufen war und die Arbeiten zur Neufassung der TRGS 559 „Quarzhaltiger Staub" als Nachfolge der TRGS 559 „Mineralischer Staub" vor dem Abschluss standen. Die neue TRGS 559 wurde im April 2020 im Gemeinsamen Ministerialblatt bekannt gemacht[6].

Störungen, Unfälle, Notfälle

Das Kapitel 10 „Maßnahmen bei Betriebsstörungen, Unfällen und Notfällen" sowie Kapitel 11 „Wirksamkeitskontrolle" enthalten die zu diesen Themen bekannten Maßnahmen, die bereits nach dem bestehenden Regelwerk etabliert sein sollten.

Das Literaturverzeichnis zur TRGS 500 ist erwartungsgemäß sehr umfangreich ausgefallen, um die vielen Querverweise und Vernetzungen zu anderen TRGS darzustellen.

Fazit

Seit der letzten Überarbeitung der TRGS 500 im Jahr 2008 wurde das europäische Chemikalienrecht an vielen Stellen überarbeitet. REACH und die CLP-Verordnung sind in vollem Umfang gültig geworden. Die Gefahrstoffverordnung wurde novelliert und wichtige Technische Regeln für Gefahrstoffe, zum Beispiel die TRGS 504, 561 und 910, sind entstanden. Dabei war es erforderlich, dort aktuelle Schutzmaßnahmen zu beschreiben, die in der ursprünglichen TRGS 500 noch nicht enthalten sein konnten. Es war daher eine Notwendigkeit, die Grundlagen-TRGS 500 nach so vielen Jahren zu überarbeiten und zu aktualisieren.

Dazu wurden die in einzelnen TRGS beschriebenen allgemeingültigen Schutzmaßnahmen mit den in der Gefahrstoffverordnung genannten

Anforderungen zusammengeführt und zu einem wirksamen und praktikablen Maßnahmenpaket konsolidiert.

Die TRGS konzentriert sich dabei auf allgemeine Maßnahmen und greift spezielle Themen nur in Grundzügen auf, um einen möglichst vollständigen Zusammenhang darzustellen. Entstanden ist eine komplett überarbeitete TRGS 500, deren Inhalte jedoch nicht grundsätzlich neu sind. Die TRGS ist dennoch keinesfalls eine Formalität, sondern eine wichtige Hilfe bei der Gestaltung sicherer Arbeitsabläufe und der Zusammenstellung maßgeschneiderter Schutzmaßnahmenkombinationen, auch wenn der Blick in spezielle TRGS trotzdem notwendig bleibt.

Die TRGS 500 gibt dem Anwender eine Hilfestellung, was bei der Auswahl von Maßnahmen beachtet werden muss, und stellt grundlegende Maßnahmen zum sicheren Umgang mit Gefahrstoffen zusammen. Für diejenigen, die diese Anforderungen bereits umgesetzt haben, ergeben sich aus der neuen TRGS 500 keine akuten Maßnahmen.

Für die Erstellung neuer Technischer Regeln bietet sich nun umgekehrt die Möglichkeit, diese schlanker zu halten und sich auf die wirklich speziellen, themenbezogenen Maßnahmen zu konzentrieren. Dies könnte eine allgemeine Erwartung der Praxis an neue TRGS sein.

Quellen und Erläuterungen

[1] TRGS 500 (September 2019) Schutzmaßnahmen, GMBl 2019, S. 1330–1366 [Nr. 66-67] vom 13.12.2019;

[2] Zitat aus der Präambel z. B. der TRGS 500

[3] TRGS 509 (September 2014) Lagern von flüssigen und festen Gefahrstoffen in ortsfesten Behältern sowie Füll- und Entleerstellen für ortsbewegliche Behälter, GMBl 2019, S. 368-370 [Nr. 19] vom 05.06.2020

[4] BOELV: Binding Occupational Exposure Limit Value

[5] KMR: Abkürzung für Krebserzeugend, Mutagen und Reproduktionstoxisch (englisch: CMR)

[6] TRGS 559 (April 2020) Quarzhaltiger Staub, GMBl 2020 S. 306-319 [Nr. 16] vom 27.04.2020

Autor

Dr. Andreas Königer ist Experte im Gefahrstoffschutz, Mitglied im Unterausschuss I des AGS und Mitglied im Arbeitskreis zur TRGS 500

TRGS 500 – Schutzmaßnahmen

Ausgabe September 2019*/berichtigt Januar 2020

Inhalt

---

*) Hinweis: Die TRGS 500 wurde grundlegend überarbeitet und an die Paragrafen-Folge der GefStoffV angepasst. Dazu kommen u. a.
- Beschreibung des „STOP-Prinzips",
- Übernahme der allg. gültigen Schutzmaßnamen für Staub aus der TRGS 504 (diese ist aufgehoben),
- Anpassung der Schutzmaßnahmen für Tätigkeiten mit KMR-Stoffen,
- Aufnahme von Brand- und Explosionsschutzmaßnahmen,
- Aufnahme von Schutzmaßnahmen zu sonstigen durch Gefahrstoffe bedingte Gefährdungen (z. B. kalt, heiß, erstickend),
- Einführung eines neuen Abschnitts „Maßnahmen bei Betriebsstörungen, Unfällen und Notfällen".

Die bisherige Anlage 4 „Technische und organisatorische Maßnahmen beim Umfüllen von Natriumhypochloritlösung" ist überarbeitet worden und wird zeitnah in die TRGS 509 überführt

1 Anwendungsbereich

(1) Die TRGS 500 „Schutzmaßnahmen" konkretisiert die Gefahrstoffverordnung (GefStoffV), indem sie Schutzmaßnahmen für Tätigkeiten mit Gefahrstoffen beschreibt. Diese Maßnahmen sollen einen Schutz der Beschäftigten vor inhalativen, oralen, dermalen und physikalisch-chemischen Gefahren sicherstellen.

(2) Die in dieser TRGS beschriebenen Maßnahmen sind entsprechend der jeweiligen betrieblichen Situation im Rahmen der Gefährdungsbeurteilung festzulegen und stoff-, arbeitsplatz- und tätigkeitsbezogen anzupassen.

(3) Die Schutzmaßnahmen sind in Verbindung mit der TRGS 400 „Gefährdungsbeurteilung für Tätigkeiten mit Gefahrstoffen" sowie weiteren TRGS wie z. B. 401 „Gefährdung durch Hautkontakt – Ermittlung, Beurteilung, Maßnahmen", 402 „Ermitteln und Beurteilen der Gefährdungen bei Tätigkeiten mit Gefahrstoffen: Inhalative Exposition", 407 „Tätigkeiten mit Gasen – Gefährdungsbeurteilung", 510 „Lagerung von Gefahrstoffen in ortsbeweglichen Behältern", 720 ff „Gefährliche explosionsfähige Atmosphäre – Allgemeines", 800 „Brandschutzmaßnahmen" oder auch 910 „Risikobezogenes Maßnahmenkonzept für Tätigkeiten mit krebserzeugenden Gefahrstoffen" zu ermitteln, umzusetzen und zu dokumentieren.

(4) Diese TRGS beschreibt die Anwendung und Umsetzung des sog. "STOP-Prinzips".

(5) Für die Substitution ist die TRGS 600 „Substitution" anzuwenden.

(6) Diese TRGS beschreibt grundlegend das Vorgehen zu Auswahl und Umsetzung von Schutzmaßnahmen und wird ggfs. von stoff- oder tätigkeitsspezifischen TRGS ergänzt.

2 Begriffsbestimmungen

(1) In dieser TRGS sind die Begriffe so verwendet, wie sie im „Begriffsglossar zu den Regelwerken der Betriebssicherheitsverordnung (BetrSichV), Biostoffverordnung (BioStoffV) und der Gefahrstoffverordnung (GefStoffV)" des ABS, ABAS und AGS bestimmt sind.

3 Gefährdungsermittlung zur Festlegung der Schutzmaßnahmen

(1) Der Arbeitgeber darf eine Tätigkeit mit Gefahrstoffen erst aufnehmen lassen, nachdem eine Gefährdungsbeurteilung durchgeführt und die erforderlichen Schutzmaßnahmen getroffen wurden. Welche Maßnahmen im konkreten Einzelfall zu treffen sind, ist abhängig vom Ergeb-

nis der Gefährdungsbeurteilung nach TRGS 400 und wird hinsichtlich gefahrstoffspezifischer Aspekte durch weitere TRGS ergänzt. Zusätzliche stoff- oder tätigkeitsspezifische Anforderungen der Gefährdungsbeurteilung werden gegebenenfalls in weiteren TRGS dargestellt. Die TRGS 400 beschreibt dabei grundlegend das Vorgehen zur Durchführung der Gefährdungsbeurteilung bei Tätigkeiten mit Gefahrstoffen und verweist auf die ergänzenden und spezifischen Vorschriften.

(2) Werden Tätigkeiten entsprechend eines vom Ausschuss für Gefahrstoffe ermittelten und vom Bundesministerium für Arbeit und Soziales veröffentlichten verfahrens- und stoffspezifischen Kriteriums durchgeführt, kann der Arbeitgeber von einer Einhaltung der Arbeitsplatzgrenzwerte bzw. der in VSK genannten Beurteilungsmaßstäbe gemäß Abschnitt 5.3 Absatz 1 und Abschnitt 5.4.2 der TRGS 402 ausgehen. Weiterführende Konkretisierung hierzu enthält die TRGS 420 „Verfahrens- und stoffspezifische Kriterien (VSK) für die Ermittlung und Beurteilung der inhalativen Exposition".

(3) Abschnitt 4 dieser TRGS beschreibt die allgemeinen Schutzmaßnahmen für Tätigkeiten, für welche die Gefährdungsbeurteilung das Ergebnis „geringe Gefährdung" ergeben hat.

(4) Abschnitt 5 dieser TRGS beschreibt die Anwendung und Umsetzung des sog. "STOP-Prinzips" zur Auswahl und Festlegung von Schutzmaßnahmen.

(5) Abschnitt 6 dieser TRGS beschreibt die allgemeinen Schutzmaßnahmen für Tätigkeiten, für die entsprechend der Gefährdungsbeurteilung keine geringe Gefährdung angenommen werden kann.

(6) Abschnitt 7 dieser TRGS beschreibt die zusätzlichen Schutzmaßnahmen für Tätigkeiten, bei denen die allgemeinen Schutzmaßnahmen nicht ausreichen und weitere Maßnahmen nach § 9 GefStoffV getroffen werden müssen.

(7) Abschnitt 8 dieser TRGS beschreibt die besonderen Schutzmaßnahmen bei Tätigkeiten mit Stoffen mit KMR-Eigenschaften sowie bei physikalisch-chemischen und sonstigen Gefährdungen.

(8) Abschnitt 9 dieser TRGS beschreibt Schutzmaßnahmen bei Gefährdung durch A- und E-Staub.

(9) Abschnitt 10 dieser TRGS beschreibt Maßnahmen bei Betriebsstörungen, Unfällen und Notfällen.

(10) Abschnitt 11 dieser TRGS beschreibt die Durchführung der Wirksamkeitsprüfung.

(11) Die Abschnitte 3 bis 10 gelten auch für Tätigkeiten mit Gefahrstoffen, die nicht gekennzeichnet sind oder keiner Gefahrenklasse nach

EG-Verordnung 1272/2008 (CLP-Verordnung) zugeordnet werden können. Gefahrstoffe können durch die Tätigkeit selbst bzw. bedingt durch Prozesse oder Verfahren entstehen. Beispiele hierfür sind Schweißrauche, Dieselmotoremissionen, Stäube oder die Anwendung bestimmter Biozidprodukte und biozide Wirkstoffe.

4 Allgemeine Schutzmaßnahmen für Tätigkeiten mit geringer Gefährdung

(1) Tätigkeiten mit geringer Gefährdung sind in der TRGS 400 beschrieben.

(2) Auch bei Tätigkeiten mit geringer Gefährdung sind folgende Schutzmaßnahmen umzusetzen:

1. Nur die vom Arbeitgeber für die Tätigkeit vorgesehenen Arbeits- und Gefahrstoffe dürfen verwendet werden,
2. Vorhandene Informationen für die Beschäftigten sind bei der Verwendung der Gefahrstoffe zur Verfügung zu stellen,
3. Angemessene Hygienemaßnahmen zur Vermeidung von Kontaminationen müssen vorhanden sein. Dazu gehören eine regelmäßige Reinigung des Arbeitsplatzes sowie das Vorhandensein einer geeigneten Waschgelegenheit,
4. Es müssen Maßnahmen zur Ordnung und Sauberkeit am Arbeitsplatz getroffen werden, z. B. durch das Bereitstellen von geeigneten Abfallbehältern und von geeigneten Arbeits- und Reinigungsmitteln,
5. Auftretende Verunreinigungen sind umgehend zu beseitigen,
6. Gefahrstoffe sind auf die für die Tätigkeit erforderliche Menge zu begrenzen,
7. Gefahrstoffe dürfen am Arbeitsplatz nur in den dafür festgelegten Bereichen und der benötigten Menge aufbewahrt werden,
8. Gefahrstoffe müssen eindeutig identifizierbar sein,
9. Gefahrstoffe sind vorzugsweise in der Originalverpackung aufzubewahren,
10. Gefahrstoffe dürfen nicht in Behältnissen aufbewahrt oder gehandhabt werden, die zu einer Verwechslung mit Lebensmitteln führen könnten,
11. Gefahrstoffe dürfen nicht in der Nähe von Arzneimitteln, Lebensmitteln oder Futtermitteln aufbewahrt werden,
12. Gefahrstoffe sind in einer Art und Weise aufzubewahren, dass ein Fehlgebrauch verhindert wird.

5 Rangfolge der Schutzmaßnahmen – „STOP-Prinzip"

5.1 Allgemeines

(1) Das STOP-Prinzip beschreibt die Rangfolge von Schutzmaßnahmen. Diese Rangfolge hat der Arbeitgeber bei der Festlegung und Anwendung von Schutzmaßnahmen zu beachten. Das STOP-Prinzip wird oft auch als STOP-Hierarchie, -Reihenfolge oder -Rangfolge bezeichnet. Dabei stehen die einzelnen Buchstaben „STOP" für jeweils verschiedene Arten von Schutzmaßnahmen:

1. S – Substitution
2. T – Technische Schutzmaßnahmen
3. O – Organisatorische Schutzmaßnahmen
4. P – Persönliche Schutzmaßnahmen

Unter dem STOP-Prinzip ist zu verstehen, dass bei der Auswahl der Schutzmaßnahmen grundsätzlich eine Maßnahmenhierarchie zu beachten ist. Dies gilt sowohl für Gesundheitsgefährdungen als auch für Brand- und Explosionsgefährdungen.

(2) Der Arbeitgeber hat bei zusätzlichen Schutzmaßnahmen die Maßnahmen nach dem STOP-Prinzip festzulegen, sodass die durch einen Gefahrstoff bedingte Gefährdung der Gesundheit und Sicherheit der Beschäftigten beseitigt oder auf ein Minimum reduziert wird. Dazu ist bevorzugt eine Substitution durchzuführen. Insbesondere sind Tätigkeiten mit Gefahrstoffen zu vermeiden oder Gefahrstoffe durch Stoffe oder Gemische oder auch Verfahren zu ersetzen, die unter den jeweiligen Verwendungsbedingungen für die Gesundheit und Sicherheit der Beschäftigten nicht oder weniger gefährlich sind. Die Prüfung der Substitutionsmöglichkeiten ist in der TRGS 600 beschrieben.

(3) Ist eine Substitution bzw. Verfahrensänderung nicht möglich, sind als nächstes technische und organisatorische Maßnahmen zu prüfen und umzusetzen. Wenn technische und organisatorische Maßnahmen nicht ausreichen, die Gefährdung auf ein sicheres Maß zu reduzieren, sind persönliche Schutzmaßnahmen anzuwenden.

(4) Es gibt aber auch Tätigkeiten mit Gefahrstoffen wie z. B. Einsätze der Feuerwehr bei Betriebsstörungen, Unfällen und Notfällen, bei denen diese Rangfolge nicht immer eingehalten werden kann. Organisatorische Maßnahmen und persönliche Schutzmaßnahmen (insbesondere Atemschutz) erlangen dann im Rahmen der Gefährdungsbeurteilung eine besondere Bedeutung.

(5) Wenn die Umsetzung einer Schutzmaßnahme die Gefährdungen nicht ausschließt bzw. nicht ausreichend verringert, sind mehrere Schutzmaßnahmen zu kombinieren. Auch bei der Kombination mehrerer Schutzmaßnahmen ist das STOP-Prinzip zu beachten. Dies kann

bedeuten, dass z. B. erst nach Umsetzung mehrerer technischer und organisatorischer Schutzmaßnahmen persönliche Schutzausrüstung ausgewählt werden darf.

(6) Bei der Umsetzung von Schutzmaßnahmen ist der Stand der Technik zu beachten und umzusetzen. Dies gilt insbesondere für die Beschaffung von Arbeitsmitteln und die Einrichtung von neuen Arbeitsplätzen. Die Vorgehensweise zur Ermittlung des Standes der Technik ist in der TRGS 460 „Handlungsempfehlung zur Ermittlung des Standes der Technik" beschrieben.

(7) Kann der Stand der Technik nicht umgesetzt werden, sind bevorzugt branchen- oder tätigkeitsspezifische Handlungsempfehlungen heranzuziehen, die eine „gute Arbeitspraxis" beschreiben und dem Anhang 2 der TRGS 400 genügen.

(8) Bei der Ermittlung und Auswahl von Schutzmaßnahmen ist der Betriebsrat oder die Personalvertretung zu beteiligen. Die Beschäftigten sollen die Möglichkeit zur Mitwirkung erhalten.

(9) Die Gefährdung ist auf ein Minimum reduziert, wenn z. B.

1. bei Stoffen mit AGW der Befund bei der Ermittlung der Exposition lautet, dass die Schutzmaßnahmen ausreichend sind, sowie bei krebserzeugenden Stoffen mit einer Exposition-Risiko-Beziehung die Akzeptanzkonzentration unterschritten ist,
2. eine stoff- oder tätigkeitsspezifische TRGS oder ein VSK angewendet wird,
3. bei Stoffen ohne AGW oder gesundheitsbasierte Beurteilungsmaßstäbe der Stand der Technik eingehalten ist (siehe TRGS 460),
4. bei hautgefährdenden Gefahrstoffen Hautkontakt ausgeschlossen ist,
5. bei physikalisch-chemischen Gefährdungen, für die eine spezifische TRGS existiert und diese angewendet wird; dabei handelt es sich insbesondere um die TRGS 720 sowie die weiteren Technischen Regeln für Gefahrstoffe der 700er-Reihe,
6. bei Stoffen ohne AGW, aber mit anderen gesundheitsbasierten Beurteilungsmaßstäben, z. B. MAK-Werten, der Befund nach der Ermittlung der Exposition darauf schließen lässt, dass die Maßnahmen ausreichend sind.

5.2 Substitutionsprüfung und Substitution

(1) Die Substitution („S") ist die wirksamste Schutzmaßnahme. Sie bezeichnet den Ersatz eines Gefahrstoffes oder eines Verfahrens durch einen Gefahrstoff oder Verfahren mit einer insgesamt geringeren Ge-

fährdung. Sie steht deshalb an erster Stelle des STOP-Prinzips. Näheres regeln die TRGS 600 und stoffspezifische TRGS zu Ersatzlösungen.

(2) Im Rahmen der Gefährdungsbeurteilung hat der Arbeitgeber gemäß GefStoffV die Möglichkeiten einer Substitution zu beurteilen, indem er eine sog. Substitutionsprüfung durchführt.

(3) Das Ergebnis der Prüfung auf Möglichkeiten einer Substitution ist gem. GefStoffV und TRGS 600 zu dokumentieren.

5.3 Technische Schutzmaßnahmen

5.3.1 Arten von Technischen Schutzmaßnahmen

Die technischen („T") Schutzmaßnahmen stehen an zweiter Stelle des STOP-Prinzips, wenn die Gefährdung durch eine Substitution des Stoffs bzw. durch eine Verfahrensänderung nicht ausreichend minimiert werden konnte. Hierzu zählen auch bauliche Maßnahmen wie z. B. Einhausungen oder eine räumliche Trennung. Auch innerhalb der technischen Schutzmaßnahmen gibt es eine Rangfolge nach abnehmender Wirksamkeit wie die folgende Tabelle zeigt:

abnehmende Wirksamkeit:	**Technische Schutzmaßnahmen**	**Beschreibung**
↓	– Geschlossene Systeme	Zur Bewertung von geschlossenen Systemen s. Anhang 1
↓	– Absaugungen (an Entstehungs- oder Austrittsstellen)	Absaugungen dienen dazu, den Austritt eines Stoffes möglichst an der Austrittsstelle abzufangen und somit eine Gefährdung von Personen oder der Umwelt zu minimieren
↓	– Raumbe- und -entlüftungen	Lüftungstechnische Anlagen führen zu einem allgemeinen Austausch der Luft am Arbeitsplatz. Somit können Expositionen zwar verringert, aber nicht vermieden werden

Zur Wirksamkeitsüberprüfung siehe Abschnitt 11 dieser TRGS.

5.3.2 Geschlossene Systeme

(1) Geschlossene Systeme sind die wirksamsten aller technischen Schutzmaßnahmen. Ein geschlossenes System im Sinne dieser TRGS ist so beschaffen, dass während des Betriebs der Anlage zwischen dem Gefahrstoffe enthaltenden Innenraum und der Umgebung keine betriebsmäßig offene Verbindung besteht oder strömungsbedingt ein Stoffaustritt sicher verhindert wird. Es ist zudem so gestaltet, dass sichergestellt

ist, dass beim betriebsmäßigen Öffnen des Systems keine Gefahrstoffe austreten und zu einer Gefährdung der Beschäftigten führen können. Die Bedienungsschritte sind so gestaltet, dass diese leicht nachzuvollziehen sind und einfache Bedienungsfehler nicht zu einem Stoffaustritt führen. Zu den geschlossenen Systemen können einerseits integrierte Absaugungen als fester technischer Bestandteil des Arbeitsmittels sowie hochwirksame Absaugungen nach Anhang 1 gehören.

(2) Anlagen können im Sinne dieser TRGS als geschlossen angesehen werden, wenn nur Funktionselemente geschlossener Bauart mit gewährleisteter Dichtigkeit oder mit integrierter Absaugung vorhanden sind. Siehe hierzu Anhang 1 dieser TRGS.

(3) Beispiele für geschlossene Systeme in Laboratorien sind u. a. Vakuumapparaturen oder Gloveboxen (siehe TRGS 526 „Laboratorien").

(4) Ist ein geschlossenes System technisch nicht möglich und besteht eine erhöhte Gefährdung der Beschäftigten, müssen für diese Tätigkeiten weitere Schutzmaßnahmen nach dem Stand der Technik und entsprechend des STOP-Prinzips getroffen werden, welche die Gefährdung ausschließen bzw. falls dies nicht möglich ist, so weit wie möglich verringern.

5.3.3 Absaugungen

(1) In der Rangfolge der technischen Schutzmaßnahmen stehen nach den geschlossenen Systemen die lüftungstechnischen Maßnahmen und Absaugungen an zweiter Stelle.

(2) Da Absaugungen an der Entstehungs- oder Austrittsstelle von Gefahrstoffen meist nur in unmittelbarer Nähe der Emissionsquelle effektiv sind, sind Absaugungen weniger wirksam als geschlossene Systeme. Dabei ist der bestimmungsgemäße Gebrauch sicherzustellen. Beispiele für Absaugungen enthält der Anhang 2.

5.3.4 Absaugungen – Bauarten „geschlossen, halboffen oder offen"

Absaugungen können über ihre Bauart unterschieden werden, die den unterschiedlichen Grad der Quellenumschließung beschreibt. Die Reihenfolge „geschlossene, halboffene und offene Bauart" entspricht der abnehmenden Wirksamkeit dieser drei Bauarten:

1. Bei geschlossenen Bauarten – wie z. B. Kapselungen oder andere Arten von Einhausungen – befindet sich die Emissionsquelle innerhalb der Absaugung, die an keiner Seite offen ist,

2. Bei halboffenen Bauarten – wie z. B. Absaugständen oder Abzugsschränken – befindet sich die Emissionsquelle innerhalb der Absaugung, die an mindestens einer Seite offen ist,
3. Bei offenen Bauarten – wie z. B. Düsenplatten, Saugrohre, Hauben oder Randabsaugungen – besteht zwischen Emissionsquelle und Absaugung ein räumlicher Abstand.

5.3.5 Absaugungen – integrierte, (hoch-)wirksame oder sonstige

(1) Eine integrierte Absaugung im Sinne dieser TRGS ist eine Absaugung geschlossener Bauart, die beispielsweise in Verbindung mit Schleusen, Kapselungen, Einhausungen oder Behältern eingesetzt wird, um so die Gefahrstoffe auf das Innere der geschlossenen Funktionseinheit zu begrenzen. Das heißt, dass das Auftreten von Gefahrstoffen in der Luft des Arbeitsbereichs außerhalb der geschlossenen Funktionseinheit ausgeschlossen werden kann. Als geschlossene Bauart kann die Absaugung auch angesehen werden, wenn zwar geringflächige Öffnungen betriebsmäßig bestehen, ein luftgetragener Stoffaustritt durch Konvektion und Diffusion durch die Strömungsgeschwindigkeit der einströmenden Luft und der Gestaltung der Öffnung praktisch ausgeschlossen wird.

(2) Bei einem integrierten Absaugsystem muss der austretende Gefahrstoff an der Austrittsstelle wirksam mit einem dicht angeschlossenen Schlauch oder Rohr gefahrlos abgeführt und ggf. entsorgt bzw. unschädlich gemacht werden. Bei der Auslegung des Absaugsystems muss der Hersteller dieses geschlossenen Systems das physikalische Verhalten des Gefahrstoffes, insbesondere die Thermik und die Dichte, beachten.

(3) Hochwirksame Absaugung im Sinne dieser TRGS ist eine Absaugung offener oder halboffener Bauart, die so bemessen ist, dass Gefahrstoffe innerhalb des Erfassungsbereichs verbleiben. Das heißt, dass das Auftreten von Gefahrstoffen in der Luft des Arbeitsbereichs praktisch ausgeschlossen werden kann.

(4) Bei hochwirksamen Absaugungen werden austretende Gefahrstoffe mit einer gerichteten, möglichst laminaren Zugluftströmung vollständig erfasst und in die Absaugung transportiert.

(5) Eine wirksame Absaugung im Sinne dieser TRGS ist eine Absaugung offener und halboffener Bauart, die so bemessen ist, dass Gefahrstoffe innerhalb des Erfassungsbereichs verbleiben. Dies bedeutet, dass das Auftreten von Gefahrstoffen in der Luft des Arbeitsbereichs weitgehend ausgeschlossen werden kann, zumindest aber von einer Einhaltung der Arbeitsplatzgrenzwerte auszugehen ist. Die Wirksamkeit ist zu überprüfen, z. B. durch Messungen.

(6) Eine Quellenabsaugung im Sinne dieser TRGS ist eine örtliche Absaugung, z. B. Punktabsaugung, die so platziert ist, dass Gefahrstoffe direkt an der Entstehungsstelle erfasst werden.

(7) Als sonstige Absaugung im Sinne dieser TRGS ist eine Absaugung offener und halboffener Bauart zu verstehen, die so bemessen ist, dass das Auftreten von Gefahrstoffen in der Luft des Arbeitsbereichs zwar reduziert, jedoch nicht ausgeschlossen werden kann. In der Regel sind zur Einhaltung von Arbeitsplatzgrenzwerten weitere Maßnahmen erforderlich.

5.4 Organisatorische Schutzmaßnahmen

(1) Organisatorische („O") Schutzmaßnahmen sind zu veranlassen, wenn durch Substitution oder technische Maßnahmen das Schutzziel nicht erreicht werden kann.

(2) Organisatorische Maßnahmen gewährleisten, dass Schutzmaßnahmen nachhaltig ausreichend sind. Hierzu gehören beispielsweise Wartungspläne und Begehungen sowie Arbeitszeitregelungen zur Reduzierung der Exposition oder Minimierung wechselseitiger Belastungen.

(3) Unabhängig vom STOP-Prinzip sind organisatorische Schutzmaßnahmen zu ergreifen, um die Gefährdung der Beschäftigten auf ein Minimum zu reduzieren, z. B. Erstellung von Betriebsanweisungen und Durchführung von Unterweisungen.

(4) Abschnitt 6.2 dieser TRGS beschreibt beispielhaft organisatorische Schutzmaßnahmen.

5.5 Persönliche Schutzmaßnahmen

(1) Persönliche („P") Schutzmaßnahmen wie z. B. das Tragen von Atemschutz stehen an letzter Stelle des STOP-Prinzips. Sie sind einzusetzen, wenn Gefährdungen nicht durch in der Rangfolge höher stehender Schutzmaßnahmen ausreichend reduziert werden können.

(2) Persönliche Schutzmaßnahmen werden z. B. bei kurzzeitigen Tätigkeiten mit hoher Exposition eingesetzt oder auch bei unregelmäßiger oder nur gelegentlicher Exposition oder als vorübergehende Maßnahme bis technische oder organisatorische Maßnahmen umgesetzt wurden.

(3) Wenn der Arbeitsplatzgrenzwert bzw. Beurteilungsmaßstab trotz Ausschöpfung aller technischer oder organisatorischer Schutzmaßnahmen nicht eingehalten wird, ist unverzüglich persönliche Schutzausrüstung bereitzustellen und anzuwenden.

5.6 Kombination von Schutzmaßnahmen

(1) Der Arbeitgeber hat sicherzustellen, dass bei Tätigkeiten mit Gefahrstoffen keine Gefährdung für Beschäftigte und Dritte besteht, bzw. dass diese auf ein Minimum reduziert ist. Die allgemeinen Schutzmaßnahmen nach Abschnitt 6 und Abschnitt 9 dieser TRGS sind umzusetzen.

(2) Oftmals ist dazu eine einzelne Maßnahme nicht ausreichend, sondern erst durch eine Kombination verschiedener Maßnahmen wird eine ausreichende Sicherheit erreicht und gewährleistet. Beispielsweise bleibt eine installierte technische Schutzmaßnahme nur dann nachhaltig wirksam, wenn sie im Rahmen eines Wartungsplans als begleitende organisatorische Schutzmaßnahme regelmäßig geprüft und gewartet wird.

(3) Eine Kombination im Sinne dieser TRGS ist die allgemeine Zusammenstellung aller technischen, organisatorischen und personenbezogenen Schutzmaßnahmen unter Berücksichtigung von Substitutionsmöglichkeiten, um ein festgelegtes Schutzziel zu erreichen.

(4) Die Zusammenstellung der Schutzmaßnahmen ist nachvollziehbar darzustellen und in der Gefährdungsbeurteilung zu dokumentieren.

(5) Eine Kombination von Schutzmaßnahmen kann somit auch beinhalten, dass bei nicht vorhandenen Substitutionsmöglichkeiten und nicht ausreichenden technischen und organisatorischen Schutzmaßnahmen der Einsatz persönlicher Schutzmaßnahmen entsprechend des STOP-Prinzips notwendig wird. Hierbei ist insbesondere die Verwendung von Atem-, Augen- und Handschutz von besonderer Bedeutung.

6 Zusätzliche allgemeine Schutzmaßnahmen für Tätigkeiten, für die keine „geringe Gefährdung" angenommen werden kann

6.1 Allgemeine Schutzmaßnahmen – Arbeitsplatzgestaltung

(1) Für Tätigkeiten mit Gefahrstoffen stellt der Arbeitgeber geeignete Arbeitsmittel und Arbeitsverfahren zur Verfügung, welche die Gesundheit und die Sicherheit der Beschäftigten nicht beeinträchtigen. Der Arbeitgeber stellt durch Wartung und Instandhaltung sicher, dass der ordnungsgemäße Zustand erhalten bleibt. Dies ist zu dokumentieren.

(2) Der Arbeitgeber hat nach § 5 BetrSichV Arbeitsmittel zur Verfügung zu stellen, die unter Berücksichtigung der vorgesehenen Einsatzbedingungen bei der Verwendung sicher sind.

(3) Damit die Sicherheit und die Gesundheit der Beschäftigten bei Wartungstätigkeiten gewährleistet sind (siehe z. B. TRBS 1112), müssen die Wartungsverfahren den Herstellervorgaben entsprechen oder aber in

gleicher geeigneter Weise die erforderliche Zielstellung einer sicheren Wartung (Verfahren zur Kontrolle, Instandhaltung und Reparatur zur Bewahrung des Soll-Zustandes des technischen Arbeitsmittels) erfüllen. Die Regelungen der Betriebssicherheitsverordnung sind zu beachten.

(4) Unter Berücksichtigung der verwendeten Stoffe und Arbeitsverfahren ist für eine geeignete Be- und Entlüftung zu sorgen. Es ist ein ausreichendes Maß an gesundheitlich zuträglicher Atemluft zuzuführen. Eine freie Lüftung kann ausreichend sein. Die Zuluft darf nicht aus verunreinigten Quellen stammen. Die Abluft darf nicht so geführt werden, dass sie zu einer Belastung Dritter führt (siehe hierzu auch DGUV Regel 109-002).

(5) Wirksamer als eine einfache Abluftanlage ist eine Kombination aus gerichteter, möglichst laminar strömender Zuluft, welche die Gefahrstoffe von den Arbeitnehmern fort in die Abluft transportiert. Zu- und Abluftöffnungen sind so gewählt, dass sie leicht zugänglich, sicher zu bedienen und die Wirksamkeit der Lüftung nicht eingeschränkt wird. Zugluft ist zu vermeiden.

(6) Lüftungskurzschlüsse oder wechselseitige Beeinflussung von Absaugungen und Strömungsverhältnissen sind zu vermeiden.

(7) Eine Störung oder ein Ausfall der raumlufttechnischen Anlage muss für die Beschäftigten erkennbar sein, z. B. durch optische oder akustische Signale, wenn sie zur Minimierung der Exposition der Beschäftigten beiträgt. Die Regeln für Arbeitsstätten ASR A3.6 beschreiben die allgemeinen Anforderungen an raumlufttechnische Anlagen.

(8) Ablagerungen und Verunreinigungen, die zu einer Gesundheitsgefährdung führen können, müssen umgehend beseitigt werden.

(9) Oberflächen von Fußböden, Wänden, Decken im Arbeitsbereich sowie von verwendeten Arbeitsmitteln müssen je nach Gefährdungsbeurteilung leicht zu reinigen sein. Soweit nach Gefährdungsbeurteilung erforderlich, gilt dies auch für Lager- und Nebenräume.

(10) Bei Tätigkeiten mit Flüssigkeiten sind in Abhängigkeit vom Ergebnis der Gefährdungsbeurteilung geeignete Rückhalteeinrichtungen vorzusehen (siehe hierzu auch TRGS 509 „Lagern von flüssigen und festen Gefahrstoffen in ortsfesten Behältern sowie Füll- und Entleerstellen für ortsbewegliche Behälter" und TRGS 510).

(11) Bei Ab-, Ein- oder Umfülltätigkeiten sind z. B. durch Dosier- oder Zapfvorrichtungen die Expositionen am Arbeitsplatz zu minimieren. Hautkontakt ist zu vermeiden.

(12) Maschinen und Anlagen dürfen im bestimmungsgemäßen Betrieb erst dann geöffnet werden, wenn sichergestellt ist, dass austretende

Gefahrstoffe die Sicherheit und Gesundheit von Beschäftigten nicht gefährden können.

6.2 Allgemeine Schutzmaßnahmen – Arbeitsorganisation

(1) Der Arbeitgeber stellt sicher, dass alle Gefahrstoffe nach TRGS 400 ermittelt und bei der Festlegung und Umsetzung von Schutzmaßnahmen berücksichtigt wurden. Das betrifft auch nicht kennzeichnungspflichtige Gefahrstoffe und Gefahrstoffe, die bei einer Tätigkeit entstehen oder freigesetzt werden.

(2) Über alle ermittelten Gefahrstoffe wird ein Gefahrstoffverzeichnis nach TRGS 400 geführt.

(3) Für alle Gefahrstoffe, die von einem Lieferanten als gefährlich eingestuft und gekennzeichnet sind, muss ein Sicherheitsdatenblatt vorliegen.

(4) Der Arbeitgeber ist verpflichtet, Stoffe und Gemische, die nicht von einem Lieferanten eingestuft und gekennzeichnet wurden, selbst einzustufen und zu kennzeichnen. Näheres beschreibt die TRGS 201 „Einstufung und Kennzeichnung bei Tätigkeiten mit Gefahrstoffen".

(5) Der Arbeitgeber hat gemäß Gefahrstoffverordnung sicherzustellen, dass alle verwendeten gefährlichen Stoffe und Gemische identifizierbar sind. Behälter, Kleingebinde, Rohrleitungen usw., die gefährliche Stoffe und Gemische enthalten oder führen, sind gemäß TRGS 201 „Einstufung und Kennzeichnung bei Tätigkeiten mit Gefahrstoffen" zu kennzeichnen.

(6) Es dürfen nur die im Rahmen der Gefährdungsbeurteilung beurteilten Gefahrstoffe bestimmungsgemäß am Arbeitsplatz verwendet werden.

(7) Für Tätigkeiten mit Gefahrstoffen sind Betriebsanweisungen nach TRGS 555 „Betriebsanweisung und Information der Beschäftigten" zu erarbeiten. Die Betriebsanweisungen und sonstigen Informationen müssen den Beschäftigten zugänglich sein.

(8) Die Beschäftigten sind entsprechend der TRGS 555 vor Aufnahme der Tätigkeiten und danach mindestens einmal jährlich über alle auftretenden Gefährdungen und entsprechenden Schutzmaßnahmen mündlich zu unterweisen. Vorgaben aus anderen Rechtsgebieten bezüglich der Häufigkeit durchzuführender Unterweisungen bleiben unberührt, z. B. nach Mutterschutzgesetz, Jugendarbeitsschutzgesetz. Zeitpunkt und Inhalt der Unterweisung sind zu dokumentieren.

(9) Neben den betrieblichen, technischen und organisatorischen Maßnahmen sind auch die Maßnahmen zur persönlichen Arbeitshygiene und Sauberkeit am Arbeitsplatz zu beachten. Im Rahmen der Unterweisung muss eine allgemeine arbeitsmedizinisch-toxikologische Beratung erfol-

gen. Weitere Informationen zur Arbeitshygiene enthält Abschnitt 6.4 dieser TRGS.

(10) Tätigkeiten mit Stoffen oder Gemischen, die als

1. akut toxisch Kategorie 1, 2 oder 3,
2. spezifisch zielorgantoxisch Kategorie 1,
3. krebserzeugend Kategorie 1A oder 1B oder
4. keimzellmutagen Kategorie 1A oder 1B

eingestuft sind, dürfen gemäß Gefahrstoffverordnung nur von fachkundigen oder besonders unterwiesenen Personen ausgeführt werden.

(11) Der Arbeitgeber muss die Beschäftigten dazu anhalten, dass diese die Betriebsanweisungen sowie weitere Anweisungen zur Begrenzung der Exposition beachten. Hierzu zählt z. B.

1. umsichtiger Umgang mit kontaminierter Arbeitskleidung und Schutzausrüstung sowie kontaminierten Handschuhen oder Putzlappen,
2. Vermeidung von Aufwirbelungen,
3. Aufklärung über Verhaltens- und sorgfältige Arbeitsweisen

(12) Expositionen gegenüber Gefahrstoffen länger als acht Stunden pro Tag sind zu vermeiden. Längere Expositionen sind in der Gefährdungsbeurteilung gesondert zu berücksichtigen und die Belastung durch organisatorische Schutzmaßnahmen wie z. B.

1. zusätzliche Pausen,
2. Tätigkeitswechsel (in Bereiche ohne Gefahrstoffbelastung) oder
3. Personalwechsel

zu reduzieren.

(13) Die besonderen Belastungen von Nachtarbeit und Tätigkeiten mit Gefahrstoffexposition sind durch den Arbeitgeber zu berücksichtigen. Hier können ergonomische Schichtmodelle mit z. B. einer kürzeren Schichtdauer, kurzzyklisch vorwärts rotierenden Schichtsystemen wie zwei Früh-, zwei Spät-, zwei Nacht- und zwei Freischichten, geblockten Wochenendfreizeiten (zwei zusammenhängende freie Tage am Wochenende), zusätzlichen Erholungspausen während der Nachtschicht etc. die auftretenden Belastungen reduzieren.

(14) Belastungen durch schwere, körperliche Arbeit mit Gefahrstoffexposition sind besonders zu berücksichtigen. Hier können z. B. ergonomische Maßnahmen wie Tragehilfen etc., zusätzliche Ruhe-, Pausen- und Erholungszeiten oder andere geeignete Maßnahmen die auftretenden Belastungen reduzieren.

(15) Beim Abfüllen von Gefahrstoffen ist darauf zu achten, dass geeignete Behältnisse verwendet werden. Es ist z. B. darauf zu achten, dass beim Umfüllen entzündbarer Flüssigkeiten in Gebinden größer 5 Liter die Ableitfähigkeit aller Materialien gegeben ist (siehe TRGS 727) oder dass metallkorrosive Stoffe nicht in Metallbehälter gefüllt werden. Bei entzündbaren Flüssigkeiten sind die Behälter zu erden.

(16) Beim Zusammenwirken mehrerer Verfahren oder Arbeitsmethoden sind neu auftretende Wechselwirkungen zu berücksichtigen und geeignete Schutzmaßnahmen festzulegen. Dies kann z. B. auftreten bei Tätigkeiten mit entzündbaren Lösemitteln und Schweißarbeiten in diesen Bereichen.

(17) Verunreinigungen durch ausgelaufene oder verschüttete Gefahrstoffe müssen unverzüglich und wirkungsvoll mit geeigneten Mitteln beseitigt, Rückstände von Gefahrstoffen an den Außenseiten von Behältern bzw. Verpackungen entfernt werden. Dabei ist darauf zu achten, dass diese Mittel in ausreichender Menge vorhanden sind.

(18) Rückhalteeinrichtungen sind regelmäßig zu entleeren.

(19) Das Vermischen von Gefahrstoffabfällen darf nicht zu gefährlichen chemischen Reaktionen führen.

(20) Abfälle und gebrauchte Putzlappen dürfen nur in den dafür bereitgestellten und entsprechend gekennzeichneten Behältnissen gesammelt werden. Öl- oder lösemittelgetränkte Putzlappen und Abfälle müssen in nicht brennbaren und verschließbaren Behältern gesammelt werden. In Abhängigkeit des Ergebnisses der Gefährdungsbeurteilung ist ggfs. eine Erdung erforderlich. Die Gefahr der Selbstentzündung ist zu berücksichtigen.

(21) Bei Verwendung nicht verschließbarer Behälter ist darauf zu achten, dass eine Ausbreitung der Gefahrstoffemission vermieden wird, z. B. durch Absaugungen, Abdeckungen oder die regelmäßige Leerung der Behälter.

6.3 Allgemeine Schutzmaßnahmen – Begrenzung der Exposition

(1) An Arbeitsplätzen sind nur die für den Fortgang der Arbeit benötigten Gefahrstoffe in der erforderlichen Menge – im Normalfall der Bedarf einer Arbeitsschicht – vorzuhalten. Hierfür sind geeignete Behältnisse bereit zu stellen. Im Rahmen der Gefährdungsbeurteilung ist abzuwägen, ob häufige Transport- und Umfüllvorgänge zu einer höheren Gefährdung führen können, als eine sachgerechte Bereitstellung größerer Mengen.

(2) Die Anzahl der Beschäftigten, die Gefahrstoffen ausgesetzt sind oder ausgesetzt sein können, ist zu begrenzen.

(3) Ist eine Exposition am Arbeitsplatz möglich, so muss diese grundsätzlich, unabhängig davon, ob bereits geeignete technische oder organisatorische Maßnahmen angewendet werden, in der zeitlichen Dauer und Expositionshöhe begrenzt werden.

(4) Belastungen durch benachbarte Arbeitsplätze z. B. beim Abdunsten von Lösemitteln bei Trocknungsprozessen sind zu minimieren.

(5) Emissionsmindernde Maßnahmen und emissionsarme Verfahren sind bevorzugt anzuwenden. Beispiele sind:

1. Anwendung von Tauch-, Roll-, und Streichverfahren anstelle von Spritzverfahren,
2. Vermeiden von Verspritzen und Aerosolbildung von Gefahrstoffen bei Befüllvorgängen z. B. durch Tauchrohre, Füllleitungen und Trichter,
3. Vermeiden einer Belastung anderer Bereiche durch räumliches Abtrennen von Arbeitsbereichen oder Tätigkeiten,
4. Vermeiden von großflächig offenen Anwendungen oder hohen Temperaturen,
5. Geschlossen halten bzw. Abdecken von Gebinden und Öffnen nur für die für den Fortgang der Arbeiten erforderliche Zeit,
6. unverzügliche Beseitigung von Leckagen an Leitungen und Armaturen, die ein unkontrolliertes Austreten von Gasen und Dämpfen verursachen können.

6.4 Allgemeine Schutzmaßnahmen – Hygiene

(1) Um die Gesundheit und die Sicherheit der Beschäftigten dauerhaft zu gewährleisten, ist die Umsetzung angemessener Hygienemaßnahmen sicher zu stellen. Den Beschäftigten sind ausreichend Zeit und Möglichkeiten zur Erfüllung der arbeitshygienischen Anforderungen zu gewähren.

(2) Ist eine Verunreinigung der Arbeitskleidung, so dass von ihr eine Gefährdung ausgeht, nicht auszuschließen, hat der Arbeitgeber die Arbeitskleidung zu stellen.

(3) Geeignete Schutzkleidung ist den Beschäftigten zur Verfügung zu stellen, sofern dies aus der Gefährdungsbeurteilung als Ergebnis hervorgeht. Die ausgewählte Schutzkleidung kann die Arbeitskleidung ersetzten oder ergänzen. Wird Schutzkleidung über der Arbeitskleidung getragen, muss sie die Arbeitskleidung entsprechend der Gefährdungs-

beurteilung an den Stellen bedecken, die tätigkeitsbedingt mit Gefahrstoffen verunreinigt werden können. Bei möglicher Durchnässung der Kleidung bzw. des Schuhwerks ist vom Arbeitgeber gestellte flüssigkeitsdichte Schutzkleidung bzw. Fußbekleidung zu tragen.

(4) Wird bei Tätigkeiten, bei denen nach Gefährdungsbeurteilung keine Schutzkleidung zu tragen ist, dennoch die Arbeitskleidung derart verunreinigt, dass von ihr eine Gefährdung ausgeht, ist diese unverzüglich zu wechseln und vom Arbeitgeber wie Schutzkleidung zu reinigen oder zu entsorgen.

(5) Der Arbeitgeber hat dafür Sorge zu tragen, dass Schutzkleidung oder mit Gefahrstoffen verunreinigte Arbeitskleidung von den Beschäftigten nicht zur Reinigung nach Hause mitgenommen wird. Getragene Schutzkleidung ist von anderer Kleidung getrennt aufzubewahren. Beim Betreten von Pausen- und Bereitschaftsräumen muss eine Gefährdung durch verschmutzte Schutzkleidung oder Arbeitskleidung verhindert werden.

(6) Ergibt die Gefährdungsbeurteilung, dass Verletzungen durch Ausrutschen möglich sind oder mit Fuß- oder Beinverletzungen durch Gefahrstoffe zu rechnen ist, hat der Arbeitgeber geeigneten Fußschutz bereitzustellen. Die DGUV Regel 112-191 beschreibt für derartige Gefährdungen geeigneten Fuß- und Beinschutz. Wesentlich ist, dass die Schuhe fest, geschlossen und trittsicher sind.

(7) Der Arbeitgeber hat gemäß Gefährdungsbeurteilung getrennte Aufbewahrungsmöglichkeiten für die Arbeits- oder Schutzkleidung einerseits und die Straßenkleidung andererseits zur Verfügung zu stellen.

(8) Reinigungspläne unterstützen die Grundhygiene im Arbeitsbereich. Die Notwendigkeit und der Umfang des Reinigungsplans sind in der Gefährdungsbeurteilung festzulegen.

(9) Die Einhaltung der nachfolgenden hygienischen Maßnahmen trägt wirksam zur Umsetzung des Schutzziels bei. Der Arbeitgeber muss die Beschäftigten dazu anhalten, dass diese

1. ihren Arbeitsplatz regelmäßig aufräumen und säubern,
2. zur Aufnahme von Nahrungs- und Genussmitteln die hierfür vorgesehenen Räumlichkeiten nutzen und die Pausen- und Bereitschaftsräume bzw. Tagesunterkünfte nicht mit stark verschmutzter Kleidung betreten,
3. die notwendige Arbeits- und Schutzkleidung tragen und verschmutzte Arbeits- und Schutzkleidung unverzüglich wechseln,
4. staubige Arbeits- und Schutzkleidung nicht ausschütteln oder abblasen,
5. Hautkontaminationen vermeiden und Gefahrstoffspritzer oder -verunreinigungen auf der Haut möglichst sofort entfernen,

6. Putzlappen für Maschinen und Anlagen nicht für die Hautreinigung verwenden,
7. kontaminierte Putzlappen entsorgen und diese auch nicht kurzzeitig in die Kleidung stecken und
8. das Abwischen von Schweiß mit der Hand im Gesichtsbereich vermeiden.

(10) Die orale Aufnahme von Gefahrstoffen muss vermieden werden. Der Arbeitgeber hat dafür zu sorgen, dass Möglichkeiten zu einer von den Gefahrstoffen getrennten Aufbewahrung der Pausenverpflegung und zum Essen und Trinken ohne Beeinträchtigung der Gesundheit und ohne Geruchsbelästigungen gegeben sind. Hierfür sind Pausenbereiche oder Pausenräume gemäß ASR A4.2 einzurichten. Dies gilt auch für die Verschleppung von Kontaminationen, z. B. an äußerlich mit Gefahrstoffen behafteter Arbeitskleidung und Schuhen.

(11) Das Bereithalten, Aufbewahren oder Lagern von Gefahrstoffen in Pausen-, Bereitschafts-, Sanitär-, Sanitätsräumen und Tagesunterkünften ist nicht gestattet. Dies gilt nicht für Gebinde, die zur dortigen Verwendung vorgesehen sind.

(12) Es ist eine Waschgelegenheit mit fließendem Wasser und schonenden Hautreinigungsmitteln vorzusehen.

(13) Soweit nach Gefährdungsbeurteilung erforderlich, sind Waschräume, Duschmöglichkeiten sowie ergänzend Hautschutz- und Hautpflegemittel gem. ASR A4.1 bereitzustellen. Gründe für die Einrichtung eines Waschraums können z. B. Tätigkeiten mit starker Verschmutzung oder starker Geruchsbelästigung sein.

(14) In Abhängigkeit des Ergebnisses der Gefährdungsbeurteilung ist ein Hautschutzplan zu erstellen, der Auskunft über die im jeweiligen Tätigkeitsbereich anzuwendenden Hautschutz-, Hautreinigungs- und Hautpflegemaßnahmen gibt. Bei der Auswahl der Reinigungsmittel ist darauf zu achten, dass diese möglichst hautschonend reinigen. Lösemittelhaltige Reinigungsmittel und reibkörperhaltige Waschpasten und Grobreiniger werden nur dann eingesetzt, wenn eine entsprechende Reinigung nicht auf andere, hautschonendere Art und Weise erfolgen kann. Hautschutz-, Hautreinigungs- und Hautpflegemittel werden hygienisch einwandfrei bereitgestellt. Einrichtungen zum hygienischen Händetrocknen, bevorzugt Einmalhandtücher, sind vorzusehen.

(15) Die Häufigkeit der Hautreinigung wird auf das erforderliche Maß begrenzt.

Weiterführende Informationen zur Hautgefährdung enthält die TRGS 401.

6.5 Allgemeine Schutzmaßnahmen – Lagerung

(1) Gefahrstoffe sind gemäß der Gefahrstoffverordnung so aufzubewahren oder zu lagern, dass sie die Sicherheit und Gesundheit der Beschäftigten und die Umwelt nicht gefährden. Es sind dabei wirksame Vorkehrungen zu treffen, um Missbrauch oder Fehlgebrauch zu verhindern. So dürfen Gefahrstoffe

1. nicht in solchen Behältern, durch deren Form oder Bezeichnung der Inhalt mit Lebensmitteln verwechselt werden kann,
2. nur übersichtlich geordnet und
3. nicht in unmittelbarer Nähe von Arzneimitteln, Lebens- oder Futtermitteln einschließlich deren Zusatzstoffen

aufbewahrt oder gelagert werden.

(2) Gefahrstoffe sind nur an festgelegten und entsprechend gekennzeichneten Orten, z. B. Lagerbereiche, Schränke, usw., zu lagern. Lagerbereiche sind mit dem entsprechenden Warnzeichen gemäß ASR A1.3 zu kennzeichnen.

(3) Um die Gefahrstoffbelastung im Lager zu reduzieren, sind bei der Lagerung von Gefahrstoffen geeignete Lagertechnik sowie Lagereinrichtungen einzusetzen, z. B. Silos, Bunker, Sicherheitsschränke, ortsfeste Tanks, Rückhalteeinrichtungen, Transportbehälter mit Deckel, Säcke, Container mit Abdeckung oder Planen für Schüttwaren.

(4) Die TRGS 509 konkretisiert die Anforderungen hinsichtlich der Lagerung flüssiger und fester Gefahrstoffe in ortsfesten Behältern sowie für Füll- und Entleerstellen für ortsbewegliche Behälter.

(5) Schutzmaßnahmen für die Lagerung von Gefahrstoffen in ortsbeweglichen Behältern sind in der TRGS 510 beschrieben. Die Anforderungen sind dabei gestaffelt in Abhängigkeit von Art und Menge der gelagerten Gefahrstoffe, siehe dazu Tabelle 1 in TRGS 510.

(6) Die ortsbeweglichen Behälter müssen so beschaffen, geeignet und verschlossen sein, dass vom Inhalt nichts ungewollt nach außen gelangen kann. Diese Voraussetzungen gelten u. a. als erfüllt, wenn die Verpackung oder der Behälter die Anforderungen gemäß Gefahrgutrecht erfüllt.

(7) Gefahrstoffe sollen möglichst in Originalbehältern oder in der Originalverpackung gelagert werden. Dies beinhaltet auch regelmäßige Kontrolle auf Alterung oder Schäden.

(8) Gefahrstoffe dürfen nicht an solchen Orten gelagert werden, die zu einer Gefährdung der Beschäftigten oder anderer Personen führen können. Dazu gehören insbesondere

1. Verkehrswege; zu Verkehrswegen zählen u. a. Treppenräume, Flucht- und Rettungswege, Durchgänge, Durchfahrten und enge Höfe,
2. Pausen-, Bereitschafts-, Sanitär-, Sanitätsräume oder Tagesunterkünfte.

Gefahrstoffe dürfen in Arbeitsräumen nur gelagert werden, wenn die Lagerung mit dem Schutz der Beschäftigten vereinbar ist. Sie hat in besonderen Einrichtungen zu erfolgen, falls dies gemäß Ergebnis der Gefährdungsbeurteilung erforderlich ist.

(9) Lagereinrichtungen müssen zur Aufnahme der Lagergüter ausreichend statisch belastbar und standsicher sein. Es müssen Maßnahmen zur Sicherung gegen Heraus- oder Herabfallen sowie ein ausreichend bemessener Anfahrschutz vorhanden sein.

(10) Gefahrstoffe dürfen nur zusammengelagert werden, wenn dadurch keine Gefährdungserhöhung entsteht, siehe dazu Abschnitt 7 der TRGS 510.

(11) In unmittelbarer Nähe von Lagerbehältern mit entzündbaren Gefahrstoffen dürfen sich keine wirksamen Zündquellen befinden.

(12) Gefüllte Aerosolpackungen und Druckgaskartuschen dürfen nicht einer Erwärmung von mehr als 50 °C durch Sonnenbestrahlung oder andere Wärmequellen ausgesetzt werden.

(13) Müssen Druckgaskartuschen mit brennbaren Inhaltsstoffen mit angeschlossener Entnahmeeinrichtung gelagert werden, dürfen diese wegen Undichtigkeiten an den Anschlüssen nur mit zusätzlichen Schutzmaßnahmen zur Vermeidung der Bildung explosionsfähiger Atmosphäre gelagert werden.

(14) Entzündbare Flüssigkeiten (gekennzeichnet mit H224, H225, H226) dürfen außerhalb von Lagern in

1. zerbrechlichen Behältern bis maximal 2,5 l Fassungsvermögen je Behälter,
2. in nicht zerbrechlichen Behältern bis maximal 10 l Fassungsvermögen je Behälter

gelagert werden, sofern die Gefährdungsbeurteilung keine erhöhte Brandgefahr ergibt. Hierbei dürfen maximal 20 kg extrem und leicht entzündbare Flüssigkeiten (H224 oder 225), davon nicht mehr als 10 kg extrem entzündbare Flüssigkeiten (H224), enthalten sein. Die Lagerung entzündbarer Flüssigkeiten in Sicherheitsschränken nach Anlage 3 der TRGS 510 wird empfohlen.

(15) Behälter mit flüssigen Gefahrstoffen müssen in eine Rückhalteeinrichtung eingestellt werden, die mindestens den Rauminhalt des größten Gebindes aufnehmen kann.

(16) Stoffe oder Gemische, die als

1. akut toxisch Kategorie 1, 2 oder 3,
2. spezifisch zielorgantoxisch Kategorie 1,
3. krebserzeugend Kategorie 1A oder 1B oder
4. keimzellmutagen Kategorie 1A oder 1B

eingestuft sind, sind gemäß der Gefahrstoffverordnung unter Verschluss aufzubewahren oder zu lagern, dass nur fachkundige und zuverlässige Personen Zugang haben. Ein entsprechendes Vorgehen ist für Stoffe, welche die oben genannten Kriterien nicht erfüllen, aber mit dem P-Satz 405 „Unter Verschluss aufbewahren" versehen sind, ebenfalls geboten. Dies gilt nicht für Kraftstoffe an Tankstellen oder sonstigen Betankungseinrichtungen sowie für Stoffe und Gemische, die als akut toxisch Kategorie 3 eingestuft sind, sofern diese vormals nach der Stoffrichtlinie 67/548/EWG oder der Zubereitungsrichtlinie 1999/45/EG als gesundheitsschädlich eingestuft wurden.

(17) Eine Aufbewahrung unter Verschluss kann u. a. durch verschlossene Arbeitsräume und Lager, z. B. Schlüssel, Codekarten, RFID-Transponder (radio-frequency identification), oder verschlossene Schränke oder Container erfolgen. Auch ein Betriebsgelände mit Werkszaun und Zugangskontrolle einschließlich Industriepark kann hierzu dienen (siehe hierzu auch TRGS 510).

(18) Gefahrstoffe, die die Kleinmengen gemäß Tabelle 1 der TRGS 510 überschreiten, sind in Lagern im Sinne der TRGS 510 zu lagern. Für die Lagerung im Lager gelten über die vorgenannten allgemeinen Maßnahmen hinaus besondere Maßnahmen insbesondere

1. in Bezug auf die Lagerorganisation,
2. die Sicherung des Lagergutes,
3. Maßnahmen zur Alarmierung,
4. ggf. zur persönlichen Schutzausrüstung,
5. zu hygienischen und Erste-Hilfe-Maßnahmen sowie
6. für Überprüfungen und Kontrollen.

(19) Darüberhinausgehende Schutzmaßnahmen, z. B. bauliche Anforderungen und Brandschutzmaßnahmen, sind gemäß Tabelle 1 der TRGS 510 für Gefahrstoffe mit bestimmten Eigenschaften erforderlich, wenn die dort genannten Mengenschwellen überschritten werden, siehe dafür die TRGS 510.

(20) Gemäß der Gefahrstoffverordnung sind Gefahrstoffe, die nicht mehr benötigt werden, und Behälter, die geleert worden sind, die aber noch Reste von Gefahrstoffen enthalten können, sicher zu handhaben, vom Arbeitsplatz zu entfernen und sachgerecht zu lagern oder entsorgen.

(21) Der Arbeitgeber hat dafür zu sorgen, dass Stoffe, die dem Betäubungsmittelgesetz unterliegen, unter Verschluss aufbewahrt werden. Der Zugang zu den Betäubungsmitteln ist nur der verantwortlichen Person erlaubt.

(22) Anforderungen für die Lagerung von Ammoniumnitrat sind in Anhang I Nummer 5 der GefStoffV und in TRGS 511 beschrieben und Anforderungen für die Lagerung von organischen Peroxiden sind in Anhang III der GefStoffV beschrieben.

7 Zusätzliche Schutzmaßnahmen

(1) Zusätzliche Schutzmaßnahmen sind erforderlich, wenn das Ergebnis der Gefährdungsbeurteilung insbesondere nach TRGS 400, TRGS 401 und TRGS 402 ergibt, dass die allgemeinen Schutzmaßnahmen nach den Abschnitten 6 und 9 nicht ausreichend sind.

(2) Der Arbeitgeber hat zu prüfen, ob ein Gefahrstoff oder Verfahren durch einen nicht oder weniger gefährlichen ersetzt werden kann. Dabei ist neben der technisch-fachlichen Eignung auch das Gesamtgefährdungspotential aus allen Gefährlichkeitsmerkmalen (toxische, physikalisch-chemische und Umwelt-Gefährdung) zu berücksichtigen, da ggf. bei Ersatz des Stoffes auch das Arbeitsverfahren angepasst werden muss. Im Rahmen der Gefährdungsbeurteilung ist der Verzicht auf eine technisch mögliche Substitution zu begründen und zu dokumentieren.

(3) Ist die Substitution nicht möglich, müssen für diese Tätigkeiten technische, organisatorische oder persönliche Schutzmaßnahmen getroffen werden, welche die Gefährdung ausschließen, bzw. falls dies nicht möglich ist, so weit wie möglich verringern.

(4) Technische Schutzmaßnahmen sind nach dem Stand der Technik zu gestalten. Hierbei sind vorrangig geschlossene Systeme anzuwenden. Falls dies nicht möglich ist, sind geeignete Absaugungen mit möglichst vollständiger Erfassung der Gefahrstoffe vorzusehen. Lüftungs- und Absaugeinrichtungen sowie Abzüge sind bestimmungsgemäß zu verwenden. Die BAuA beschreibt diese Maßnahme für verschiedene Tätigkeiten, wie z. B. Wiegen, Ab- und Umfüllen, Entleeren, Mischen, Beschichten sowie Laminieren in verschiedenen Schutzleitfäden im Einfachen Maßnahmenkonzept Gefahrstoffe – EMKG. Für das sichere Umfüllen von organischen Lösemitteln sind die Schutzleitfäden mit Videosequenzen hinterlegt. Wirksame und nicht ausreichende Schutzmaßnahmen werden im direkten Vergleich dargestellt, z. B. die Auswirkung, wenn eine Absaugvorrichtung nicht korrekt positioniert wird. Weiterhin sind ggfs. zusätzlich organisatorische Maßnahmen, z. B. gesonderte Unterweisungen, erforderlich.

(5) Ein Ausfall dieser lüftungstechnischen Einrichtungen muss von den Beschäftigten leicht und unverzüglich bemerkt werden, z. B. durch automatisch wirkende optische und akustische Alarmierung.

(6) Werden Tätigkeiten mit Gefahrstoffen von einem Beschäftigten außerhalb von Ruf- und Sichtweite zu anderen Beschäftigten ausgeführt, hat der Arbeitgeber im Rahmen einer Gefährdungsbeurteilung festzustellen, ob ggfs. zusätzliche Schutzmaßnahmen notwendig sind, um die Erste Hilfe bei Notfällen sicher zu stellen. Mögliche zusätzliche Schutzmaßnahmen können z. B. geeignete technische oder organisatorische Meldesysteme wie Personennotsignalanlage, Kontrollanrufe, ggf. kurzzyklische Kontrollgänge, ggfs. Videoüberwachung usw. sein. Dies kann auch bedeuten, dass bestimmte Tätigkeiten nicht von einer Person alleine ausgeführt werden dürfen (siehe DGUV Regel 112-139, DGUV Information 212-139 und in der DGUV Leitlinie „Einsatz von Personen-Notsignal-Anlagen bei gefährlichen Alleinarbeiten").

(7) Wird die Arbeitskleidung verunreinigt und dadurch eine Gefährdung für den Beschäftigten oder Dritte hervorgerufen, ist die Arbeitskleidung unverzüglich zu wechseln. Der Arbeitgeber hat eine sichere Reinigung bzw. Entsorgung dieser Kleidung ohne Belastung Dritter zu gewährleisten.

(8) Reichen die allgemeinen Schutzmaßnahmen nach Abschnitt 6 nicht aus, ist die Ausbreitung bzw. Verschleppung von Gefahrstoffen in andere Arbeits- oder Betriebsbereiche zu minimieren bzw. zu verhindern. In Abhängigkeit des Ergebnisses der Gefährdungsbeurteilung können dies Maßnahmen von der räumlichen Abtrennung bis hin zu Schwarz-Weiß-Bereichen sein.

(9) Besteht trotz Ausschöpfung von Substitutionsmöglichkeiten, technischen und organisatorischen Schutzmaßnahmen eine Gefährdung für die Beschäftigten ist vor der Aufnahme der Tätigkeiten geeignete persönliche Schutzausrüstung zur Verfügung zu stellen.

(10) Es darf nur mit dem EU-Recht konforme persönliche Schutzausrüstung eingesetzt werden (siehe Verordnung (EU) 2016/425 über persönliche Schutzausrüstungen).

(11) Beschäftigte müssen bereitgestellte persönliche Schutzausrüstungen auf Grundlage der durchgeführten Unterweisung bestimmungsgemäß benutzen, solange eine Gefährdung besteht. Die Dauer wird in der Gefährdungsbeurteilung festgelegt.

(12) Das Tragen von belastender persönlicher Schutzausrüstung darf keine ständige Maßnahme sein und dadurch technische oder organisatorische Schutzmaßnahmen ersetzen. Das STOP-Prinzip der Schutzmaßnahmen muss eingehalten werden.

(13) Können aufgrund der Arbeitsprozesse und Tätigkeiten nicht dauerhaft sicher Augengefährdungen ausgeschlossen werden, ist Augenschutz gemäß den Festlegungen in der Gefährdungsbeurteilung zu tragen. Reicht eine Gestellbrille mit Seitenschutz aufgrund besonderer Gefahren nicht aus, sind entsprechend des Ergebnisses der Gefährdungsbeurteilung Sicherheits-Spoggles, Korbbrillen bzw. Gesichtsschutzschirme zu tragen.

(14) Bei kurzzeitigen Expositionsspitzen und daraus resultierenden Gefährdungen für die Beschäftigten ist Atemschutz zu verwenden.

(15) Es muss durch den Arbeitgeber sichergestellt werden, dass die Tragezeitbegrenzung bei Atemschutz und anderer belastender persönlicher Schutzausrüstung eingehalten wird.

(16) Durchbruchzeiten von Handschuhmaterialien sind zu beachten. Hierbei ist zu berücksichtigen, dass die Durchbruchzeiten temperaturabhängig sind und unter Praxisbedingungen deutlich unter den nach Norm ermittelten Durchbruchzeiten liegen können (siehe hierzu TRGS 401).

(17) Der Arbeitgeber hat die richtige Benutzung der persönlichen Schutzausrüstung zu unterweisen und die Benutzung erforderlichenfalls üben zu lassen.

(18) Die persönlichen Schutzausrüstungen müssen

1. an einem dafür vorgesehenen Ort sachgerecht und hygienisch einwandfrei sowie frei von schädigenden Einflüssen aufbewahrt werden,
2. je nach Art der Schutzausrüstung vor Gebrauch geprüft und nach Gebrauch ggfs. gereinigt werden und
3. bei Schäden bzw. nicht mehr ausreichender Schutzwirkung vor erneutem Gebrauch ausgebessert oder ausgetauscht werden.

8 Besondere Schutzmaßnahmen

8.1 Tätigkeiten mit Stoffen und Gemischen mit KMR-Eigenschaften

(1) Besondere, über die Abschnitte 6, 7 und 9 hinausgehende Schutzmaßnahmen sind für Tätigkeiten mit krebserzeugenden, keimzellmutagenen oder reproduktionstoxischen (KMR) Stoffen und Gemischen der Kategorie 1A oder 1B erforderlich.

(2) In der TRGS 910 wird die Umsetzung des Minimierungsgebotes für krebserzeugende Stoffe, für die eine Expositions-Risiko-Beziehung abgeleitet wurde, dargestellt.

(3) Gemäß Gefahrstoffverordnung hat der Arbeitgeber bei Tätigkeiten mit krebserzeugenden Gefahrstoffen der Kategorie 1A oder 1B, für

die kein Arbeitsplatzgrenzwert bekannt gegeben worden ist, ein geeignetes, risikobezogenes Maßnahmenkonzept anzuwenden, um das Minimierungsgebot umzusetzen.

Beispiele für Maßnahmen zur Minimierung der Exposition gegenüber Stoffen, die bisher nicht über die TRGS 910 geregelt sind, können sein:

1. der Einsatz von integrierten oder hochwirksamen Absaugungen,
2. Maßnahmen, die gewährleisten, dass Arbeitsbereiche nur den Beschäftigten zugänglich sind, die sie zur Ausübung ihrer Arbeit oder zur Durchführung bestimmter Aufgaben betreten müssen, z. B. Meldebücher, Meldekarten, Schlüssel, RFID-Transponder oder Magnetkarten für Berechtigte,
3. als Voraussetzung für Zugang und Tätigkeiten besondere Qualifizierung und Unterweisung des Personals mit Hinweisen, dass die Gesundheitsbeeinträchtigung auch noch Jahre bzw. Jahrzehnte nach der Exposition auftreten kann, und entsprechende Schutzmaßnahmen,
4. Verkürzung der Expositionsdauer,
5. Tragen geeigneter persönlicher Schutzausrüstung bei Tätigkeiten, bei denen eine beträchtliche Erhöhung der Exposition zu erwarten ist. Weiteres regeln z. B. die TRGS 910 und stoff- und tätigkeitsspezifische Regelwerke für KMR-Stoffe.

(4) Wenn Tätigkeiten mit krebserzeugenden, keimzellmutagenen oder reproduktionstoxischen Gefahrstoffen der Kategorie 1A oder 1B ausgeübt werden, hat der Arbeitgeber gemäß der Gefahrstoffverordnung die Exposition der Beschäftigten durch Arbeitsplatzmessungen oder durch andere geeignete Ermittlungsmethoden zu bestimmen, auch um erhöhte Expositionen infolge eines unvorhersehbaren Ereignisses oder eines Unfalls schnell erkennen zu können.

(5) Der Arbeitgeber hat gemäß der Gefahrstoffverordnung Gefahrenbereiche abzugrenzen, in denen Beschäftigte diesen Gefahrstoffen ausgesetzt sind oder ausgesetzt sein können, und Warn- und Sicherheitszeichen anzubringen, einschließlich der Verbotszeichen „Zutritt für Unbefugte verboten" und „Rauchen verboten", siehe hierzu ASR A1.3.

(6) Abgesaugte Luft darf gemäß Gefahrstoffverordnung nicht in den Arbeitsbereich zurückgeführt werden. Dies gilt nicht, wenn die Luft unter Anwendung von behördlich oder von den Trägern der gesetzlichen Unfallversicherung anerkannten Verfahren oder Geräte ausreichend von solchen Stoffen gereinigt ist. Die Luft muss dann so geführt oder gereinigt werden, dass krebserzeugende, keimzellmutagene oder reproduktionstoxische Stoffe nicht in die Atemluft anderer Beschäftigter gelangen.

Für Stäube sind weitere Hinweise in der TRGS 560 „Luftrückführung bei Tätigkeiten mit krebserzeugenden, erbgutverändernden und fruchtbarkeitsgefährdenden Stäuben" zu finden.

(7) Bei Tätigkeiten mit krebserzeugenden oder keimzellmutagenen Gefahrstoffen der Kategorie 1A oder 1B hat der Arbeitgeber gemäß Gefährdungsbeurteilung ggfs. ein aktualisiertes Verzeichnis über die Beschäftigten zu führen, z. B. anhand der ZED. Weitere Konkretisierungen enthält die TRGS 410.

(8) Es ist zu beachten und in der Gefährdungsbeurteilung zu berücksichtigen, dass Asbest in Gebäuden, Geräten, Maschinen, Anlagen, Fahrzeugen und sonstigen Erzeugnissen auftreten kann. Schutzmaßnahmen für Tätigkeiten mit Asbest sind insbesondere in folgenden TRGS beschrieben:

1. TRGS 517 „Tätigkeiten mit potenziell asbesthaltigen mineralischen Rohstoffen und daraus hergestellten Gemischen und Erzeugnissen",
2. TRGS 519 „Asbest – Abbruch-, Sanierungs- oder Instandhaltungsarbeiten".

Zudem sind weitere Informationen, wie z. B. Bekanntmachungen des BMAS oder des AGS, zu beachten.

9) Die Anforderungen nach Mutterschutzgesetz oder Jugendarbeitsschutzgesetz, z. B. Beschäftigungsbeschränkungen oder -verbote, sind zu berücksichtigen.

8.2 Physikalisch-chemische und sonstige durch Gefahrstoffe bedingte Gefährdungen und Schutzmaßnahmen

8.2.1 Brandschutzmaßnahmen

(1) Die Brandgefährdung ist zu beurteilen und auf das unvermeidbare Maß zu reduzieren.

(2) Es sind Maßnahmen zur Vermeidung der Brandentstehung, der Brand- und Rauchausbreitung und des frühzeitigen Erkennens eines Brandes zu ergreifen.

(3) Für die Durchführung von Feuerarbeiten sind die zu treffenden Schutzmaßnahmen im Rahmen eines Erlaubnisverfahrens festzulegen und umzusetzen. Dies beinhaltet auch Maßnahmen, die über die eigentliche Durchführung von Feuerarbeiten hinausgehen, z. B. Brandsicherheitswachen.

(4) Erläuterungen zu den zu berücksichtigenden Stoffen und Gemischen, zur Informationsermittlung und zur Beurteilung der Brandgefährdung sowie zu den anzuwendenden Schutzmaßnahmen finden sich in der TRGS 800.

(5) Die erforderlichen Maßnahmen zum Brandschutz sind in der Gefährdungsbeurteilung darzulegen und sind umzusetzen.

8.2.2 Explosionsschutzmaßnahmen

(1) Brennbare Gase, Flüssigkeiten und Feststoffe können in Form von Gasen, Dämpfen, Nebeln und Stäuben im Gemisch mit Luft oder einem anderen Oxidationsmittel explosionsfähige Gemische bilden. Liegen die Gemische unter atmosphärischen Bedingungen (Umgebungstemperatur von –20 °C bis +60 °C und Druck von 0,8 bar bis 1,1 bar) mit Luft als Oxidationsmittel vor, spricht man von explosionsfähiger Atmosphäre.

(2) Nichtatmosphärische Bedingungen finden sich vor allem im Inneren von Anlagen. Unter diesen Bedingungen können die z. B. in Sicherheitsdatenblättern angegebenen sicherheitstechnischen Kenngrößen und Schutzmaßnahmen nur bedingt angewandt werden, da diese sich in der Regel auf atmosphärische Bedingungen beziehen. Ggf. müssen die sicherheitstechnischen Kenngrößen unter den real vorliegenden Bedingungen bestimmt werden, um eine Beurteilung sowie eine geeignete Auswahl der Schutzmaßnahmen zu erlauben.

(3) Es sind auch Stoffe, welche nicht als explosionsschutzrelevant eingestuft sind, von denen jedoch trotzdem eine entsprechende Gefahr ausgehen kann, zu berücksichtigen. Beispiele hierfür sind Flüssigkeiten mit einem Flammpunkt > 60 °C, Feststoffe die zwar brennen, bei denen die Abbrandgeschwindigkeit jedoch für die Einstufung als entzündbarer Feststoff nicht ausreicht, oder auch Stoffe ohne Flammpunkt wie Halogenkohlenwasserstoffe.

(4) Bei der Gefährdungsbeurteilung ist zu beachten, dass sowohl die aus den Tätigkeiten als auch die von den Anlagen resultierenden Gefährdungen berücksichtigt werden.

(5) Bei der Festlegung von Explosionsschutzmaßnahmen ist folgende Rangfolge zu beachten:

1. Vermeiden der Bildung explosionsfähiger Gemische,
2. Ausschließen wirksamer Zündquellen und
3. Umsetzung konstruktiver Explosionsschutzmaßnahmen.

(6) Die Ergebnisse der Gefährdungsbeurteilung für den Explosionsschutz sind zu dokumentieren, u. a. anhand des Explosionsschutzdokuments.

(7) Die Bildung von explosionsfähigen Gemischen kann z. B. vermieden werden durch:

1. Ersatz von Stoffen, die im Gemisch mit Luft oder einem anderen Oxidationsmittel explosionsfähige Gemische bilden können,

2. Unterschreiten der unteren Explosionsgrenze z. B. durch Mengenbegrenzung des Gefahrstoffs oder Absenkung der Konzentration,
3. Absaugung von brennbaren Stoffen an der Entstehungsstelle oder
4. Inertisierung.

Siehe hierzu insbesondere TRGS 722 „Vermeidung oder Einschränkung gefährlicher explosionsfähiger Atmosphäre".

(8) Wirksame Zündquellen oder Bedingungen, die Explosionen auslösen, sind zu vermeiden. Zu vermeiden sind z. B.:

1. Flammen, z. B. offenes Feuer, Zigaretten, Glutnester, Schweißfunken, Brenner,
2. Heiße Oberflächen, z. B. Motoren, Heizungen, Heizstrahler, Fön,
3. Elektrische Energie, z. B. Licht, Lichtschalter, Klingel, elektrische Geräte,
4. Lichtbögen, z. B. Schweißen,
5. Mechanische Reib-, Schlag- und Abtrennvorgänge, z. B. durch funkenreißendes Werkzeug,
6. Elektrostatische Aufladung, z. B. Schuhe, Kleidung,
7. Strahlung: ionisierende, Ultraschall, elektromagnetische, z. B. Handy, Funkgerät,
8. Chemische Reaktionen.

Siehe hierzu insbesondere TRGS 723 „Gefährliche explosionsfähige Gemische – Vermeidung der Entzündung gefährlicher explosionsfähiger Atmosphäre".

(9) Beispielhafte Maßnahmen zur Zündquellenvermeidung sind:

1. In explosionsgefährdeten Bereichen dürfen nur geeignete Arbeitsmittel, Geräte und Kleidung verwendet werden,
2. Zur Vermeidung gefährlicher Aufladungen in explosionsgefährdeten Bereichen sind die Vorgaben der TRGS 727 „Vermeidung von Zündgefahren infolge elektrostatischer Aufladungen" zu beachten,
3. Behälter und Rohrleitungen mit entzündbarem Inhalt und auch vermeintlich leere Fässer und Gebinde sind nicht mit Werkzeugen zu bearbeiten, bei deren Verwendung wirksame Zündquellen auftreten können.

(10) Kann eine Explosion nicht sicher verhindert werden, sind konstruktive Maßnahmen erforderlich. Hierzu zählen beispielsweise die explosionsfeste bzw. explosionsdruckstoßfeste Bauweise oder die Druckentlastung sowie die zusätzlich zu installierende explosionstechnische Entkopplung. Siehe hierzu insbesondere TRGS 724.

(11) Werden im Rahmen des Explosionsschutzkonzeptes MSR-Maßnahmen (Mess-, Steuer- und Regelungstechnik) eingesetzt, sind die Anforderungen der TRGS 725 zu beachten.

(12) Weiterführende Informationen zum Schutz vor Gefährdungen durch explosionsfähige Gemische enthalten Anhang I Nummer 1 GefStoffV sowie die TRGS 720 ff.

8.2.3 Weitere Stoffe und Gemische, die Brände und Explosionen verursachen können

(1) Besondere Vorsicht ist bei energiereichen Stoffen und Gemischen geboten. Hierzu zählen explosive Stoffe und Gemische, selbstzersetzliche Stoffe und Gemische und organische Peroxide sowie einige oxidierende Stoffe und Gemische wie z. B. Perchlorate und Chlorate. Dabei müssen die Stoffe nicht notwendigerweise mit GHS01 „Explodierende Bombe“ gekennzeichnet sein.

(2) Erforderlichenfalls sind die sprengstoffrechtlichen Regelungen gemäß SprengG, 1. SprengV und 2. SprengV zu beachten.

(3) Hinweise zu den relevanten Schutzmaßnahmen finden sich unter anderem in:

1. DGUV Vorschrift 13 „Organische Peroxide“,
2. TRGS 511 „Ammoniumnitrat“,
3. GefStoffV Anhang III Nummer 2.

(4) Bei Tätigkeiten mit pyrophoren Stoffen und Gemischen ist darauf zu achten, dass diese nicht mit Luftsauerstoff in Kontakt kommen. Dies kann z. B. beim Öffnen von Behältern eintreten. Wird eine Inertisierung als Schutzmaßnahme verwendet ist sicherzustellen, dass diese jederzeit wirksam ist.

(5) Tätigkeiten mit Stoffen und Gemischen, die mit Wasser oder bereits mit Luftfeuchtigkeit entzündbare Gase bilden, sind unter Feuchtigkeitsausschluß zu handhaben. Dies kann z. B. in geschlossenen Apparaturen unter Inertgas erfolgen. Auch im Rahmen der Brandbekämpfung ist dies zu berücksichtigen. Geeignet sind z. B. die Verwendung von Trockenlöschpulver oder trockenem Sand. Wasser darf auf keinen Fall zur Brandbekämpfung verwendet werden.

8.2.4 Sonstige durch Gefahrstoffe bedingte Gefährdungen und Schutzmaßnahmen

(1) Bei der Ausübung von Tätigkeiten mit tiefkalten oder heißen Gefahrstoffen sind Schutzmaßnahmen entsprechend der durchgeführten Gefährdungsbeurteilung umzusetzen, z. B. Tragen spezieller persönlicher Schutzausrüstung wie Hitze- oder Kälteschutzkleidung.

(2) Bestehen Gefährdungen durch erstickende Gase, z. B. Inertisierung durch Stickstoff oder Kohlendioxid, automatische Feuerlöscheinrichtungen, Methan und Grubengase in Kanälen und Schächten oder Schutzgasschweißen in Gruben und engen Räumen, sind Schutzmaßnahmen zu treffen. Schutzmaßnahmen hierzu sind beispielsweise Messtechnische Überwachung, Warnsysteme, Aufsicht, Sicherungsposten oder Pressluftatmer.

(3) Für Tätigkeiten mit Gefahrstoffen mit narkotisierender Wirkung, z. B. beim großflächigen Desinfizieren im Krankenhausbereich, ist für eine ausreichende Lüftung zu sorgen.

8.2.5 Schutzmaßnahmen bei Tätigkeiten mit Biozidprodukten und bioziden Wirkstoffen

Für Tätigkeiten mit Biozidprodukten und bioziden Wirkstoffen sind Schutzmaßnahmen gemäß der Vorgaben der Zulassung, GefStoffV sowie die Konkretisierungen der technischen Regelungen für Biozidprodukte und biozide Wirkstoffe zu beachten.

9 Schutzmaßnahmen bei Tätigkeiten mit Exposition gegenüber Staub (Anhang I Nummer 2 GefStoffV)

9.1 Grundlegende Schutzmaßnahmen

9.1.1 Allgemeine Hinweise

(1) Abschnitt 9 dieser TRGS beschreibt zusätzliche Schutzmaßnahmen für Tätigkeiten mit Exposition gegenüber A- und E-Staub um die Arbeitsplatzgrenzwerte für A- und E-Staub einzuhalten. Für Stäube außerhalb des Anwendungsbereichs des AGW für A- und E-Staub finden sich in den TRGS 517, TRGS 519, TRGS 521, TRGS 528, TRGS 553, TRGS 558, TRGS 559 und TRGS 561 stoffspezifische und weitergehende Ergänzungen.

(2) Für brennbare Stäube sind die Brand- und Explosionsgefährdungen zu berücksichtigen. Siehe hierzu Abschnitt 8.2.1 dieser TRGS.

(3) Vor der Aufnahme von Tätigkeiten hat der Arbeitgeber gemäß TRGS 600 in Verbindung mit § 7 Absatz 3 GefStoffV zu prüfen, ob durch Änderung des Arbeitsverfahrens oder der Art der Einsatzstoffe das Auftreten von Staub verhindert werden kann.

(4) Ist keine Substitution möglich, so hat der Arbeitgeber vor der Aufnahme von Tätigkeiten Maßnahmen festzulegen, mit denen das Auftreten von Staub so weit wie möglich vermindert werden kann.

9.1.2 Staubarme Materialien und Verfahren

(1) Der Arbeitgeber hat Materialien, Arbeitsverfahren, Maschinen und Geräte so auszuwählen, dass möglichst wenig Staub freigesetzt wird.

(2) Die Staubentwicklung lässt sich beispielsweise dadurch vermindern, dass Materialien in emissionsarmen Verwendungsformen eingesetzt werden. Staubarme Materialien sind z. B. befeuchtete Rohstoffe, Granulate, Pasten oder bereits fertig gemischte Materialien wie Mörtel oder Spachtelmasse.

(3) Staub emittierende Anlagen, Maschinen und Geräte müssen mit einer wirksamen Absaugung versehen sein, soweit dies technisch möglich ist oder die Staubfreisetzung nicht durch andere Maßnahmen verhindert wird.

(4) Es ist zu prüfen, ob zur Staubniederschlagung Nassverfahren eingesetzt werden können.

(5) Bei Tätigkeiten mit Staubexposition ist eine Ausbreitung des Staubes auf unbelastete Arbeitsbereiche nach dem Stand der Technik zu verhindern. Ist dies nicht möglich, ist zumindest die branchenübliche Betriebs- und Verfahrensweise umzusetzen.

(6) Das Reinigen des Arbeitsbereiches durch trockenes Kehren oder Abblasen von Staubablagerungen mit Druckluft ist grundsätzlich nicht zulässig.

9.1.3 Technische Schutzmaßnahmen

(1) Lässt sich die Entstehung von Stäuben nicht vermeiden, sind vorrangig technische Schutzmaßnahmen anzuwenden. Nachfolgend sind technische Schutzmaßnahmen geordnet nach abnehmender Wirksamkeit aufgeführt:

1. Gekapselte Maschinen und Anlagen mit integriertem Staubhandling, z. B. geschlossene statt offene Transportsysteme,
2. Maschinen mit Absaugung an der Emissionsquelle,
3. Absaugung des Arbeitsplatzes möglichst nahe an der Emissionsquelle,
4. Raumlufttechnik mit Anordnung der Absaugelemente möglichst nahe an der Gefahrenquelle, um in diesen Bereichen möglichst hohe lokale Luftwechselraten zu erhalten und
5. Raumlüftung mit gleichmäßiger Durchlüftung des Raumes.

(2) Bei Tätigkeiten mit Freisetzung von Stäuben ist eine freie Lüftung oder die Verwendung stationärer Luftreiniger als alleinige Schutzmaßnahme i. d. R. nicht ausreichend.

(3) Bei mobilen, mit Kabinen ausgestatteten Arbeitsmaschinen sollen diese Kabinen geschlossen, klimatisiert und mit Zuluftfilterung vorgesehen werden (siehe dazu DGUV Information 201-004).

(4) Ist die Wirksamkeit einer technischen Schutzmaßnahme nicht ausreichend, ist eine Kombination von Maßnahmen zu ergreifen. Dabei ist der Umsetzung mehrerer technischer oder organisatorischer Schutzmaßnahmen Vorrang vor persönlichen Schutzmaßnahmen zu geben.

(5) Werden handgeführte Maschinen, z. B. Trennschleifer, Schlitz- oder Putzfräsen oder Schleifgeräte, verwendet, so sind diese mit Entstaubern mindestens der Staubklasse M auszustatten, soweit dies technisch möglich ist. Eine Auswahl geeigneter Maschinen mit Stauberfassungselementen und Entstaubern ist bei der BG Bau unter „Staubarme Bearbeitungssysteme" im Internet verfügbar.

(6) Bei der Planung von technischen Schutzmaßnahmen ist zu beachten, dass die Wirksamkeit dieser Maßnahmen von der Anordnung der Arbeitsplätze und den dort durchgeführten Tätigkeiten abhängt. Die Besonderheiten der Emissionsquelle, z. B. thermische Strömungen oder Tätigkeiten mit impulsbehafteten Emissionen wie Schleifen, sind zu berücksichtigen.

(7) Bei der Kombination und Anordnung von verschiedenen lufttechnischen Maßnahmen sind mögliche Wechselwirkungen durch Luftströmungen und Verschleppungen zu beachten. Lüftungskurzschlüsse sind zu vermeiden. Zugluft auf Grund von geöffneten Türen, Fenstern oder Durchgängen, die die Absaugleistung beeinträchtigt, ist zu vermeiden

(8) Ist eine vollständige Erfassung an der Emissionsquelle nicht möglich, so können an ortsveränderlichen Arbeitsplätzen Geräte wie mobile Luftreiniger und Erfassungseinrichtungen mit einem Absaugarm zur Absaugung in unmittelbarer Nähe der Emissionsquelle verwendet werden. An stationären Arbeitsplätzen sind bevorzugt lüftungstechnische Maßnahmen, z. B. technische Be-/Entlüftung, anzuwenden.

(9) Schutzmaßnahmen nach Absatz 1 oder eine Arbeitsplatzlüftung, mit der Stäube gerichtet vom Bediener weggeführt werden können und eine Verschleppung in andere Arbeitsbereiche vermieden wird, sind vorrangig anzuwenden.

(10) Der Arbeitsraum muss mit ausreichend Zuluft versorgt werden, um die abgesaugte Luft zu ersetzen. Es ist für ausreichend dimensionierte Zuluftöffnungen zu sorgen. Die Zuluft muss den betroffenen Raumbereich durchströmen.

(11) Nicht gereinigte, abgesaugte Luft wird so abgeführt, dass sie nicht in Arbeitsbereiche zurückgelangen kann. Die Anforderungen des Immissionsschutzes bleiben unberührt.

(12) Abgesaugte Luft, die Staub enthält, darf in den Arbeitsbereich nur zurückgeführt werden, wenn sie wirksam gereinigt wurde. Sofern keine stoffspezifischen Abscheidegrade festgelegt oder genannt sind, sollten für Stäube ohne spezifische Toxizität in den Abscheideanlagen mindestens Filter der Staubklasse M nach EN 60335-2-69, Anhang AA oder gleichwertig verwendet werden, siehe auch DGUV Grundsatz 309-012.

(13) Einrichtungen zum Abscheiden, Erfassen und Niederschlagen von Stäuben müssen dem Stand der Technik entsprechen. Der für eine wirksame Erfassung erforderliche Absaugvolumenstrom ist zu ermitteln und ist Grundlage für die Einrichtung der Anzeige bzw. Warneinrichtung und für die jährliche Wirksamkeitsüberprüfung. Bereits vor der ersten Inbetriebnahme ist die ausreichende Wirksamkeit im Hinblick auf ordnungsgemäße Installation, Funktion und Aufstellung durch eine befähigte Person nach Betriebssicherheitsverordnung zu überprüfen. Bei Beschaffung staubtechnisch geprüfter Maschinen und Geräte (DGUV Test-Zeichen mit dem Zusatz „staubtechnisch geprüft") kann der Arbeitgeber davon ausgehen, dass die Emissionsrate dem Stand der Technik entspricht. Die Einrichtungen sind mindestens jährlich auf ihre Funktionsfähigkeit zu prüfen, zu warten und in Stand zu setzen. Die niedergelegten Ergebnisse der Prüfungen sind mindestens bis zur nächsten Prüfung aufzubewahren.

(14) Arbeitsräume für stationäre Tätigkeiten, in denen Staub auftreten kann, sind möglichst so zu gestalten und zu unterhalten, dass Wände und Decken zur Vermeidung von Staubanhaftung glatt sind, Ablagerungsflächen z. B. durch Abschrägungen oder Verkleidungen vermieden werden und Fußböden und Oberflächen leicht zu reinigen sind. Staubablagerungen sind zu vermeiden.

9.1.4 Organisatorische Schutzmaßnahmen

(1) Arbeitsplätze sind regelmäßig zu reinigen. Im Rahmen der Gefährdungsbeurteilung sind konkrete Reinigungsintervalle festzulegen. Dabei ist insbesondere zu prüfen, welche Arbeitsräume, Verkehrswege, Betriebsanlagen, Maschinen und Geräte mit zu betrachten sind.

(2) Arbeitsräume unterschiedlich hoher Staubbelastung sind durch bauliche oder lüftungstechnische Maßnahmen von anderen Arbeitsbereichen nach Möglichkeit zu trennen.

(3) Der Arbeitgeber stellt sicher, dass Arbeitsräume mit hoher Staubbelastung nur für Beschäftigte zugänglich sind, die dort Tätigkeiten auszuführen haben.

(4) Für staubintensive Tätigkeiten sind geeignete organisatorische Maßnahmen zu ergreifen, um die Dauer der Exposition so weit wie möglich zu verkürzen.

(5) Der Arbeitgeber hat darauf zu achten, dass Arbeitsmittel (Geräte, Maschinen, Anlagen) im Hinblick auf die Staubvermeidung in einem ordnungsgemäßen und funktionsfähigen Betriebszustand gehalten und verwendet werden.

(6) Bei Verwendung von Maschinen mit geschlossenen Fahrerkabinen, die mit einem Filter zur Reinigung der Außenluft ausgestattet sind (dies ist in der Regel bei klimatisierten Kabinen der Fall), sind die Türen und Fenster während des Betriebes geschlossen zu halten.

(7) Der Arbeitgeber hat für Tätigkeiten mit staubenden Materialien unter Berücksichtigung der Gefährdungsbeurteilung eine arbeitsplatz- und tätigkeitsbezogene Betriebsanweisung zu erstellen.

(8) Besteht eine Gefährdung durch verunreinigte Arbeitskleidung, hat der Arbeitgeber eine getrennte Aufbewahrungsmöglichkeit für Arbeits- und Straßenkleidung vorzusehen. Der Arbeitgeber hat verschmutzte Arbeitskleidung regelmäßig reinigen zu lassen. Alternativ kann Einwegschutzkleidung verwendet werden.

(9) Das Abblasen der Kleidung ist nur in geeigneten Einrichtungen wie z. B. speziellen Luftduschkabinen zulässig. Dabei ist im Rahmen der Gefährdungsbeurteilung zu prüfen, ob geeigneter Atemschutz zur Verfügung gestellt und getragen werden muss. Alternativ ist das Absaugen verstaubter Kleidung mit geeigneten Absaugeinrichtungen zulässig.

(10) Für die Beschäftigten sind vom Arbeitgeber Waschräume zur Verfügung zu stellen. Bei nicht stationären Arbeitsplätzen, z. B. Tätigkeiten auf Baustellen oder in der Landwirtschaft, sind Waschgelegenheiten ausreichend.

(11) Der Arbeitgeber hat die staubexponierten Beschäftigten anhand der Betriebsanweisung über auftretende Gefährdungen sowie über die Schutzmaßnahmen mündlich zu unterweisen.

(12) Die Unterweisung ist vor Aufnahme der Beschäftigung und danach mindestens jährlich arbeitsplatz- und tätigkeitsbezogen durchzuführen. Inhalt und Zeitpunkt der Unterweisung sind vom Arbeitgeber zu dokumentieren und von den Unterwiesenen durch Unterschrift zu bestätigen.

9.1.5 Persönliche Schutzmaßnahmen

(1) Der Arbeitgeber hat die gemäß dem Ergebnis der Gefährdungsbeurteilung und nach Maßgabe der GefStoffV notwendige persönliche Schutzausrüstung, z. B. Atemschutzgeräte, Schutzbrillen, Schutzhandschuhe, Schutzkleidung, zur Verfügung zu stellen und deren Pflege und Wartung sicherzustellen. Dabei ist die PSA-Benutzungsverordnung zu beachten. Die Trageverpflichtung ist in der Betriebsanweisung zu regeln.

(2) Der Arbeitgeber hat dafür Sorge zu tragen, dass die Beschäftigten die persönliche Schutzausrüstung nach den Vorgaben der Betriebsanweisung und der Unterweisung tragen.

(3) Geeignete Atemschutzgeräte sind z. B. partikelfiltrierende Halbmasken mindestens der Klasse FFP2, Halbmasken mit mindestens einem Filter der Klasse P2, Helme oder Hauben mit Gebläseunterstützung und Partikelfilter mindestens der Klasse TH2P.

(4) Das Tragen von belastender persönlicher Schutzausrüstung darf keine Dauermaßnahme sein. Die AMR 14.2 ist zu beachten. Siehe auch DGUV Regel 112-190 Benutzung von Atemschutzgeräten.

9.2 Tätigkeitsbezogene Schutzmaßnahmen

9.2.1 Lagern

(1) Staubende Materialien, z. B. Schüttgüter, sind nach Möglichkeit in geschlossenen Systemen zu lagern, z. B. in geschlossenen Silos, in Säcken, Big-Bags oder abgedeckten Containern, und vor Beschädigungen zu schützen, z. B. durch Rammschutz für Sackware.

(2) Bei offen gelagerten staubenden Materialien sind zur Vermeidung von Staubemissionen z. B. folgende Maßnahmen geeignet:

1. Feuchthalten der gelagerten Materialien,
2. Abdecken mit Planen,
3. windgeschützte Lagerung, z. B. durch Trennwände, Erdwälle, Windschutzbepflanzung, Windschutzzäune, abgesenkte Lagerflächen.

9.2.2 Transportieren und Fördern (LKW, Kipper, Mulden, Stetigförderer)

9.2.2.1 Fahrstraßen

(1) Auf unbefestigten Fahrstraßen, die nicht gereinigt werden können, sind Staubaufwirbelungen zu vermeiden. Dies kann zum Beispiel durch Befeuchtung mit Wasser ggf. unter Anwendung von Staubbindemitteln wie CMA (Calcium-Magnesium-Acetat) oder Magnesiumchlorid geschehen. Diese Maßnahmen sind bei der Planung der Gesamtmaßnahme angemessen zu berücksichtigen. Auf eine Befeuchtung kann verzichtet werden, wenn sich keine Personen in staubgefährdeten Bereichen von Fahrstraßen aufhalten und wenn das Fahrpersonal durch wirksame Zuluftfilterung geschützt ist.

9.2.2.2 Stetigförderer (Gurtförderer, Kettenförderer, Becherwerke, Schneckenförderer u. a.).

(1) Stetigförderer zum Transport von staubendem Material sind soweit wie möglich einzuhausen und – insbesondere im Bereich von Be-

schickung und Auswurf sowie an den Materialübergabestellen an den Schnittpunkten der einzelnen Anlagenkomponenten – mit einem Entstaubungssystem auszurüsten. Dabei ist zu beachten, dass ein leichter Zugang für Reinigungs- und Wartungsarbeiten gewährleistet ist, z. B. durch eine abschnittsweise Einhausung.

(2) Ist eine vollständige Einhausung nicht möglich, sind Beschickungs-, Auswurf- und Materialübergabestellen sowie Förderabschnitte mit starker Staubentwicklung mit einer Staubabsaugung oder Wasserberieselung auszurüsten. Reinigungssysteme (Abstreifer) für Fördergurte sind zu kapseln bzw. in eine vorhandene Einhausung zu integrieren.

(3) Die freie Fallhöhe an Abwurf- und Übergabestellen von Stetigförderern ist so gering wie möglich zu halten.

9.2.2.3 Pneumatische Fördersysteme

(1) Das Rohrleitungssystem pneumatischer Fördersysteme sollte möglichst einfach ausgelegt sein (kurze Wege, möglichst wenig Einbauten). Mögliche Verstopfungen bei horizontal verlaufenden Leitungen sind durch ein leichtes Gefälle zu vermeiden.

(2) An den Umlenkungsstellen der Förderströme ist Materialverschleiß möglichst zu vermeiden, z. B. durch verschleißfeste Bögen bzw. verschleißmindernde Verfahren. Die Reinigungsfilter für die abfließende Förderluft (Druckentlastung) sind regelmäßig zu warten bzw. zu reinigen.

9.2.3 Handhaben von Schüttgut und pulverförmigen Materialien (Ein-, Ab- und Umfüllen, Materialaufgabe, Sieben, Mischen, Trocknen, Absacken, Entleeren mit Entsorgen leerer Gebinde)

9.2.3.1 Allgemeines zum Ein-, Ab-, Umfüllen und Mischen

(1) Die Staubentwicklung bei diesen Vorgängen ist soweit wie möglich zu minimieren. Dies wird z. B. dadurch erreicht, dass

1. eine offene Handhabung von Schüttgut und pulverförmigem Material vermieden wird, z. B. durch Verwendung von Einwegkartons bei Spachtelmassen,
2. staubendes Material nach Möglichkeit befeuchtet wird,
3. freiwerdende Stäube mit geeigneten Erfassungselementen so nah wie möglich an der Entstehungsstelle abgesaugt werden,
4. Abwurfhöhen minimiert werden oder der Weg des Abwurfmaterials mit einer Umhüllung versehen ist.

(2) Bei stationären Umschlagstellen und bei Beschickung mittels Lkw, Kipper, Radlader o. ä. im stationären Betrieb sind staubmindernde Maßnahmen zu ergreifen, z. B. durch eine Wasserbedüsung oder eine mög-

lichst vollständige Einhausung des Aufgabebereichs, z. B. durch Lamellenvorhänge.

9.2.3.2 Sackaufgabe

(1) Zur staubfreien Aufgabe von Sackware in Silos, Behälter oder Förderanlagen sind bevorzugt abgesaugte Sackentleerstationen zu verwenden. Dabei sind Art und Größe der Säcke und die Sackentleerstation aufeinander abzustimmen.

(2) Entleerte Säcke sind bedeutende Staubquellen. Sie sollten daher wenn möglich im Bereich einer Staubabsaugung oder in einem speziellen Leersackverdichter entsorgt werden.

(3) Analoge Maßnahmen sind bei der Entleerung von Big Bags zu treffen.

9.2.3.3 Absacken

(1) Die Absackvorrichtung ist möglichst einzuhausen und die beim Füllvorgang aus den Säcken entweichende Luft ist vollständig zu erfassen und abzusaugen. Vor der Entnahme der befüllten Säcke sind diese staubdicht zu verschließen.

(2) Bei der Auswahl des Sackmaterials ist auf Staubdichtheit zu achten. Säcke sollten so gestaltet sein, dass bei der Entleerung keine Restmengen im Sack verbleiben, die bei der Entsorgung zu Staubentwicklung führen können.

(3) Analoge Maßnahmen sind bei der Entleerung von Big Bags zu treffen.

9.2.4 Be- und Verarbeiten von festen Materialien (Schneiden, Trennen, Schleifen, Fräsen, Mahlen, Brechen, Arbeiten mit handgeführten Maschinen)

9.2.4.1 Zerkleinern

(1) Zerkleinerungsaggregate (Backenbrecher, Prallbrecher, Kreiselbrecher, Mühlen usw.) sind staubarm zu gestalten. Dies kann z. B. durch eine Kapselung, insbesondere im Bereich von Beschickung und Austrag, durch eine Absaugung oder eine Wasserbedüsung erreicht werden.

(2) Bei Tätigkeiten mit staubentwickelnden Gefahrstoffen ist zusätzlich sicherzustellen, dass Schneidwerkzeuge, z. B. Messerwellen, stets funktionsgerecht gewartet und geschärft sind.

9.2.4.2 Spanende Bearbeitung (Schneiden, Trennen, Schleifen, Fräsen)

(1) Bei der Auswahl der Bearbeitungsverfahren sind staubarme Techniken zu bevorzugen, z. B. durch Auswahl langsam laufender Maschinen.

Alternativ sind Nass- anstelle von Trockenbearbeitungsverfahren einzusetzen.

(2) Freiwerdende Stäube sind an der Entstehungsstelle abzusaugen, die verwendeten Anlagen sind, wenn möglich, einzuhausen.

9.2.5 Reinigungsarbeiten

(1) Reinigungsarbeiten sind so durchzuführen, dass die Freisetzung und Aufwirbelung von Staub so gering wie möglich ist, z. B. mit Feucht- oder Nassverfahren nach dem Stand der Technik oder saugend unter Verwendung geeigneter Staubsauger oder Entstauber.

(2) Geeignete Maßnahmen zum staubarmen Reinigen sind:

1. Verwendung fest installierter Staubsauganlagen, Staub beseitigender Maschinen oder Geräte,
2. feuchtes Wischen oder Nassreinigen,
3. Kehren mit ausreichender Vermischung des Kehrgutes mit Bindemittel (wie Wasser, Calcium-Magnesium-Acetat oder Magnesiumchlorid) oder
4. Kehren befestigter Verkehrswege mit Kehrsaugmaschinen und Filterung der Prozessluft.

(3) Geeignet sind für den industriellen Bereich auch Staub beseitigende Maschinen oder Geräte, wie z. B. Industriestaubsauger (mindestens Staubklasse M) und Kehrsaugmaschinen mit wirksamer Staubfilterung.

(4) Für die Unterhaltsreinigung sollten Staubsauger mit Filtern der Staubklasse M verwendet werden.

(5) Das Reinigen des Arbeitsbereiches durch trockenes Kehren oder Abblasen von Staubablagerungen mit Druckluft ist grundsätzlich nicht zulässig. Das Reinigen von Werkstücken durch Abblasen mit Druckluft ist nur unter Verwendung besonderer Schutzmaßnahmen, z. B. der Verwendung von kombinierten Blas-/Saugeinrichtungen zulässig.

(6) Filteranlagen oder mobile Stauberfassungen sind möglichst außerhalb des Hauptarbeitsbereiches unter Berücksichtigung von Zuluft und Windeinflüssen zu reinigen. Der Staubsack ist vor dem Herausnehmen aus dem Behälter möglichst zu verschließen.

9.2.6 Großflächige Staubemissionen im Freien (z. B. Landwirtschaft, Gartenbau)

(1) Die großflächige Ausbreitung von Stäuben ist nach Möglichkeit zu vermeiden.

(2) Falls dies nicht möglich ist, sollen Fahrzeuge eingesetzt werden, die über klimatisierte Kabinen mit gefilterter Zuluft verfügen.

Über die in den Abschnitten 9.1 bis 9.2.6 beschriebenen Schutzmaßnahmen sind die in weiterführenden TRGS genannten Schutzmaßnahmen umzusetzen z. B. nach TRGS 517, 519, 521, 528, 553, 558, 559, 561.

10 Maßnahmen bei Betriebsstörungen, Unfällen und Notfällen

(1) Auf der Grundlage der Gefährdungsbeurteilung müssen ausreichend Flucht- und Rettungswege gemäß der ArbStättV vorhanden sein, die auch als solche gekennzeichnet sind und ins Freie, in andere Brandabschnitte oder andere gesicherte Bereiche führen. Auf ASR A2.3 wird verwiesen.

(2) Es müssen ausreichend geeignete Feuerlöscher vorhanden sein, die jederzeit zugänglich sind und in deren Benutzung die Beschäftigten eingewiesen sind. Weiterführende Informationen liefert die ASR A2.2.

(3) Der Arbeitgeber hat Alarmpläne, die das Verhalten im Brandfall und bei Unfällen beschreiben, zu erarbeiten und auszuhängen.

(4) Der Arbeitgeber hat Maßnahmen festzulegen, die im Ereignisfall dafür Sorge tragen, dass die Beschäftigten über das Ereignis, die Gefahren und Verhaltensweisen schnell informiert werden. Hierfür sind ggfs. entsprechende Warn- und Kommunikationssysteme, z. B. Sirenen oder Lautsprecherdurchsagen, vorzuhalten.

(5) Beschäftigte sowie Betriebsfremde wie z. B. Hilfskräfte, Leiharbeitnehmer oder Beschäftigte von Fremdfirmen sind vor der Aufnahme ihrer Tätigkeit über die Gefahren, die zu treffenden Schutzmaßnahmen sowie das Verhalten bei Betriebsstörungen, Unfällen oder Notfällen zu informieren.

(6) Es sind regelmäßig Sicherheitsübungen durchzuführen.

(7) Beschäftigte, die nicht in die Beseitigung von Betriebsstörungen, Unfallfolgen oder Notfällen involviert sind, dürfen sich nicht im Gefahrenbereich aufhalten, sondern haben diesen umgehend zu verlassen.

(8) Der Arbeitgeber hat die Maßnahmen der Ersten Hilfe festzulegen. Es müssen ausreichend Ersthelfer, Erste-Hilfe-Material und ggfs. Erste-Hilfe-Einrichtungen vorhanden sein. Weitere Konkretisierungen enthält das Regelwerk der Unfallversicherungsträger, z. B. DGUV Vorschrift 1.

(9) Der Arbeitgeber trägt Sorge, dass im Falle eines Unfallereignisses die nachgeschaltete Rettungskette festgelegt ist.

(10) Die Alarmierung oder das Herbeirufen von Hilfe muss in jedem Fall gewährleistet sein. Das dabei einzusetzende Alarmierungsprinzip ist vorrangig von den inhärenten Eigenschaften des freiwerdenden Gefahrstoffes und der damit verbundenen Fähigkeit zur Flucht des Beschäftig-

ten abhängig. Neben der Aufsicht durch eine zweite Person kann dieses Alarmierungsprinzip u. a. umgesetzt werden durch:

1. einen regelmäßigen Telefonanruf, z. B. bei der Möglichkeit einer geringfügigen, die Handlungsfähigkeit nicht beeinträchtigenden Verletzung des allein tätigen Beschäftigten und
2. eine personenbezogene Dauerüberwachung, z. B. bei der Möglichkeit einer innerhalb kurzer Zeit auftretenden Fluchtunfähigkeit des Beschäftigten in Folge austretender, erstickend wirkender Gase.

(11) Werden Tätigkeiten mit Gefahrstoffen von einem Beschäftigten außerhalb von Ruf- und Sichtweite zu anderen Beschäftigten ausgeführt, hat der Arbeitgeber im Rahmen einer Gefährdungsbeurteilung festzustellen, ob zusätzliche Schutzmaßnahmen notwendig sind, um die Erste Hilfe bei Notfällen sicherzustellen. Weitere Informationen zum Thema Alleinarbeit finden sich in der DGUV Regel 112-139, DGUV Information 212-139 und in der DGUV Leitlinie „Einsatz von Personen-Notsignal-Anlagen bei gefährlichen Alleinarbeiten".

(12) Für spezielle Tätigkeiten, z. B. dem Befahren von Behältern und engen Räumen, ist geeignetes Rettungsgerät und unterwiesenes Personal wie beispielsweise ein Sicherungsposten vorzusehen.

(13) Bereiche mit besonderen Gefahrenpotentialen, z. B. Lager für Gasflaschen, sind den Rettungskräften kenntlich zu machen.

(14) Für Gefahrstoffe mit besonderen Gefahreneigenschaften wie z. B. Phenol oder Cyanide sind die erforderlichen spezifischen Gegenmittel bereit zu halten. Für Flusssäure wäre dies beispielsweise Calciumgluconat.

11 Wirksamkeitsüberprüfung

(1) Der Arbeitgeber hat regelmäßig zu kontrollieren, ob die von ihm festgelegten Schutzmaßnahmen vorhanden und wirksam sind (siehe auch TRGS 400). Dies kann erfolgen z. B. durch:

1. Durchführung wiederkehrender Prüfungen zur Sicherstellung der ordnungsgemäßen Funktion technischer Einrichtungen wie z. B. Lüftungsanlagen oder Absaugungen oder Kontrolle und regelmäßiger Filterwechsel,
2. Überprüfung technischer Parameter wie z. B. die Luftgeschwindigkeit von Absaugungen, Luftwechselraten oder Querströmungen,
3. Kontrolle, ob die technischen Anlagen, Maschinen, Arbeitsmittel und persönliche Schutzausrüstung bestimmungsgemäß verwendet, gereinigt und gewartet werden, z. B. durch Potenzialausgleich,
4. Überprüfung der Umsetzung von Reinigungs- und Wartungsplänen,

5. Begehungen,
6. Überprüfung des Befundes zur inhalativen Exposition, z. B. durch messtechnische oder nichtmesstechnische Ermittlungsmethoden (Berechnungen, Übertragung von Ergebnissen von vergleichbaren Arbeitsplätzen),
7. Durchführen von Sicht- und Funktionskontrollen, z. B. Überprüfen der Funktion einer Absaugung nach dem Einschalten,
8. Überprüfung der persönlichen Schutzausrüstung auf offensichtliche Mängel vor dem Gebrauch,
9. Berücksichtigung der Ergebnisse arbeitsmedizinischer Vorsorge.

Bei der Wirksamkeitsüberprüfung hat der Arbeitgeber darauf hinzuwirken, dass alle Beschäftigten eine Mitwirkungspflicht haben.

(2) Führt die Wirksamkeitsüberprüfung zum Ergebnis, dass die getroffenen Schutzmaßnahmen nicht ausreichend sind, ist die Gefährdungsbeurteilung erneut durchzuführen und es sind zusätzliche Maßnahmen zu ergreifen.

Hinweis: *Die Anhänge der TRGS 500, (Anhang 1: Bewertung von Anlagenteilen hinsichtlich ihrer Dichtigkeit bezüglich inhalativer Exposition gegenüber Gefahrstoffen (geschlossene Anlage) sowie Anhang 2: Beispiele lüftungstechnischer Schutzmaßnahmen) sind auf den Internetseiten der BAuA abrufbar: www.baua.de/trgs*

Literaturhinweise

AMR 14.2 „Einteilung von Atemschutzgeräten in Gruppen"

ASR A1.3 „Sicherheits- und Gesundheitsschutzkennzeichnung"

ASR A2.2 „Maßnahmen gegen Brände"

ASR A3.6 „Lüftung"

ASR A4.1 „Sanitärräume"

Begriffsglossar zu den Regelwerken der Betriebssicherheitsverordnung (BetrSichV), Biostoffverordnung (BioStoffV) und der Gefahrstoffverordnung (GefStoffV) des ABS, ABAS und AGS: *https://www.baua.de/DE/Angebote/Rechtstexte-und-Technische-Regeln/Regelwerk/Glossar/Glossar_node.html*

DGUV Regel 112-139 „Einsatz von Personen-Notsignal-Anlagen"

DGUV Regel 112-189 „Benutzung von Schutzkleidung"

DGUV Regel 112-190 „Benutzung von Atemschutzgeräten"

DGUV Regel 112-191 „Benutzung von Fuß- und Knieschutz"

DGUV Regel 112-192 „Benutzung von Augen- und Gesichtsschutz"

DGUV Regel 112-195 „Benutzung von Schutzhandschuhen"

DGUV Information 201-004 „Fahrerkabinen mit Anlagen zur Atemluftversorgung auf Erdbaumaschinen und Spezialmaschinen des Tiefbaus"

DGUV Grundsatz 309-012 „Prüfgrundsatz für die staubtechnische Prüfung von Luftreinigern"

Staubarme Bearbeitungssysteme, BG Bau: *https://www.bgbau.de/themen/sicherheit-und-gesundheit/staub/staubarme-bearbeitungssysteme/*

DGUV Information 201-012 „Verfahren mit geringer Exposition gegenüber Asbest bei Abbruch-, Sanierungs- und Instandhaltungsarbeiten"

DGUV Information 212-139 „Notrufmöglichkeiten für allein arbeitende Personen"

DGUV Leitlinie „Einsatz von Personen-Notsignal-Anlagen bei gefährlichen Alleinarbeiten"

DGUV Regel 109-002 „Arbeitsplatzlüftung – Lufttechnische Maßnahmen"

Einfaches Maßnahmenkonzept Gefahrstoffe – EMKG: *www.baua.de/emkg*, Schutzleitfäden siehe *https://www. baua.de/DE/Themen/Arbeitsgestaltung-im-Betrieb/Gefahrstoffe/EMKG/EMKG-Schutzleitfaeden.html*

EN 60335-2-69 „Sicherheit elektrischer Geräte für den Hausgebrauch und ähnliche Zwecke – Teil 2-69: Besondere Anforderungen für Staub- und Wassersauger einschließlich kraftbetriebener Bürsten für industrielle und gewerbliche Zwecke"

Gesetz über die Bereitstellung von Produkten auf dem Markt (Produktsicherheitsgesetz – ProdSG)

Richtlinie 1999/45/EG des Europäischen Parlaments und des Rates vom 31. Mai 1999 zur Angleichung der Rechts- und Verwaltungsvorschriften der Mitgliedsstaaten für die Einstufung, Verpackung und Kennzeichnung gefährlicher Zubereitungen

Richtlinie 2000/54/EG des Europäischen Parlaments und des Rates vom 18. September 2000 über den Schutz der Arbeitnehmer gegen Gefährdung durch biologische Arbeitsmittel bei der Arbeit

Richtlinie 67/548/EWG zur Angleichung der Rechts- und Verwaltungsvorschriften für die Einstufung, Verpackung und Kennzeichnung gefährlicher Stoffe vom 27. Juni 1967

Technische Regeln für Gefahrstoffe – TRGS: *www.baua.de/trgs*

TRGS 201 „Einstufung und Kennzeichnung bei Tätigkeiten mit Gefahrstoffen"

TRGS 400 „Gefährdungsbeurteilung für Tätigkeiten mit Gefahrstoffen"

TRGS 401 „Gefährdung durch Hautkontakt – Ermittlung, Beurteilung, Maßnahmen"

TRGS 410 „Expositionsverzeichnis bei Gefährdung gegenüber krebserzeugenden oder keimzellmutagenen Gefahrstoffen der Kategorien 1A oder 1B"

TRGS 420 „Verfahrens- und stoffspezifische Kriterien (VSK) für die Ermittlung und Beurteilung der inhalativen Exposition"

TRGS 460 „Vorgehensweise zur Ermittlung des Standes der Technik"

TRGS 509 „Lagerung von flüssigen und festen Gefahrstoffen in ortsfesten Behältern sowie Füll- und Entleerstellen für ortsbewegliche Behälter"

TRGS 510 „Lagerung von Gefahrstoffen in ortsbeweglichen Behältern"

TRGS 517 „Tätigkeiten mit potenziell asbesthaltigen mineralischen Rohstoffen und daraus hergestellten Gemischen und Erzeugnissen"

TRGS 519 „Asbest – Abbruch-, Sanierungs- oder Instandhaltungsarbeiten"

TRGS 521 „Abbruch-, Sanierungs- und Instandhaltungsarbeiten mit alter Mineralwolle"

TRGS 526 „Laboratorien"

TRGS 528 „Schweißtechnische Arbeiten"

TRGS 553 „Holzstaub"

TRGS 554 „Abgase von Dieselmotoren"

TRGS 555 „Betriebsanweisung und Information der Beschäftigten"

TRGS 558 „Tätigkeiten mit Hochtemperaturwolle"

TRGS 559 „Mineralischer Staub"

TRGS 560 „Luftrückführung bei Tätigkeiten mit krebserzeugenden, erbgutverändernden und fruchtbarkeitsgefährdenden Stäuben"

TRGS 561 „Tätigkeiten mit krebserzeugenden Metallen und ihren Verbindungen"

TRGS 600 „Substitution"

TRGS 720 „Gefährliche explosionsfähige Atmosphäre – Allgemeines"

TRGS 721 „Gefährliche explosionsfähige Atmosphäre – Beurteilung der Explosionsgefährdung"

TRGS 722 „Vermeidung oder Einschränkung gefährlicher explosionsfähiger Atmosphäre"

TRGS 723 „Gefährliche explosionsfähige Gemische – Vermeidung der Entzündung gefährlicher explosionsfähiger Gemische"

TRGS 724 „Gefährliche explosionsfähige Gemische – Maßnahmen des konstruktiven Explosionsschutzes, welche die Auswirkung einer Explosion auf ein unbedenkliches Maß beschränken"

TRGS 725 „Gefährliche, explosionsfähige Atmosphäre – Mess-, Steuer- und Regeleinrichtungen im Rahmen von Explosionsschutzmaßnahmen"

TRGS 727 „Vermeidung von Zündgefahren infolge elektrostatischer Aufladungen"

TRGS 800 „Brandschutzmaßnahmen"

TRGS 900 „Arbeitsplatzgrenzwerte"

TRGS 906 „Verzeichnis krebserzeugender Tätigkeiten oder Verfahren nach § 3 Absatz 2 Nummer 3 GefStoffV"

TRGS 910 „Risikobezogenes Maßnamenkonzept für Tätigkeiten mit krebserzeugenden Gefahrstoffen"

TRBS 1112 „Instandhaltung"

Verordnung EG Nr. 1272/2008 des Europäischen Parlaments und des Rates vom 16. Dezember 2008 über die Einstufung, Kennzeichnung und Verpackung von Stoffen und Gemischen – CLP-Verordnung

Verordnung EU Nr. 2016/425 des Europäischen Parlaments und des Rates vom 9. März 2016 über persönliche Schutzausrüstungen und zur Aufhebung der Richtlinie 89/686/EWG des Rates – PSA-Verordnung

Verordnung EU Nr. 528/2012 des Europäischen Parlaments und des Rates vom 22. Mai 2012 über die Bereitstellung auf dem Markt und Verwendung von Biozidprodukten – Biozid-Verordnung

Verordnung zum Schutz vor Gefahrstoffen (Gefahrstoffverordnung – GefStoffV)

Verordnung zur arbeitsmedizinischen Vorsorge – ArbMedVV

Grenzwerte und Einstufungen

TRGS 900 – Arbeitsplatzgrenzwerte

Ausgabe Januar 2006/Letzte Änderung Oktober 2020

Inhalt

1 Begriffsbestimmungen und Erläuterungen

(1) Nach der Gefahrstoffverordnung (GefStoffV)[1)] ist der Arbeitsplatzgrenzwert (AGW) der Grenzwert für die zeitlich gewichtete durchschnittliche Konzentration eines Stoffes in der Luft am Arbeitsplatz in Bezug auf einen gegebenen Referenzzeitraum. Er gibt an, bei welcher Konzentration eines Stoffes akute oder chronische schädliche Auswirkungen auf die Gesundheit im Allgemeinen nicht zu erwarten sind (§ 2 Absatz 7 GefStoffV).

(2) Arbeitsplatzgrenzwerte sind Schichtmittelwerte bei in der Regel täglich achtstündiger Exposition an 5 Tagen pro Woche während der Lebensarbeitszeit. Expositionsspitzen während einer Schicht werden entsprechend Nummer 2.3 mit Kurzzeitwerten beurteilt.

(3) Die Konzentration (C) eines Stoffes in der Luft ist die in der Einheit des Luftvolumens befindliche Menge dieses Stoffes. Sie wird angegeben als Masse pro Volumeneinheit oder bei Gasen und Dämpfen auch als Volumen pro Volumeneinheit. Für die Beurteilung der inhalativen Exposition ist der Massenwert als Bezugswert heranzuziehen. Die Umrechnung geschieht gemäß

$$C\ (\mathrm{ml/m^3}) = \frac{\text{Molvolumen in l}}{\text{Molmasse in g}}\ C\ (\mathrm{mg/m^3}).$$

In dieser TRGS wird das Molvolumen auf eine Temperatur von 20 °C und einen Druck von 101,3 kPa bezogen und beträgt dann 24,1 Liter. Die Konzentration für Schwebstoffe wird in mg/m^3 für die am Arbeitsplatz herrschenden Betriebsbedingungen angegeben.

---

1) Gefahrstoffverordnung vom 26. November 2010 (BGBl. I S. 1643, 1644)

(4) Zu den Schwebstoffen gehören Staub, Rauch und Nebel. Staub ist eine disperse Verteilung fester Stoffe in Luft, entstanden durch mechanische Prozesse oder durch Aufwirbelung. Rauch ist eine disperse Verteilung fester Stoffe in Luft, entstanden durch thermische und/oder durch chemische Prozesse. Nebel ist eine disperse Verteilung flüssiger Stoffe in Luft, entstanden durch Kondensation oder durch Dispersion.

(5) Zur Beurteilung der Gesundheitsgefahren durch Schwebstoffe sind nicht nur die spezielle gefährliche Wirkung der einzelnen Stoffe, die Konzentration und die Expositionszeit, sondern auch die Partikelgestalt zu berücksichtigen.

(6) Von den gesamten im Atembereich eines Beschäftigten vorhandenen Schwebstoffen wird lediglich ein Teil eingeatmet. Er wird als einatembarer Anteil bezeichnet[2)] und messtechnisch als einatembare Fraktion erfasst[3)]. Arbeitsplatzgrenzwerte, die sich auf diese Fraktion beziehen, sind in der Grenzwerteliste mit einem nachgestellten „E" gekennzeichnet. Der alveolengängige Anteil[2)] des einatembaren Anteils wird messtechnisch als alveolengängige Fraktion erfaßt[3)]. Arbeitsplatzgrenzwerte, die sich auf diese Fraktion beziehen, sind in der Grenzwerteliste mit einem nachgestellten „A" gekennzeichnet. Bei Stäuben und Rauchen ist in Abhängigkeit vom Arbeitsplatzgrenzwert die einatembare bzw. alveolengängige Fraktion heranzuziehen. Bei Nebeln ist die einatembare Fraktion zu messen.

2 Anwendung von Arbeitsplatzgrenzwerten und Erläuterungen

2.1 Allgemeines

Das Einhalten der Arbeitsplatzgrenzwerte dient dem Schutz der Gesundheit von Beschäftigten vor einer Gefährdung durch das Einatmen von Stoffen. Die Einhaltung des Arbeitsplatzgrenzwertes entbindet nicht von den sonstigen Regelungen der GefStoffV.

2.2 Überwachung von Arbeitsplatzgrenzwerten

(1) Die Ermittlung und Beurteilung der Konzentrationen gefährlicher Stoffe in der Luft in Arbeitsbereichen erfolgt nach der TRGS 402 „Ermit-

---

2) Mitteilungen der Senatskommission zur Prüfung gesundheitsschädlicher Arbeitsstoffe der Deutschen Forschungsgemeinschaft, WILEY-VCH, Weinheim

3) DIN/EN 481 „Festlegung der Teilchengrößenverteilung zur Messung luftgetragener Partikel", Brüssel 1993; „Allgemeines zur Messung zu Gefahrstoffen in der Luft am Arbeitsplatz; Kennzahl 0210" in: BGIA-Arbeitsmappe „Messung von Gefahrstoffen", Herausgeber: Berufsgenossenschaftliches Institut für Arbeitsschutz – BGIA, Erich Schmidt Verlag

teln und Beurteilen der Gefährdungen bei Tätigkeiten mit Gefahrstoffen: Inhalative Exposition".

(2) Für die Bewertung von Stoffgemischen in der Luft am Arbeitsplatz ist die Nummer 5 der TRGS 402 anzuwenden. Sie ist nicht anzuwenden, sofern für definierte Stoffgemische Grenzwerte aufgestellt sind.

(3) Die vom AGS herausgegebene Liste „Bewertung von Verfahren zur messtechnischen Ermittlung von Gefahrstoffen in der Luft am Arbeitsplatz"[4] enthält zu in dieser TRGS genannten Stoffen eine Übersicht von empfohlenen Messverfahren für Arbeitsplatzmessungen. Aus der Liste kann auch entnommen werden, für welche Stoffe es gegenwärtig kein empfohlenes Messverfahren gibt. Weiterhin werden Hinweise gegeben, bei welchen Stoffen die messtechnische Ermittlung nur eingeschränkt möglich ist. Für diese Stoffe sind Ermittlungsverfahren gemäß TRGS 402 Nummer 4.4 anzuwenden.

2.3 Kurzzeitwerte und Überschreitungsfaktoren

(1) An Arbeitsplätzen kann die Konzentration der Stoffe in der Atemluft erheblichen Schwankungen unterworfen sein. Die Abweichung vom Schichtmittelwert nach oben bedarf bei vielen Stoffen der Begrenzung, um Gesundheitsschäden zu verhüten.

(2) Kurzzeitwerte ergänzen die Arbeitsplatzgrenzwerte, indem sie die Konzentrationsschwankungen um den Schichtmittelwert nach oben hin sowie in ihrer Dauer und Häufigkeit beschränken. Die maximale Höhe der kurzzeitigen Überschreitung des Arbeitsplatzgrenzwertes hat sich an den sehr unterschiedlichen Wirkungseigenschaften der einzelnen Stoffe zu orientieren. Eine pauschale Festlegung der Kurzzeitwertparameter ist daher nicht möglich. Die Kurzzeitwertkonzentration ergibt sich aus dem Produkt von Arbeitsplatzgrenzwert und Überschreitungsfaktor. Der Schichtmittelwert ist in jedem Fall einzuhalten.

(3) Der maximale Überschreitungsfaktor beträgt 8. Bei 8facher Überschreitung des Arbeitsplatzgrenzwertes 4-mal pro Schicht über 15 Minuten darf in einer Schicht keine weitere Exposition mehr erfolgen, da sonst das Produkt aus Schichtlänge und Arbeitsplatzgrenzwert überschritten wird.

(4) Für die Intervalle zwischen den Perioden mit einer Konzentration oberhalb des Arbeitsplatzgrenzwertes (Kurzzeitwertphase) ist ein Zeitraum von einer Stunde anzustreben. Insgesamt sind vier Kurzzeitwertphasen innerhalb einer Schicht zulässig.

---

[4] Bewertung von Verfahren zur messtechnischen Ermittlung von Gefahrstoffen in der Luft am Arbeitsplatz, https://www.baua.de/DE/Aufgaben/Geschaeftsfuehrung-von-Ausschuessen/AGS/pdf/Messverfahren.pdf?__blob=publicationFile&v=4.

(5) Bei der Festlegung von Expositionsspitzen werden die Stoffe gemäß ihrer toxikologischen Wirkung in folgende zwei Kategorien eingeteilt:

Kategorie I Stoffe bei denen die lokale Wirkung grenzwertbestimmend ist oder atemwegssensibilisierende Stoffe

a) Als Basiswert wird ein Überschreitungsfaktor von 1 festgelegt, der stoffspezifisch angepasst werden kann (bis max. 8). Die Kurzzeitwertphase darf 15 Minuten nicht überschreiten. Die betriebliche Überwachung soll durch messtechnische Mittelwertbildung über 15 Minuten erfolgen, z. B. durch eine 15-minütige Probenahme.

b) In begründeten Fällen kann auch ein Momentanwert festgelegt werden, der zu keinem Zeitpunkt überschritten werden darf. Die Stoffe werden in der Spalte „Spitzenbegrenzung" durch das Zeichen = = und den Überschreitungsfaktor ausgewiesen (in der Regel: =2=). Die technischen und organisatorischen Maßnahmen sind so festzulegen, dass die Kurzzeitwertkonzentration nicht überschritten wird. Für die betriebliche Überwachung ist eine möglichst kurze Mittelungsdauer entsprechend den messtechnischen Möglichkeiten zu wählen. Bei einigen Stoffen der Kategorie I wird sowohl ein 15-Minuten-Mittelwert als auch ein Momentanwert festgesetzt. In diesem Fall werden beide Überschreitungsfaktoren in der Spalte aufgeführt. Ein Eintrag von z. B. 2,=4= (I) bedeutet, dass die zweifache Arbeitsplatzgrenzwertkonzentration als Mittelwert über 15 Minuten einzuhalten ist und im gleichen Zeitraum die vierfache Arbeitsplatzgrenzwertkonzentration zu keinem Zeitpunkt überschritten werden darf.

Kategorie II Resorptiv wirksame Stoffe

Als Basiswert (15-Minuten-Mittelwert) wird ein Überschreitungsfaktor von 2 festgelegt, der stoffspezifisch angepasst werden kann (bis max. 8). Die betriebliche Überwachung soll durch messtechnische Mittelwertbildung über 15 Minuten erfolgen, z. B. durch eine 15-minütige Probenahme. Bei Stoffen der Kurzzeitwert-Kategorie II sind auch längere Überschreitungsdauern zulässig, solange das Produkt aus Überschreitungsfaktor (ÜF) und Überschreitungsdauer eingehalten wird (Beispiel: Bei einem ÜF von 8 ist auch ein ÜF 4 über 30 min oder ein ÜF 2 über 60 min möglich).

2.4 Allgemeiner Staubgrenzwert

(1) Der Allgemeine Staubgrenzwert (ASGW) soll die Beeinträchtigung der Funktion der Atmungsorgane infolge einer allgemeinen Staubwirkung verhindern. Er ist als AGW anzuwenden für schwerlösliche bzw. unlösliche Stäube, die nicht anderweitig reguliert sind (siehe auch Nummer 2.5).

(2) Der ASGW gilt nicht als gesundheitsbasierter Grenzwert für Stäube mit spezifischer Toxizität, z. B. Stäube mit erbgutverändernden, krebserzeugenden (Kategorie 1A, 1B), fibrogenen oder sensibilisierenden Wirkungen. Für diese Stäube ist der ASGW als allgemeine Obergrenze zur Festlegung von Schutzmaßnahmen gemäß Anhang I Nummer 2.3 Absatz 2 GefStoffV anzuwenden. Zusätzlich sind die stoffspezifischen AGW dieser TRGS bzw. risikobezogene Beurteilungsmaßstäbe nach der TRGS 910 einzuhalten.

(3) Der ASGW gilt nicht für lösliche Stoffe, Lackaerosole[4)5)] und grobdisperse[6)] Partikelfraktionen (Definition der Partikelfraktionen siehe Fußnote[7)]).

(4) Für Stäube mit hergestellten Nanomaterialien gilt die BekGS 527.

(5) Der ASGW findet keine Anwendung für untertägige Arbeitsplätze im Geltungsbereich der Gesundheitsschutzbergverordnung (GesBergV), die einem überwachten und dokumentierten dosisbasierten Schutzkonzept unterliegen, soweit damit ein gleichwertiger Gesundheitsschutz erreicht wird.

(6) Zur Beurteilung der auftretenden Staubkonzentrationen in der Luft des Arbeitsbereiches ist in der Regel die einatembare (E-Staubfraktion) und die alveolengängige Staubfraktion (A-Staubfraktion) des ASGW gemäß TRGS 402 zu ermitteln und zu bewerten. Der höhere Stoffindex ist für die Arbeitsplatzbeurteilung heranzuziehen (Hinweise siehe Fußnote[7)]). Bei der Berechnung der Bewertungsindices von Stoffgemischen nach TRGS 402 Absatz 5.2.1 Nr. 2 sind die Stoffindices für den ASGW nicht zu berücksichtigen.

(7) In der Praxis können die Staubfraktionen auch Anteile enthalten, für die stoffspezifische Beurteilungsmaßstäbe (siehe TRGS 402) festgelegt sind. Wenn in den Staubfraktionen solche Stoffe enthalten sind, müssen diese ermittelt und getrennt bewertet werden. Der Arbeitsplatzgrenzwert (AGW) für die A-Staubfraktion in Höhe von 1,25 mg/m^3 basiert auf einer mittleren Dichte von 2,5 g/cm^3. Wenn an einem Arbeitsplatz

---

5) Schutzmaßnahmen für Tätigkeiten mit Lackaerosolen werden in der BGR 231 „Schutzmaßnahmenkonzept für Spritzlackierarbeiten – Lackaerosole" beschrieben.

6) Bei Stäuben mit grobdispersen Partikeln muss in der Regel keine gesonderte Berücksichtigung der grobdispersen Partikel erfolgen. Bei Stäuben mit außergewöhnlich hohem Anteil grobdisperser Partikel kann die Vorgehensweise nach „Der Allgemeine Staubgrenzwert – Definitionen, Grundlagen, Anwendung", siehe Fußnote[7)] angewendet werden.

7) Der Allgemeine Staubgrenzwert – Definitionen, Grundlagen, Anwendung (Kennzahl 0412). In: IFA Arbeitsmappe „Messung von Gefahrstoffen" Lfg. V/2006, Hrsg: Institut für Arbeitsschutz der Deutschen Gesetzlichen Unfallversicherung – IFA, Sankt Augustin. Bielefeld: Erich Schmidt Verlag – Losebl. Ausgabe 2006.

Materialien besonders niedriger Dichte (z. B. Kunststoffe, Papier) oder besonders hoher Dichte (z. B. Metalle) verwendet werden, kann mit der Materialdichte umgerechnet werden. Der AGW der E-Staubfraktion ist als Schichtmittelwert mit 10 mg/m³ festgelegt. Für die E-Staubfraktion ist ein dichtebezogenes Umrechnen fachlich nicht begründbar.

(8) So lange keine anderen Erkenntnisse vorliegen, ist die gesamte erfasste Staubfraktion als unlöslich zu bewerten. Wenn in der betrieblichen Praxis Fälle vorkommen, bei denen der Löslichkeit der auftretenden Stäube eine besondere Bedeutung zukommt (z. B. Zucker, Kalisalz, Gips), kann der Arbeitgeber im Rahmen der Gefährdungsbeurteilung ein Verfahren festlegen, wie der lösliche Anteil bei der Ermittlung und Beurteilung berücksichtigt werden soll. Dabei kann er sich an den in Fußnote[7)] beschriebenen Verfahren orientieren.

(9) Für Arbeitsplätze mit gleichbleibenden Bedingungen gemäß Anlage 5 Nummer 1 Absatz 1 der TRGS 402 bzw. Arbeitsplätze mit gelegentlicher Exposition gemäß Anlage 5 Nummer 3 der TRGS 402 kann für die A-Staubfraktion in der Gefährdungsbeurteilung auch ein dosisbasiertes Überwachungskonzept über einen repräsentativen Ermittlungszeitraum von längstens einem Monat festgelegt werden. In diesen Fällen werden über den gewählten Ermittlungszeitraum die einzelnen Schichtmittelwerte messtechnisch ermittelt und dokumentiert. Der Durchschnitt der gemessenen Schichtmittelwerte darf dabei über den Ermittlungszeitraum den AGW für die A-Staubfraktion nicht überschreiten. Ein einzelner Schichtmittelwert darf den Wert von 3 mg/m³ für die A-Staubfraktion nicht überschreiten.

2.5 Liste von Stoffbeispielen, die unter den Geltungsbereich der allgemeinen Staubgrenzwerte fallen

Für folgende Stoffe wird kein stoffspezifischer Arbeitsplatzgrenzwert aufgestellt, da dem AGS bisher keine über die unspezifische Wirkung auf die Atemorgane hinausgehenden Erkenntnisse bekannt wurden. Diese Liste ist als Liste von Stoffbeispielen anzusehen und nicht vollständig:

1. Aluminium
2. Aluminiumhydroxid
3. Aluminiumoxid (faserfrei, außer Aluminiumoxid-Rauch)
4. Bariumsulfat
5. Graphit
6. Kohlestaub
7. Kunststoffstäube (z. B. Polyvinylchlorid, Bakelit, PET, Polytetrafluorethen)

8. Magnesiumoxid (außer Magnesiumoxid-Rauch)
9. Siliciumcarbid (faserfrei)
10. Talk
11. Tantal
12. Titandioxid
13. Zirkoniumdioxid

2.6 Hautresorptive Stoffe

(1) Verschiedene Stoffe können leicht durch die Haut in den Körper gelangen und zu gesundheitlichen Schäden führen.

(2) Beim Umgang mit hautresorptiven Stoffen ist die Einhaltung des Luftgrenzwertes für den Schutz der Gesundheit nicht ausreichend. Durch organisatorische und arbeitshygienische Maßnahmen ist sicherzustellen, dass der Hautkontakt mit diesen Stoffen unterbleibt. Bei unmittelbarem Hautkontakt ist die TRGS 401 „Gefährdung durch Hautkontakt – Ermittlung, Beurteilung, Maßnahmen" zu beachten.

(3) Mit der Anmerkung „H" werden Stoffe ausgewiesen, wenn

1. sich ein Hinweis auf diese Eigenschaft aus der Grenzwertbegründung ergibt oder
2. die Einstufung nach § 4 GefStoffV auf gesundheitsschädigende Eigenschaften bei der Berührung mit der Haut, vorzunehmen ist als
   a) akut toxisch der Kategorien 1–4, H310, H311, H312 einschließlich Kombinationen, wie z. B. H300 + H310 (vorher R27, R24, R21 einschließlich Kombinationen, wie z. B. R21/22),
   b) spezifisch zielorgantoxisch bei einmaliger oder wiederholter Exposition der Kategorien 1 und 2, H370, H371 oder H372, H373 bei nachgewiesener Aufnahme über die Haut (vorher z. B. R39/27, R68/21 oder R48/24 oder R48/21).

2.7 Arbeitsplatzgrenzwerte und Schwangerschaft

Mit der Bemerkung „Y" werden Stoffe ausgewiesen, die bezüglich der entwicklungstoxischen Wirkung bewertet werden können und bei denen ein Risiko der Fruchtschädigung bei Einhaltung des Arbeitsplatzgrenzwertes und des biologischen Grenzwertes (BGW) nicht befürchtet zu werden braucht. Die Bemerkung „Z" wird für Stoffe vergeben, die bezüglich der entwicklungstoxischen Wirkung bewertet werden können und für die ein Risiko der Fruchtschädigung auch bei Einhaltung des AGW und des BGW nicht ausgeschlossen werden kann. Stoffe, die bezüglich der entwicklungstoxischen Wirkung nicht bewertet werden können bzw. bei denen noch keine entsprechende Bewertung erfolgt ist, sind nicht entsprechend markiert.

2.8 Arbeitsplatzgrenzwerte und sensibilisierende Stoffe

(1) Bis heute lassen sich weder für die Induktion einer Allergie (Sensibilisierung) noch für die Auslösung einer allergischen Reaktion beim Sensibilisierten toxikologisch begründbare Arbeitsplatzgrenzwerte angeben. Eine Induktion ist umso eher zu befürchten, je höher die Konzentration eines Allergens bei der Exposition ist. Für die Auslösung einer akuten Symptomatik sind in der Regel niedrigere Konzentrationen ausreichend als für die Induktion einer Sensibilisierung.

(2) Beim Umgang mit sensibilisierenden Stoffen sind zusätzlich zur Einhaltung des Arbeitsplatzgrenzwertes zum Schutz vor allergischen Haut- und Atemwegserkrankungen (z. B. Asthma, Rhinokonjunktivitis, Kontaktallergie) zu beachten:

1. arbeitsmedizinische Erkenntnisse (z. B. Wirkungsspektrum, multifaktorielles Ursachengefüge) und arbeitsmedizinische Vorsorge zu den sensibilisierenden Stoffen,
2. andere Vorsensibilisierungen/Kreuzallergien,
3. erforderliche organisatorische und arbeitshygienische Maßnahmen,
4. TRBA/TRGS 406 und TRGS 401.

(3) Atemwegssensibilisierende Stoffe werden mit „Sa", Hautsensibilisierende Stoffe mit „Sh", an beiden Zielorganen Allergien auslösende Stoffe mit „Sah" gekennzeichnet. Die Kennzeichnung wird vorgenommen, wenn sich ein Hinweis auf diese Eigenschaften aus der Grenzwertbegründung ergibt oder wenn der Stoff vom AGS entsprechend eingestuft ist.

(4) Bei mit „Sa" gekennzeichneten Stoffen sind auch bei Einhaltung des AGW (inklusive des Kurzzeitwertes) die Induktion einer Allergie (Sensibilisierung) und die Auslösung einer allergischen Reaktion an den Atemwegen nicht auszuschließen – es sei denn, dass ein Grenzwert unter dem Gesichtspunkt der Symptomfreiheit aufgestellt worden ist. Hier ist dann die Kennzeichnung „(Sa)" zu wählen.

(5) Bei mit „Sh" gekennzeichneten Stoffen ist die Auslösung einer allergischen Reaktion an luftexponierten Hautpartien in Einzelfällen auch bei Einhaltung des AGW (inklusive des Kurzzeitwertes) nicht auszuschließen – es sei denn, dass ein Grenzwert unter Berücksichtigung weitgehender Symptomfreiheit aufgestellt worden ist. Hier ist dann die Kennzeichnung „(Sh)" zu wählen.

2.9 Anwendung und Geltungsbereich der Arbeitsplatzgrenzwerte für Kohlenwasserstoffgemische

(1) Die Arbeitsplatzgrenzwerte sind anzuwenden auf Kohlenwasserstoffgemische mit C-Zahlen bis C14, die einen Siedebereich bis ca. 250 °C aufweisen, einen Benzolgehalt <0,1 Gew.-% haben und keine kohlenwasserstofffremden Additive enthalten, als solche oder als Bestandteile in Gemischen. Kohlenwasserstoffgemische bestehen aus Kohlenwasserstoffen in variabler Zusammensetzung. Der Unterschied zwischen den verschiedenen Kohlenwasserstoffgemischen beruht hauptsächlich auf ihren unterschiedlichen Kohlenwasserstoffarten (z. B. lineare, verzweigte oder cyklische Alkane und Aromaten) und ihrer Kohlenwasserstoffkettenverteilung. Der für ein bestimmtes Kohlenwasserstoffgemisch anzuwendende Arbeitsplatzgrenzwert (Gemischgrenzwert) ist anhand der Zusammensetzung des Kohlenwasserstoffgemisches mittels der RCP-Formel (RCP = reciprocal calculation-based procedure) nach Absatz 3 unter Berücksichtigung der Absätze 4 bis 6 zu berechnen. Dies gilt sowohl für Kohlenwasserstoffgemische als UVCB-Stoffe im Sinne der REACH-VO (UVCB-Stoffe sind Stoffe mit unbekannter oder variabler Zusammensetzung, komplexe Reaktionsprodukte oder biologische Materialien) als auch für sonstige Kohlenwasserstoffgemische.

(2) Die Arbeitsplatzgrenzwerte sind nicht anzuwenden auf Gemische mit einem Benzolgehalt ≥ 0,1 Gew.-% sowie auf Gemische aus Terpenkohlenwasserstoffen, vegetabilen Lösemitteln (z. B. Rapsölprodukte) sowie auf andere komplexe kohlenwasserstoffhaltige Gemische, wie Kühlschmierstoffe, Kraftstoffe, Schmieröle oder Korrosionsschutzflüssigkeiten, da diese Gemische in der Regel olefinische Kohlenwasserstoffe, kohlenwasserstofffremde Additive (mit einem Additivgehalt von mehr als 1 Gew.-%) oder langkettige Kohlenwasserstoffe (C > 14) enthalten. Eine Zusammenstellung dieser kohlenwasserstoffhaltigen Produkte enthält das Begründungspapier „Kohlenwasserstoffgemische: Arbeitsplatzgrenzwerte für Kohlenwasserstoffgemische zur Verwendung als Lösemittel (Lösemittelkohlenwasserstoffe), additiv-frei (Reciprocal Calculation-based Procedure – RCP)" in der Tabelle 1 (siehe *https://www.baua.de/DE/Angebote/Rechtstexte-und-Technische-Regeln/Regelwerk/TRGS/Arbeitsplatzgrenzwerte.html*, „Begründungen zu Arbeitsplatzgrenzwerten").

(3) Der Arbeitsplatzgrenzwert eines Kohlenwasserstoffgemisches ($AGW_{Gemisch}$) ist anhand seiner Zusammensetzung unter Berücksichtigung der Massenanteile der einzelnen RCP-Gruppen (C6–C8-Aliphaten, C9–C14-Aliphaten und C9–C14-Aromaten) sowie dem Massenanteil bestimmter Einzelkohlenwasserstoffe (siehe Absatz 5) im Kohlenwasser-

stoffgemisch gemäß folgender Formel zu berechnen und für die Beurteilung heranzuziehen:

$$\frac{1}{AGW_{Gemisch}} = \frac{Fraktion_a}{AGW_a} + \frac{Fraktion_b}{AGW_b} + \cdots \frac{Fraktion_n}{AGW_n}$$

Fraktion: Massenanteil (w/w) der jeweiligen RCP-Gruppe des Kohlenwasserstoffgemisches oder eines Kohlenwasserstoffgemisches mit bekanntem RCP-Grenzwert (siehe Absatz 4) oder eines Einzel-Kohlenwasserstoffs nach Absatz 5 im flüssigen Lösemittel.

$AGW_{a...n}$: Gruppengrenzwert der jeweiligen Fraktion oder RCP-Grenzwert des Kohlenwasserstoffgemisches oder stoffspezifischer Arbeitsplatzgrenzwert (siehe Absatz 4 und 5). Folgende Gruppengrenzwerte sind anzuwenden:

- C6–C8 Aliphaten: 700 mg/m³
- C9–C14 Aliphaten: 300 mg/m³
- C9–C14 Aromaten: 50 mg/m³

Kohlenwasserstoffe mit stoffspezifischem Arbeitsplatzgrenzwert, die einer der RCP-Gruppen zuzuordnen sind wie beispielsweise der C9-Aromat 1,3,5-Trimethylbenzol (Mesitylen), werden bei der Berechnung des Arbeitsplatzgrenzwertes mit den entsprechenden Gruppengrenzwerten und nicht mit den stoffspezifischen Arbeitsplatzgrenzwerten berücksichtigt. Dies gilt auch, wenn die Stoffe als Einzelkomponenten zugesetzt werden. Die errechneten Arbeitsplatzgrenzwerte sind wie folgt auf- oder abzurunden:

$< 25\ mg/m^3$: auf volle 10,

$25\ mg/m^3 < AGW < 100\ mg/m^3$: auf volle 25,

$> 100\ mg/m^3$: auf volle 50.

Auf Basis des gerundeten RCP-Grenzwertes ist der Stoffindex nach TRGS 402 für das Kohlenwasserstoffgemisch zu berechnen. Dieser Stoffindex fließt in die Berechnung des Bewertungsindexes nach TRGS 402 ein, wenn weitere Stoffe im Arbeitsbereich zur Exposition beitragen (siehe Absatz 6 und 11).

(4) Bei der Herstellung von Mischungen aus zwei oder mehr Kohlenwasserstoffgemischen muss für die Beurteilung der Kohlenwasserstoffgemische ein neuer Arbeitsplatzgrenzwert gemäß Absatz 3 berechnet werden. Hierbei sind zur Berechnung neben dem entsprechenden Massenanteil die entsprechenden nach der RCP-Formel berechneten Arbeitsplatzgrenzwerte der einzelnen Kohlenwasserstoffgemische

heranzuziehen, die z. B. aus dem Sicherheitsdatenblatt entnommen werden können. Alternativ kann die Kohlenwasserstoffzusammensetzung des neuen Gemisches analytisch bestimmt werden und der neue Arbeitsplatzgrenzwert entsprechend der Formel nach Absatz 3 berechnet werden. In Gemischen, in denen zwei oder mehr Kohlenwasserstoffgemische neben anderen Lösemitteln enthalten sein können (z. B. in Lacken), muss für die Beurteilung des Kohlenwasserstoffanteils ebenfalls ein neuer Arbeitsplatzgrenzwert gemäß Absatz 3 berechnet werden. Der Massenanteil der einzelnen Kohlenwasserstoffgemische ist nur auf den RCP-Kohlenwasserstoffanteil in der Gesamtmischung zu beziehen.[8)]

(5) Die Stoffe n-Hexan, Diethylbenzol (alle Isomeren) und Decahydronaphthalin (Decalin), für die stoffspezifische Arbeitsplatzgrenzwerte vorliegen, fallen nicht unter die Gruppengrenzwerte. Sie sind in die im Absatz 3 genannte Formel mit ihrem Massenanteil und dem stoffspezifischen Arbeitsplatzgrenzwert einzubeziehen. Der so berechnete Gemischgrenzwert für das Kohlenwasserstoffgemisch ist für die Durchführung der Gefährdungsbeurteilung anzugeben. Sofern ein Kohlenwasserstoffgemisch nach Absatz 1 alle drei Diethylbenzolisomeren enthält oder diesem ein Diethylbenzolisomerengemisch zugesetzt wird, ist der AGW von 11 mg/m^3 für die Berechnung heranzuziehen.

(6) Die nicht in die RCP-Gruppen fallenden Kohlenwasserstoffe Pentan (alle Isomere), Benzol, Toluol, Xylol (alle Isomere), Ethylbenzol und Naphthalin sind bei der Berechnung des Arbeitsplatzgrenzwertes nach Absatz 3 nicht zu berücksichtigen. Pentan (alle Isomere), Toluol, Xylol, Ethylbenzol und Naphthalin sind entsprechend TRGS 402 mit ihrem Arbeitsplatzgrenzwert zu beurteilen und fließen in die Berechnung des Bewertungsindexes nach TRGS 402 ein. Benzol ist mit der Akzeptanz- und Toleranzkonzentration nach TRGS 910 zu beurteilen.

(7) Sofern Lösemittelgemische unter Verwendung von Einzel-Kohlenwasserstoffen hergestellt werden und keine Kohlenwasserstoffgemische enthalten (wie z. B. ein Gemisch aus Propan-2-ol, Methylcyclohexan, Cyclohexan, n-Heptan), findet Absatz 3 keine Anwendung. Die Stoffe

---

8) Beispiel: Ein Gemisch besteht aus 10 Gew.-% Kohlenwasserstoffgemisch $KW_{Gemisch1}$ (AGW_{KW1} = 600 mg/m^3), 30 Gew.-% $KW_{Gemisch2}$ (AGW_{KW2} = 50 mg/m^3) sowie 20 Gew.-% Ethylbenzol, 40 Gew.-% Ethylacetat. Im ersten Schritt wird geprüft, welche der Stoffe unter die RCP-Bewertung fallen. In diesem Fall nur $KW_{Gemisch1}$ und $KW_{Gemisch2}$, da Ethylbenzol ein Kohlenwasserstoff ist, der als C7-Aromat nicht unter die RCP-Bewertung fällt, und Ethylacetat kein Kohlenwasserstoff ist und damit ebenfalls nicht unter die RCP-Bewertung fällt. Der RCP-Kohlenwasserstoffanteil im Gemisch beträgt damit 40 Gew.-%, davon entfallen 25 Gew.-% auf KW1 (= Fraktion 1) und 75 Gew.-% KW2 (= Fraktion 2). Der Grenzwert für die Kohlenwasserstoffgemische errechnet sich gemäß Absatz 3 wie folgt: $1/AGW_{Gemisch} = 0{,}25/600 + 0{,}75/50 = 0{,}0004 + 0{,}015$. Der berechnete $AGW_{Gemisch}$ beträgt 65 mg/m^3 und mit Anwendung der Rundungsregel 75 mg/m^3.

sind entsprechend TRGS 402 mit ihrem Arbeitsplatzgrenzwert zu beurteilen und fließen in die Berechnung des Bewertungsindexes nach TRGS 402 ein.

(8) Der Lieferant hat den Arbeitsplatzgrenzwert für das Kohlenwasserstoffgemisch oder den Massenanteil der einzelnen RCP-Gruppen im Sicherheitsdatenblatt anzugeben. Der Arbeitsplatzgrenzwert für das Kohlenwasserstoffgemisch (Summe aller Bestandteile nach Abschnitt 3 „Zusammensetzung/Angaben zu den Bestandteilen" des Sicherheitsdatenblattes) ist mit einem Hinweis auf die Berechnung nach TRGS 900 Nr. 2.9 anzugeben.

(9) Ist die Zusammensetzung eines Kohlenwasserstoffgemisches nicht bekannt und im Sicherheitsdatenblatt kein Arbeitsplatzgrenzwert für das Kohlenwasserstoffgemisch angegeben, ist der Arbeitsplatzgrenzwert für Diethylbenzol (Isomerengemisch) für die Beurteilung heranzuziehen. Sind in Einzelfällen mehr Informationen vorhanden, können diese Informationen für die Berechnung der Arbeitsplatzgrenzwerte herangezogen werden, bei der Berechnung ist jedoch immer die strengste Bewertung vorzunehmen. Beispielsweise ist für ein „Testbenzin aromatenfrei" der niedrigste Gruppengrenzwert für Aliphaten heranzuziehen (für C9–C14 Aliphaten: 300 mg/m^3).

(10) Besteht innerhalb einer Schicht zeitlich nacheinander oder gleichzeitig durch mehrere Emissionsquellen eine Exposition gegenüber mehreren Kohlenwasserstoffgemischen, so ist zur Beurteilung der niedrigste Arbeitsplatzgrenzwert heranzuziehen, sofern eine messtechnische Differenzierung nicht vorgenommen wird oder werden kann.

(11) Besteht neben der Exposition gegenüber einem oder mehreren Kohlenwasserstoffgemischen auch eine gleichzeitige Exposition gegenüber kohlenwasserstofffremden Lösemitteln mit Arbeitsplatzgrenzwerten, wie z. B. Alkoholen, Ketonen, Estern usw., so ist das Messergebnis für das Kohlenwasserstoffgemisch zusammen mit den Messergebnissen für die anderen Stoffe in die Berechnung des Bewertungsindexes nach TRGS 402 für das Gemisch mit einzubeziehen.

(12) Für die Messung an Arbeitsplätzen bei Tätigkeiten mit Kohlenwasserstoffgemischen steht ein Messverfahren des Instituts für Arbeitsschutz der Deutschen Gesetzlichen Unfallversicherung – IFA, Sankt Augustin, in der IFA-Arbeitsmappe „Messung von Gefahrstoffen" (Kennzahl 7735, Hrsg: Deutsche Gesetzliche Unfallversicherung, Berlin. Berlin: Erich Schmidt – Losebl.) zur Verfügung. Für die Berechnung des Arbeitsplatzgrenzwertes kann der RCP-Rechner des IFA unter *http://www.dguv.de/ifa/rcp-rechner/* genutzt werden.

2.10 Vorgehensweise bei Stoffen, die gleichzeitig als Dampf und Aerosol vorliegen können

(1) In der Regel liegen Stoffe an Arbeitsplätzen entweder als Gas/Dampf oder als kondensierte Phase in Form von Tröpfchen oder Partikeln (Staub) vor. Es gibt jedoch Stoffe, bei denen diese Einteilung keine Gültigkeit hat. Hierbei handelt es sich um Stoffe, die bei Raumtemperatur über einen geringen Dampfdruck verfügen und somit in relevanter Menge sowohl als Dampf als auch als Aerosol auftreten können. Dies können sowohl Flüssigkeiten als auch sublimierende Feststoffe sein.

(2) Bei der Ermittlung der inhalativen Exposition ist stets darauf zu achten, ob durch das Arbeitsverfahren Dampf- und Aerosolgemische gebildet werden können. Dies ist bei der Messung und Beurteilung zu berücksichtigen.

(3) Im Besonderen treten derartige Gemische auf, wenn z. B. durch mechanische Prozesse wie beim Bearbeiten von Metallen oder Keramik, bei Tauchverfahren in galvanischen Prozessen oder bei Sprühverfahren Aerosole verfahrensbedingt entstehen. Weiterhin gibt es Verarbeitungsverfahren, bei denen schwerflüchtige Stoffe bei erhöhter Temperatur verdampfen und anschließend wieder kondensieren, wie z. B. bei der Heißverarbeitung von Bitumen oder beim Laserschweißen, und die somit ebenfalls in der Luft am Arbeitsplatz gleichzeitig als Dampf und Aerosol auftreten.

(4) Nach DIN EN 13936[9] sollten für Stoffe mit einem Dampfdruck bei Raumtemperatur von weniger als 100 Pa und mehr als 0,001 Pa generell Probenahmeverfahren gewählt werden, die Dampf und Aerosol gleichzeitig in einem Probenahmesystem erfassen. Flüssigkeiten mit Siedepunkten zwischen ca. 180 °C und ca. 350 °C fallen in der Regel in diese Kategorie. Für das Aerosol ist dabei eine Probenahmeeinrichtung für die einatembare Fraktion zu wählen. Der Stoffaustausch zwischen Dampf und kondensierter Phase ist ein dynamischer Prozess, der durch Einflüsse wie z. B. der Temperatur oder Luftströmungen ständig verändert wird. Die am Arbeitsplatz vorliegende genaue Verteilung des Stoffes zwischen Dampfphase und kondensierter Phase ist nur mit sehr hohem Aufwand zu ermitteln und somit in der Praxis nicht bestimmbar. Daher ist stets die Summe aus Dampf und Aerosol zu beurteilen.

(5) Auf Stoffe, die gleichzeitig als Dampf und Aerosol auftreten können, wird in Abschnitt mit Bemerkung 11 hingewiesen.

---

[9] DIN EN 13936:2014-04: Exposition am Arbeitsplatz – Messung eines als Mischung aus luftgetragenen Partikeln und Dampf vorliegenden chemischen Arbeitsstoffes – Anforderungen und Prüfverfahren

3 Liste der Arbeitsplatzgrenzwerte und Kurzzeitwerte

Verwendete Abkürzungen, Symbole, Ziffern und Erläuterungen

Spalten „Stoffidentität"

CAS-Nr.	= Registriernummer des „Chemical Abstract Service"
EG-Nr.	= Registriernummer des „European Inventory of Existing Chemical Substances" (EINECS)
Listen-Nr.	= Zuordnung von Nummern aus der Vor-Registrierung oder Registrierung nach der EU-REACH-Verordnung

Spalten „Arbeitsplatzgrenzwert"

E	= einatembare Fraktion (siehe Nummer 1 Abs. 6)
A	= alveolengängige Fraktion (siehe Nummer 1 Abs. 6)

Spalte „Spitzenbegrenzung"

1 bis 8	= Überschreitungsfaktoren und
( )	= Kategorie für Kurzzeitwerte (siehe Nummer 2.3)
= =	= Momentanwert

Spalte „Bemerkungen"

H	= hautresorptiv (siehe Nummer 2.6)
X	= krebserzeugender Stoff der Kat. 1A oder 1B oder krebserzeugende Tätigkeit oder Verfahren nach § 2 Absatz 3 Nr. 4 der Gefahrstoffverordnung – es ist zusätzlich § 10 GefStoffV zu beachten
Y	= ein Risiko der Fruchtschädigung braucht bei Einhaltung des Arbeitsplatzgrenzwertes und des biologischen Grenzwertes (BGW) nicht befürchtet zu werden (siehe Nummer 2.7)
Z	= ein Risiko der Fruchtschädigung kann auch bei Einhaltung des AGW und des BGW nicht ausgeschlossen werden (siehe Nummer 2.7)

Mit den folgenden Kürzeln in dieser Spalte wird auf die Herkunft der Arbeitsplatzgrenzwerte und evtl. Begründungspapiere verwiesen. Begründungen zu Arbeitsplatzgrenzwerten des AGS sind zugänglich als Bekanntmachungen des AGS unter *www.baua.de*

AGS	= Ausschuss für Gefahrstoffe
DFG	= Senatskommission zur Prüfung gesundheitsschädlicher Arbeitsstoffe der DFG (MAK-Kommission)
EU	= Europäische Union (Von der EU wurde ein Luftgrenzwert festgelegt: Abweichungen bei Wert und Spitzenbegrenzung sind möglich.)
NL-Experten	= Internationale Expertengruppe zur Reevaluierung niederländischer Grenzwerte (Committee on Updating of Occupational Exposure Limits, a committee of the Health Council of the Netherlands)

(1) Kieselguren können, je nach Herkunft, Anteile von Quarz enthalten. Das Brennen bzw. Calcinieren von Kieselguren führt zu steigenden Cristobalitanteilen, Aktivierte Kieselgur kann bis zu 60 Massen-% Cristobalit enthalten. Bei der Beurteilung der Exposition gegenüber (gebrannten) Kieselguren sind sowohl der amorphe Anteil (Grenzwert für Kieselgur bzw. gebrannte Kieselgur) als auch die Summe der Anteile an Cristobalit und Quarz (krebserzeugend nach TRGS 906) zu ermitteln und zu bewerten. Auch in Kieselrauchen kann produktionsbedingt Quarz enthalten sein, der neben dem Kieselrauch gesondert zu ermitteln und zu bewerten ist.

(2) Kolloidale amorphe Kieselsäure (7631-86-9) einschließlich pyrogener Kieselsäure und im Nassverfahren hergestellter Kieselsäure (Fällungskieselsäure, Kieselgel).

(3) Technische Produkte maßgeblich mit 2-Nitropropan (krebserzeugend Kategorie 1B) verunreinigt.

(4) Gilt nur für Rohbaumwolle.

(5) Gefahr der Hautresorption für Amin-Formulierung und Ester, nicht jedoch für die Säure.

(6) Die Reaktion mit nitrosierenden Agentien kann zur Bildung der entsprechenden kanzerogenen N-Nitrosoamine führen.

(7) AGW für die Summe der Luftkonzentrationen von Ethylendinitrat, Glycerintrinitrat und Propan-1,2diyldinitrat

(8) 0,5 = (Konz. α-HCH dividiert durch 5) + Konz. β-HCH.

(9) Die Bewertung bezieht sich nur auf den reinen Stoff; Verunreinigung mit Chlorfluormethan (593-70-4) ändert die Risikobeurteilung grundlegend.

(10) Der Arbeitsplatzgrenzwert bezieht sich auf den Elementgehalt des entsprechenden Metalls.

(11) Summe aus Dampf und Aerosolen.

(12) Der Arbeitsplatzgrenzwert gilt in der Regel nur für die Monomeren. Zur Beurteilung von Oligomeren oder Polymeren siehe TRGS 430 „Isocyanate"

(13) Eine Begründung für die Ableitung eines gesundheitsbasierten AGW liegt nicht vor.

(14) AGW für die Summe der Luftkonzentrationen von 1-Ethoxypropan-2-ol und 2-Ethoxy-1-methylethylacetat.

(15) Für die analytische Bestimmung wird folgende Vorgehensweise empfohlen: „Analytische Methoden zur Prüfung gesundheitsschädlicher Arbeitsstoffe", Band 1 „Luftanalysen", 14. Lieferung 2005, und „Spezielle Vorbemerkungen", Kap. 4.7.1, S. 29-30, Wiley-VCH Verlag GmbH & Co.KGaA, Weinheim oder „Messung von Gefahrstoffen", BGIA-Arbeitsmappe, Erich Schmidt Verlag, Bielefeld.

(16) Der Arbeitsplatzgrenzwert ist nur als Kurzzeitwert festgelegt. Die betriebliche Überwachung soll durch messtechnische Mittelwertbildung über 15 Minuten erfolgen, z. B. durch eine 15-minütige Probenahme.

(17) Der AGW gilt für die Dampfphase bei erhöhten Temperaturen und ist nicht zur Bewertung als Aerosolkonzentration heranzuziehen.

(18) Die messtechnische Bestimmung kann durch die gravimetrische Bestimmung der E-Staubfraktion erfolgen.

(19) Die Senatskommission zur Prüfung gesundheitsschädlicher Arbeitsstoffe der DFG hat in der MAK- und BAT-Werte-Liste zum gleichlautenden MAK-Wert auch einen BAT-Wert festgelegt.

(20) Für Permanganate gilt Spitzenbegrenzung, Überschreitungsfaktor 1 (II).

(21) Ausgenommen sind Vanadium als elementares Metall, anorganische Vanadiumverbindungen anderer Wertigkeit und C.I. Pigment Yellow 184.

(22a) Gilt nicht für den Bereich Bergbau bis 31. Oktober 2021.

(22b) Für den Bereich Bergbau gilt bis zum 31. Oktober 2021 ein Wert in Höhe von 30 mg/m^3 bzw. 25 ppm.

(23) PCB (PCB 28 + PCB 52 + PCB 101 + PCB 138 + PCB 153 + PCB 180) × 5 (berechnet als Summe der Indikatorkongenere × 5); nach „Chlorierte Biphenyle (PCB)", Air Monitoring Methods in German language, The MAK Collection for Occupational Health and Safety, (2014).

(24) Für als Carc 1A oder 1B eingestufte Nickelverbindungen siehe TRGS 910 und TRGS 561. Eine Beurteilung anhand des AGW für Nickelmetall kann dann erfolgen, wenn ausschließlich Nickelmetall vorliegt. Sofern bei Tätigkeiten nickelhaltige Stäube entstehen, bei denen nur eine Oberflächenoxidation zu unterstellen ist, sind diese wie nickelmetallhaltige Gemische zu behandeln. Bei Anwendung von thermischen Verfahren in Gegenwart von Luftsauerstoff ist grundsätzlich eine Bildung von oxidischen Nickelverbindungen anzunehmen. Dies ist beispielsweise beim Schweißen (Elektroden oder Draht) und thermischen Schneiden mit bzw. von Legierungen, beim Metallspritzen von Legierungen, beim Schmelzen und Gießen von Legierungen und beim Schleifen und Trennen von Legierungen mit „Funkenbildung" der Fall. Weitere Empfehlungen sowie Beispiele für Arbeitsverfahren, bei denen der AGW bzw. die ERB zur Beurteilung herangezogen werden können, enthält die IFA-Arbeitsmappe (Kennzahl 0537).

(25) In den Bewertungsindex gemäß TRGS 402 werden die Dieselrußpartikel (bestimmt in der alveolengängigen Staubfraktion) in Analogie zum Allgemeinen Staubgrenzwert (siehe dazu TRGS 900 Absatz 2.4.1 Absatz 6) sowie NO und NO_2 aus den Abgasen von Dieselmotoren nicht eingerechnet.

(26) Gilt nicht für den untertägigen Bergbau bis 31. Oktober 2022.

(27) Für die Schleifmittelindustrie gilt gemäß der registrierten Verwendung nach der EU-REACH-Verordnung bis 28. Februar 2023 ein AGW von 5 mg/m^3.

(28) Formale Umsetzung der Richtlinie 2017/2398/EU.

(29) AGW nicht gesundheitsbasiert abgeleitet, die Ableitung einer Exposition-Risiko-Beziehung nach TRGS 910 ist initiiert.

(30) Stoff darf gem. Anhang II Nummer 6 GefStoffV nur in geschlossenen Anlagen hergestellt oder verwendet werden.

(31) Die arbeitsmedizinisch-toxikologische Ableitung des Wertes basiert auf einer Plausibilitätsbetrachtung. Auf die Werte für den A-Staub für Nickelmetall in dieser TRGS und für Nickelverbindungen in der TRGS 910 wird hingewiesen.

(32) Gemäß Änderung von Anhang XVII der Verordnung (EG) Nr. 1907/2006 (*https://eur-lex.europa.eu/legal-content/DE/TXT/PDF/?uri=CELEX:32018R0588&from=DE*) gilt ab 10. Mai 2020 eine Verwendungsbeschränkung für NMP, wenn der dort genannte Luftgrenzwert nicht eingehalten wird.

(33) Bezogen auf den Bitumenkondensat-Standard (Messverfahren 6305-2 der IFA-Arbeitsmappe).

(34) Gilt nicht für den Bereich Guss- und Walzasphalt sowie im Bereich der Bitumen- und Polymerbitumenbahnen bis 31. Dezember 2024.

(35) Mischexposition mit Eisenverbindungen vermeiden (Fe-NTA-Bildung).

(36) Formale Umsetzung der Richtlinie 2019/1831/EU.

(37) Formale Umsetzung der Richtlinie 2019/130/EU.

Stoffidentität Bezeichnung	EG-Nr. CAS-Nr.	**Arbeitsplatzgrenzwert**		**Spitzenbegr.**	**Bemerkungen**
		ml/m³ (ppm)	mg/m³	Überschr.-faktor	
Acetaldehyd	200-836-8 75-07-0	50	91	1;=2=(I)	AGS, DFG, Y, X
Aceton	200-662-2 67-64-1	500	1200	2 (I)	AGS, DFG, EU, Y
Acetonitril	200-835-2 75-05-8	10	17	2 (II)	DFG, EU, H, Y
Acrylaldehyd	203-453-4 107-02-8	0,09	0,2	2 (I)	AGS, H

Stoffidentität Bezeichnung	EG-Nr. CAS-Nr.	**Arbeitsplatz-grenzwert** ml/m³ (ppm)	 mg/m³	**Spitzen-begr.** Überschr.-faktor	**Bemerkungen**
Acrylsäure	201-177-9 79-10-7	10	30	1 (I)	DFG, Y
Adipinsäure	204-673-3 124-04-9		2 E	2 (I)	DFG, Y
Aldrin (ISO)	206-215-8 309-00-2		0,25 E	8 (II)	DFG, H
Allgemeiner Staubgrenzwert (siehe auch Nummer 2.4) Alveolengängige Fraktion Einatembare Fraktion			 1,25 A 10 E	 2 (II)	AGS, DFG
Allylalkohol	203-470-7 107-18-6	2	4,8	2,5 (I)	EU, H
1-(2-(Allyloxy)-2-(2,4-dichlor-phenyl)ethyl)-1H-imidazol (Imazalil)	252-615-0 35554-44-0		2 E	2 (II)	H, Y, DFG
Allylpropyldisulfid	218-550-7 2179-59-1	2	12	1 (I)	DFG
Ameisensäure	200-579-1 64-18-6	5	9,5	2 (I)	DFG, EU, Y
2-Aminobutan-1-ol	202-488-2 96-20-8	1	3,7	2 (II)	DFG, AGS, H, Z, 11
2-Aminoethanol	205-483-3 141-43-5	0,2	0,5	1 (I)	DFG, EU, H, Y, Sh, 11
2-(2-Aminoethoxy)ethanol (Diglykolamin)	213-195-4 929-06-6	0,2	0,87	1 (I)	DFG, H, Sh, 11
2-Amino-2-methyl-1-propanol (AMP)	204-709-8 124-68-5	1	3,7	2 (II)	DFG, H, Y, 11
2-Aminonaphthalin-1-sulfonsäure	201-331-5 81-16-3		6 E	4 (II)	AGS
N-(4-Aminophenyl)anilin	202-951-9 101-54-2	0,91	7 E	2 (II)	H, Sh, Y, AGS
2-Aminopropan	200-860-9 75-31-0	5	12	=2= (I)	DFG, Y
1-Aminopropan-2-ol (MIPA)	201-162-7 78-96-6	2	5,8	2 (I)	AGS, 11
N-(3-Aminopropyl)-N- dodecyl-propan-1,3-diamin	219-145-8 2372-82-9		0,05 E	8 (II)	DFG, Y

Stoffidentität Bezeichnung	EG-Nr. CAS-Nr.	**Arbeitsplatz-grenzwert** ml/m³ (ppm)	 mg/m³	**Spitzen-begr.** Überschr.-faktor	**Bemerkungen**
Amitrol (ISO)	200-521-5 61-82-5		0,2 E	8 (II)	DFG, Y, H
Ammoniak	231-635-3 7664-41-7	20	14	2 (I)	DFG, EU, Y
Anilin	200-539-3 62-53-3	2	7,7	2 (II)	DFG, H, Y, Sh, 11
Antimonsulfid	215-713-4 1345-04-6		0,006 A	8 (I)	AGS, Y, 10
Arsin	232-066-3 7784-42-1	0,005	0,016	8 (II)	AGS
Atrazin (ISO)	217-617-8 1912-24-9		1 E	2 (II)	DFG, Y
Azinphosmethyl (ISO)	201-676-1 86-50-0		1 E	8 (II)	DFG, H, Z, Sh
Bariumverbindungen, löslich (außer Bariumoxid und Bariumhydroxid)			0,5 E	1 (I)	EU, 13, 10, 15
Baumwollstaub			1,5 E	1 (I)	DFG, 4, Y
Benzoesäure	200-618-2 65-85-0	0,1	0,5	4 (II)	DFG, Y, H, 11
Benzothiazol-2-thiol	205-736-8 149-30-4		4 E		DFG, Y
Benzol-1,2,4-tricarbonsäure-1,2-anhydrid (Rauch)	209-008-0 552-30-7		0,04 A	1 (I)	DFG, Sa
Benzylalkohol	202-859-9 100-51-6	5	22	2 (I)	DFG, H, Y, 11
Benzylbutylphthalat	201-622-7 85-68-7		20 E	2 (II)	DFG, Y
Bernsteinsäure	203-740-4 110-15-6		2 E	2 (I)	DFG, Y
Beryllium und seine anorganischen Verbindungen	7440-41-7		0,00006 A, 0,00014 E	1 (I)	AGS, X, 10
1,1'-Biphenyl, Chlorderivate (Chlorierte Biphenyle (Gesamt-PCB))	215-648-1 1336-36-3		0,003 E	8 (II)	AGS, DFG, 11, 23, H, Z

Stoffidentität Bezeichnung	EG-Nr. CAS-Nr.	**Arbeitsplatz-grenzwert** ml/m³ (ppm)	 mg/m³	**Spitzen-begr.** Überschr.-faktor	**Bemerkungen**
Biphenyl-2-ol	201-993-5 90-43-7		5 E	1 (I)	DFG, Y, 11
Bis(2-ethylhexyl)phthalat (Diethylhexylphthalat, DEHP)	204-211-0 117-81-7		2 E	2 (II)	DFG, H, Y
2,5-(und 2,6-)Bis(isocyanato-methyl)-bicyclo[2.2.1]heptan	411-280-2	0,005	0,045		AGS
Bis(2-methoxyethyl)ether	203-924-4 111-96-6	5	28	8 (II)	DFG, H, Z
Bismutvanadiumtetraoxid	237-898-0 14059-33-7		0,001 A	8 (II)	AGS
Bisphenol A	201-245-8 80-05-7		5 E	1 (I)	DFG, EU, Y
Bitumen: Dampf und Aerosol bei der Heißverarbeitung von Destillations- und Air-Rectified-Bitumen			1,5	2 (II)	DFG, H, 11, 33, 34
Borsäure und Natriumborate	233-139-2 10043-35-3		0,5 E	2 (I)	AGS, Y, 10
Bortrifluorid	231-569-5 7637-07-2	0,35	1	2 (II)	AGS,Y
Bortrifluorid-Dihydrat	231-569-5 13319-75-0	0,35	1,5	2 (II)	AGS, Y
Brom	231-778-1 7726-95-6		0,7	1 (I)	EU; AGS
Bromethylen (Vinylbromid)	209-800-6 593-60-2	1		4,4	EU, X, 28,29
Brommethan	200-813-2 74-83-9	1	3,9	2 (I)	DFG, Y
Bromtrifluormethan (R 13 B1)	200-887-6 75-63-8	1000	6200	8 (II)	DFG, Y
Butan	203-448-7 106-97-8	1000	2400	4 (II)	DFG
Butan-1,4-diol	203-786-5 110-63-4	50	200	4 (II)	AGS, 11
Butandion (Diacetyl)	207-069-8 431-03-8	0,02	0,071	1 (II)	DFG, H, Sh, Y
Butan-1-ol	200-751-6 71-36-3	100	310	1 (I)	DFG, Y

Stoffidentität Bezeichnung	EG-Nr. CAS-Nr.	**Arbeitsplatz-grenzwert** ml/m³ (ppm)	 mg/m³	**Spitzen-begr.** Überschr.-faktor	**Bemerkungen**
Butanon	201-159-0 78-93-3	200	600	1 (I)	DFG, EU, H, Y
Butanonoxim	202-496-6 96-29-7	0,3	1	8 (I)	AGS, Y, H, Sh
Butan-1-thiol	203-705-3 109-79-5	1	3,7	2 (II)	DFG, H, Y, Sh
But-2-in-1,4-diol	203-788-6 110-65-6	0,1	0,36	1 (I)	DFG, Sh, H, Y,11
2-Butoxyethanol	203-905-0 111-76-2	10	49	2 (I)	EU, DFG, H, Y
2-(2-Butoxyethoxy)ethanol	203-961-6 112-34-5	10	67	1,5 (I)	EU, DFG, Y, 11
2-(2-Butoxyethoxy)ethylacetat	204-685-9 124-17-4	10	67	1,5 (I)	DFG, Y, 11
2-Butoxyethylacetat	203-933-3 112-07-2	10	65	2 (I)	EU, DFG, H, Y, 11
n-Butylacetat	204-658-1 123-86-4	62	300	2 (I)	AGS, Y
sec-Butylacetat	203-300-1 105-46-4	62	300	2 (I)	AGS, Y
tert-Butylacetat	208-760-7 540-88-5	20	96	2 (II)	AGS, DFG, Y
n-Butylacrylat	205-480-7 141-32-2	2	11	2 (I)	DFG, EU, Y, H, Sh
Butylamin	203-699-2 109-73-9	2	6,1	2 (I); =2,5=	DFG, Y
sec-Butylamin	237-732-7 13952-84-6	2	6,1	2 (I); =2,5=	DFG
tert-Butylamin	200-888-1 75-64-9	2	6,1	2 (I); =2,5=	DFG
4-tert-Butylbenzoesäure	202-696-3 98-73-7		2 E	2 (II)	DFG, H
Butylbenzol	203-209-7 104-51-8	10	56	2 (II)	DFG, H
Butylchlorformiat	209-750-5 592-34-7	0,2	1,1	2 (I)	DFG, Y
2,6-Di-tert-butyl-p-kresol	204-881-4 128-37-0		10 E	4 (II)	DFG, Y, 11

Stoffidentität Bezeichnung	EG-Nr. CAS-Nr.	**Arbeitsplatz-grenzwert**		**Spitzen-begr.**	**Bemerkungen**
		ml/m³ (ppm)	mg/m³	Überschr.-faktor	
tert-Butyl-4-methoxyphenol	246-563-8 25013-16-5		20 E	1 (II)	DFG, Y, 11
(tert-Butyl)methylether	216-653-1 1634-04-4	50	180	1,5 (I)	DFG, EU, Y
4-tert-Butylphenol	202-679-0 98-54-4	0,08	0,5	2 (II)	DFG, H, 11
Butyraldehyd	204-646-6 123-72-8	20	64	1 (I)	AGS
Calciumcyanamid	205-861-8 156-62-7		1 E	2 (II)	DFG, H, Y
Calciumdihydroxid	215-137-3 1305-62-0		1 E	2 (I)	Y, EU, DFG
Calciumoxid	215-138-9 1305-78-8		1 E	2 (I)	Y, DFG
Calciumsulfat	231-900-3 7778-18-9		6 A		DFG
ε-Caprolactam (Dampf und Staub)	203-313-2 105-60-2		5 E	2 (I)	DFG, EU, Y, 11
Carbaryl (ISO)	200-555-0 63-25-2		5 E	4 (II)	DFG, H
Carbendazim	234-232-0 10605-21-7		10 E	4 (II)	DFG, Z
Chlor	231-959-5 7782-50-5	0,5	1,5	1 (I)	DFG, EU, Y
Chloralkane, C_{14-17} (Chlorierte Paraffine C_{14-17})	287-477-0 85535-85-9	0,3 E	6 E	8 (II)	AGS, H, Y, 11
4-Chloranilin	203-401-0 106-47-8	0,06	0,3	2 (II)	AGS, X, Sh, H, 11
Chlorbenzol	203-628-5 108-90-7	5	23	2 (II)	DFG, EU, Y
1-Chlorbutan	203-696-6 109-69-3	3	12	2 (II)	AGS
Chlordan (ISO)	200-349-0 57-74-9		0,5 E	8 (II)	DFG, H
1-Chlor-1,1-difluorethan (R 142 b)	200-891-8 75-68-3	1000	4200	8 (II)	DFG

Stoffidentität Bezeichnung	EG-Nr. CAS-Nr.	**Arbeitsplatz-grenzwert** ml/m³ (ppm)	 mg/m³	**Spitzen-begr.** Überschr.-faktor	**Bemerkungen**
Chlordifluormethan (R 22)	200-871-9 75-45-6		3600		EU, 9
Chlordioxid	233-162-8 10049-04-4	0,1	0,28	1 (I)	DFG
Chloressigsäure	201-178-4 79-11-8	0,5	2	2 (I)	DFG, Y, 11
Chlorethan	200-830-5 75-00-3	40	110	2 (II)	AGS, EU
2-Chlorethanol	203-459-7 107-07-3	2	6,7	1 (II)	DFG, H, Y
Chlorethylen (Vinylchlorid)	200-831-0 75-01-4	1	2,6	8 (II)	AGS, EU, X
Chlormethan	200-817-4 74-87-3	50	100	2 (II)	DFG, H, Z
3-Chlor-1,2-propandiol	202-492-4 96-24-2	0,005	0,023	8 (II)	H, 11, DFG
Chlorpyriphos (ISO)	220-864-4 2921-88-2		0,2		NL-Experten, H
Chlortrifluormethan (R 13)	200-894-4 75-72-9	1000	4300	8 (II)	DFG
Chrom und anorganische Chrom (II)- und (III)-Verbindungen (ausgenommen namentlich genannte)	231-157-5 7440-47-3		2 E	1 (I)	EU, 10
Chrom(III)sulfat, basisch	235-595-8 619-674-8 12336-95-7 39380-78-4		0,012 A	1 (I)	AGS, EU, Sh, 10
Cryofluoran (R 114)	200-937-7 76-14-2	1000	7100	8 (II)	DFG
Cumol	202-704-5 98-82-8	10	50	4 (II)	H, Y, AGS, EU, DFG
Cyanamid	206-992-3 420-04-2	0,2	0,35 E	1 (II)	DFG, H, Sh, Y, 11, EU
alpha-Cyan-4-fluor-3-phenoxy-benzyl-3-(2,2-dichlorvinyl)-2,2-dimethylcyclopropancarboxylat (Cyfluthrin)	269-855-7 68359-37-5		0,01 E	1 (I)	DFG, Y

Stoffidentität Bezeichnung	EG-Nr. CAS-Nr.	**Arbeitsplatzgrenzwert** ml/m³ (ppm)	 mg/m³	**Spitzen-begr.** Überschr.-faktor	**Bemerkungen**
Cyclohexan	203-806-2 110-82-7	200	700	4 (II)	DFG, EU
Cyclohexanon	203-631-1 108-94-1	20	80	1 (I)	AGS, EU, H, Y
Cyclohexylamin	203-629-0 108-91-8	2	8,2	2; =2,5= (I)	DFG, Y
N-Cyclohexylhydroxydiazen-1-oxid, Kaliumsalz	66603-10-9		10 E	2 (II)	H, DFG
Decaboran	241-711-8 17702-41-9	0,05	0,25	2 (II)	DFG, H
Decahydronaphthalin (Decalin)	202-046-9 91-17-8	5	29	2 (II)	DFG, 11
Decan-1-ol	203-956-9 112-30-1	10	66	1 (I)	AGS, DFG, Y, 11
Decyloleat	222-981-6 3687-46-5		5 A	4 (II)	DFG
Demeton	8065-48-3	0,01	0,1		NL-Experten, H
Demetonmethyl	8022-00-2	0,5	4,8	2 (II)	DFG, H
Destillate (Erdöl), mit Wasserstoff behandelt leichte (C9–C14 Aliphaten)	265-149-8 64742-47-8		Vgl. Nummer 2.9		AGS, Y
Diantimontrioxid	215-175-0 1309-64-4		0,006 A	8 (I)	AGS, Y, 10
Diazinon (ISO)	206-373-8 333-41-5		0,1 E	2 (II)	DFG, H, Y
Dibasische Ester (DBE) (Gemische aus Dimethyladipat, Dimethylglutarat und Dimethylsuccinat)		1,2	8	2 (I)	AGS, Y
Dibenzoylperoxid	202-327-6 94-36-0		5 E	1 (I)	DFG
1,2-Dibromethan	203-444-5 106-93-4	0,1	0,8		EU, H, X, 29, 37

Stoffidentität Bezeichnung	EG-Nr. CAS-Nr.	**Arbeitsplatz-grenzwert** ml/m³ (ppm)	 mg/m³	**Spitzen-begr.** Überschr.-faktor	**Bemerkungen**
Dibutylphthalat	201-557-4 84-74-2	0,05	0,58	2 (I)	DFG, Y, 11
Di-n-butylamin	203-921-8 111-92-2	5	29	1 (I)	AGS, H, 6
1,2-Dichlorbenzol	202-425-9 95-50-1	10	61	2 (II)	DFG, EU, H, Y
1,3-Dichlorbenzol	208-792-1 541-73-1	2	12	2 (II)	AGS, Y
1,4-Dichlorbenzol	203-400-5 106-46-7	2	12	2 (II)	DFG, EU, H, Y
2,2'-Dichlordiethylether	203-870-1 111-44-4	10	59	1 (I)	DFG, H
Dichlordifluormethan (R 12)	200-893-9 75-71-8	1000	5000	2 (II)	DFG, Y
Dichloressigsäure	201-207-0 79-43-6	0,2	1,1	1 (I)	DFG, 11
Salze der Dichloressigsäure (als Dichloressigsäure)	201-207-0 79-43-6		1,1 E	1 (I)	DFG, H
1,1-Dichlorethan	200-863-5 75-34-3	100	410	2 (II)	DFG, EU, Y
1,1-Dichlorethen	200-864-0 75-35-4	2	8	2 (II)	DFG, Y
1,2-Dichlorethylen sym. (cis-[2058597, 156-59-2] und trans-[2058602, 156-60-5])	208-750-2 540-59-0	200	800	2 (II)	DFG
Dichlorfluormethan (R 21)	200-869-8 75-43-4	10	43	2 (II)	DFG
Dichlormethan	200-838-9 75-09-2	50	180	2 (II)	DFG, H, Z
Dichlormethylbenzol (Isomeren-gemisch, ringsubstituiert)	249-854-8 29797-40-8	1,3	8	2 (II)	AGS, Y
2,4-Dichlortoluol	202-445-8 95-73-8	1,3	8	2 (II)	AGS, Y
Dichlorvos (ISO)	200-547-7 62-73-7	0,11	1	2 (II)	DFG, H, Y

Stoffidentität Bezeichnung	EG-Nr. CAS-Nr.	**Arbeitsplatzgrenzwert** ml/m³ (ppm)	 mg/m³	**Spitzenbegr.** Überschr.-faktor	**Bemerkungen**
Dicyclohexylamin	202-980-7 101-83-7	0,7	5	2 (II)	AGS, H, Y, 11
Dieldrin (ISO)	200-484-5 60-57-1		0,25 E	8 (II)	DFG, H
Dieselmotoremissionen (Dieselrußpartikel, als EC (elementarer Kohlenstoff))			0,05 A		AGS, X, 25, 26
Diethylamin	203-716-3 109-89-7	2	6,1	2 (I); =2,5=	DFG, EU, H, 6
2-Diethylaminoethanol	202-845-2 100-37-8	5	24	1 (I)	DFG, H, Y
o-Diethylbenzol	205-170-1 135-01-3	1	5,6	8 (II)	DFG, H, Y
m-Diethylbenzol	205-511-4 141-93-5	2	11	2 (II)	AGS, H, Y
p-Diethylbenzol	203-265-2 105-05-5	2	11	2 (II)	AGS, H, Y
Diethylbenzol-Isomerengemisch (siehe auch Nummer 2.9)	246-874-9 25340-17-4	2	11	2 (II)	AGS, H, Y
Diethylether	200-467-2 60-29-7	400	1200	1 (I)	DFG, EU
Dihydrogenselenid (Selenwasserstoff)	231-978-9 7783-07-5	0,015	0,05	2 (I)	DFG, EU, Y
1,3-Dihydroxybenzol (Resorcin)	203-585-2 108-46-3	4	20 E	1 (I)	AGS, EU, Sh, Y, H, 11
Diindiumtrioxid (Indiumoxid)	215-193-9 1312-43-2		0,0001 A	8 (II)	AGS, 10
Diisopropylether	203-560-6 108-20-3	200	850	2 (I)	DFG, Y
Dimethoxymethan	203-714-2 109-87-5	500	1600	2 (II)	DFG, Y
N,N-Dimethylacetamid	204-826-4 127-19-5	5	18	2 (II)	DFG, EU, H, Y
Dimethyladipat	211-020-6 627-93-0	1,2	8	2 (I)	AGS, Y, 11
Dimethylamin	204-697-4 124-40-3	2	3,7	2 (I)	DFG, EU, 6

Stoffidentität Bezeichnung	EG-Nr. CAS-Nr.	**Arbeitsplatz-grenzwert**		**Spitzen-begr.**	**Bemerkungen**
		ml/m³ (ppm)	mg/m³	Überschr.-faktor	
N,N-Dimethylanilin	204-493-5 121-69-7	5	25	2 (II)	DFG, H
2,2-Dimethylbutan	200-906-8 75-83-2	500	1800	2 (II)	DFG
2,3-Dimethylbutan	201-193-6 79-29-8	500	1800	2 (II)	DFG
N-1,3-Dimethylbutyl-N'-phenyl-p-phenylendiamin	212-344-0 793-24-8		2 E	2 (II)	DFG, Y, Sh
Dimethylether	204-065-8 115-10-6	1000	1900	8 (II)	DFG, EU
N,N-Dimethylformamid	200-679-5 68-12-2	5	15	2 (II)	EU, DFG, AGS, H, Z
Dimethylglutarat	214-277-2 1119-40-0	1,2	8	2 (I)	AGS, Y, 11
N,N-Dimethylisopropylamin	213-635-5 996-35-0	1	3,6	2 (I)	DFG
Dimethylpropan	207-343-7 463-82-1	1000	3000	2 (II)	DFG, EU
1,1-Dimethylpropylacetat	 625-16-1	50	270	1 (I)	DFG, EU
Dimethylsuccinat	203-419-9 106-65-0	1,2	8	2 (I)	AGS, Y, 11
Dimethylsulfoxid (DMSO)	200-664-3 67-68-5	50	160	2 (I)	DFG, Z, H
1,4-Dioxan	204-661-8 123-91-1	20	73	2 (I)	DFG, EU, H, Y
Dioxathion (ISO)	201-107-7 78-34-2		0,2		NL-Experten, H
1,3-Dioxolan	211-463-5 646-06-0	50	150	2 (II)	DFG, H, Z
Diphenylamin	204-539-4 122-39-4		5 E	2 (II)	DFG, Y, H
Diphenylether (Dampf)	202-981-2 101-84-8	1	7,1	1 (I)	DFG, Y, 11
Diphosphorpentasulfid	215-242-4 1314-80-3		1	4 (I)	EU, 13

Stoffidentität Bezeichnung	EG-Nr. CAS-Nr.	**Arbeitsplatz-grenzwert** ml/m³ (ppm)	mg/m³	**Spitzen-begr.** Überschr.-faktor	**Bemerkungen**
Distickstoffoxid	233-032-0 10024-97-2	100	180	2 (II)	DFG, Y
Disulfiram	202-607-8 97-77-8		2 E	8 (II)	DFG, 6
Endrin (ISO)	200-775-7 72-20-8		0,05 E	8 (II)	DFG, H, Y
Enfluran	237-553-4 13838-16-9	20	150	8 (II)	DFG, Y
1,2-Epoxybutan (1,2-Butylenoxid)	203-438-2 106-88-7	1	3	2 (I)	AGS, Y, H, X
Essigsäure	200-580-7 64-19-7	10	25	2 (I)	DFG, EU, Y
Essigsäureanhydrid	203-564-8 108-24-7	0,1	0,42	2 (I)	DFG, Y
Ethandiol	203-473-3 107-21-1	10	26	2 (I)	DFG, EU, H, Y, 11
Ethanol	200-578-6 64-17-5	200	380	4 (II)	DFG, Y
Ethanthiol	200-837-3 75-08-1	0,5	1,3	1 (I)	DFG, H
2-Ethoxyethanol	203-804-1 110-80-5	2	7,6	8 (II)	EU, DFG, H, Z
2-(2-Ethoxyethoxy)ethanol	203-919-7 111-90-0	6	35	2 (I)	AGS, Y, 11
2-Ethoxyethylacetat	203-839-2 111-15-9	2	10,8	8 (II)	EU, DFG, H, Z
2-Ethoxy-1-methylethylacetat	259-370-9 54839-24-6	20	120	2 (II)	DFG, H, Y, 14
1-Ethoxypropan-2-ol	216-374-5 1569-02-4	20	86	2 (II)	DFG, H, Y, 14
Ethylacetat	205-500-4 141-78-6	200	730	2 (I)	DFG, EU, Y
Ethylacrylat	205-438-8 140-88-5	2	8,3	2 (I)	DFG, EU, H, Y, Sh
Ethylamin	200-834-7 75-04-7	5	9,4	=2= (I)	DFG, EU

Stoffidentität Bezeichnung	EG-Nr. CAS-Nr.	**Arbeitsplatz-grenzwert** ml/m³ (ppm)	 mg/m³	**Spitzen-begr.** Überschr.-faktor	**Bemerkungen**
Ethylbenzol	202-849-4 100-41-4	20	88	2 (II)	DFG, H, Y, EU
Ethylchloracetat	203-294-0 105-39-5	1	5	1 (I)	AGS, H
Ethyldimethylamin (N,N-Dimethylethylamin)	209-940-8 598-56-1	2	6,1	2 (I); =2,5=	DFG, 6
Ethylendinitrat	211-063-0 628-96-6	0,01	0,063	1 (II)	DFG, H, Y, 7, 11,
2,2'-(Ethylendioxy)diethanol (Triethylenglykol)	203-953-2 112-27-6		1000 E	2 (II)	DFG, Y, 11
Ethyl-3-ethoxypropionat	212-112-9 763-69-9	100	610	1 (I)	AGS, DFG, H, Y
Ethylformiat	203-721-0 109-94-4	100	310	1 (I)	DFG, H, Y
2-Ethylhexan-1-ol	203-234-3 104-76-7	10	54	1 (I)	DFG, Y, 11
2-Ethylhexylacetat	203-079-1 103-09-3	10	71	1 (I)	DFG, Y, 11
2-Ethylhexylacrylat	203-080-7 103-11-7	5	38	1 (I)	DFG, Sh, Y, 11
O-Ethyl-O-4-nitrophenylphenyl- thiophosphonat	218-276-8 2104-64-5		0,5 E	2 (II)	DFG, H
1-Ethylpyrrolidin-2-on	220-250-6 2687-91-4	5	23	2 (I)	DFG, Y, H, 11
Fenthion (ISO)	200-231-9 55-38-9		0,2 E	2 (II)	DFG, H
Fluor	231-954-8 7782-41-4	1	1,6	2 (I)	EU, 13
Fluoride (als Fluor berechnet)	 16984-48-8		1 E	4 (II)	DFG, EU, Y, H
Fluorwasserstoff	231-634-8 7664-39-3	1	0,83	2 (I)	DFG, EU, Y, H
Formaldehyd	200-001-8 50-00-0	0,3	0,37	2 (I)	AGS, Sh, Y, X
Furan	203-727-3 110-00-9	0,02	0,056	2 (II)	DFG, X, H

Stoffidentität Bezeichnung	EG-Nr. CAS-Nr.	**Arbeitsplatzgrenzwert** ml/m³ (ppm)	mg/m³	**Spitzenbegr.** Überschr.-faktor	**Bemerkungen**
Germanium	231-164-3 7440-56-4		0,850 E	2 (II)	AGS, 10
Germaniumdioxid	215-180-8 1310-53-8		0,850 E	2 (II)	AGS, 10
Glutaral	203-856-5 111-30-8	0,05	0,2	2 (I)	AGS, Sah, Y
Glutarsäure	203-817-2 110-94-1		2 E	2 (I)	DFG, Y
Glycerin	200-289-5 56-81-5		200 E	2 (I)	DFG, Y
Glycerintrinitrat	200-240-8 55-63-0	0,01	0,094	1 (II)	H, Y, DFG
Halothan	205-796-5 151-67-7	5	41	8 (II)	DFG, Z
Heptachlor (ISO)	200-962-3 76-44-8		0,05 E	8 (II)	H, AGS, DFG
Heptan (alle Isomeren)		500	2100	1 (I)	DFG
Heptan-2-on	203-767-1 110-43-0		238	2 (I)	EU, H
Heptan-3-on	203-388-1 106-35-4	10	47	2 (I)	DFG, EU
Hexachlorbuta-1,3-dien	201-765-5 87-68-3	0,02	0,22	2 (II)	DFG, Y, H, 11
Hexachlorcyclopentadien	201-029-3 77-47-4	0,02	0,2		AGS, 11
Hexachlorethan	200-666-4 67-72-1	1	9,8	2 (II)	DFG, 11
Hexamethylen-1,6-diisocyanat	212-485-8 822-06-0	0,005	0,035	1;=2= (I)	DFG, 11, 12, Sa
Hexamethylenbis(3-(3,5-di-tert-butyl-4-hydroxyphenyl)propionat)	252-346-9 35074-77-2		10 E	2 (II)	DFG, Y
n-Hexan	203-777-6 110-54-3	50	180	8 (II)	DFG, EU, Y
Hexan Isomere (außer n-Hexan) und Methylcyclopentan		500	1800	2 (II)	DFG

Stoffidentität Bezeichnung	EG-Nr. CAS-Nr.	**Arbeitsplatz-grenzwert** ml/m³ (ppm)	 mg/m³	**Spitzen-begr.** Überschr.-faktor	**Bemerkungen**
1-Hexanol	203-852-3 111-27-3	25	105	1 (I)	AGS, Y, 11
Hexan-2-on	209-731-1 591-78-6	5	21	8 (II)	DFG, H
Hydrogenazid	231-965-8 7782-79-8	0,1	0,18	2 (I)	DFG
Hydrogenbromid	233-113-0 10035-10-6		6,7	1 (I)	DFG, EU, 13
Hydrogenchlorid	231-595-7 7647-01-0	2	3	2 (I)	DFG, EU, Y
Hydrogencyanid (Cyanwasserstoff, als CN)	200-821-6 74-90-8	0,9	1	5 (II)	EU, H, Y
Hydrogensulfid	231-977-3 7783-06-4	5	7,1	2 (I)	EU, DFG, AGS, Y
2-(2-(2-Hydroxyethoxy)-ethyl)-2-aza-bicyclo[2.2.1]heptan	407-360-1 116230-20-7	0,5	5		AGS, 11
4-Hydroxy-4-methyl-pentan-2-on	204-626-7 123-42-2	20	96	2 (I)	DFG, H
2,2'-Iminodiethanol (Diethanol-amin)	203-868-0 111-42-2	0,11	0,5	1 (I)	AGS, H, Sh, Y, 11, 6
Indium	231-180-0 7440-74-6		0,0001 A	8 (II)	AGS, 10
Indiumhydroxid	259-592-6 20661-21-6, 55326-87-9		0,0001 A	8 (II)	AGS, 10
Indiumphosphid	244-959-5 22398-80-7				AGS, 10, X
3-Iod-2-propinylbutylcarbamat	259-627-5 55406-53-6	0,005	0,058	2 (I)	DFG, Y, Sh, 11
Isobutan	200-857-2 75-28-5	1000	2400	4 (II)	DFG
Isobutylacetat	203-745-1 110-19-0	62	300	2 (I)	Y, AGS
Isobutylamin	201-145-4 78-81-9	2	6,1	2 (I); =2,5=	DFG

Stoffidentität Bezeichnung	EG-Nr. CAS-Nr.	**Arbeitsplatzgrenzwert** ml/m³ (ppm)	 mg/m³	**Spitzenbegr.** Überschr.-faktor	**Bemerkungen**
Isobutylchlorformiat	208-840-1 543-27-1	0,2	1,1	2 (I)	DFG, Y
3-Isocyanatmethyl-3,5,5-trimethylcyclohexylisocyanat	223-861-6 4098-71-9	0,005	0,046	1;=2= (I)	DFG, 11, 12, Sa
o-(p-Isocyanatobenzyl)phenylisocyanat	227-534-9 5873-54-1		0,05	1;=2= (I)	AGS, 11, 12
Isodecyloleat	261-673-6 59231-34-4		5 A	4 (II)	DFG
Isopentylacetat	204-662-3 123-92-2	50	270	1 (I)	DFG, EU
Isophthalsäure (m-Phthalsäure)	204-506-4 121-91-5		5 E	2 (I)	Y, DFG
Isopren	201-143-3 78-79-5	3	8,4	8 (II)	AGS, X
Isopropenylacetat	203-562-7 108-22-5	10	46	2 (I)	DFG
2-Isopropoxyethanol	203-685-6 109-59-1	10	44	2 (I)	DFG, H, Y
N-Isopropyl-N'-phenyl-p-phenylendiamin	202-969-7 101-72-4		2 E	2 (II)	Y, Sh, DFG
Isotridecan-1-ol	248-469-2 27458-92-0	2,56	21	2 (II)	AGS, 11, Y
Isovaleraldehyd	209-691-5 590-86-3	10	39	1 (I)	AGS
Kaliumbenzoat (als Benzoat)	209-481-3 582-25-2		10 E	2 (II)	DFG, Y, H
Kaliumcyanid (als CN)	205-792-3 151-50-8		1 E	5 (II)	EU, H, Y
Kerosin (Erdöl) (C9–C14 Aliphaten)	232-366-4 8008-20-6		Vgl. Nummer 2.9		AGS, Y
Kieselglas	262-373-8 60676-86-0		0,3 A		DFG, Y
Kieselgur, gebrannt	272-489-0 68855-54-9		0,3 A		DFG, Y, 1

Stoffidentität Bezeichnung	EG-Nr. CAS-Nr.	**Arbeitsplatz-grenzwert** ml/m³ (ppm)	 mg/m³	**Spitzen-begr.** Überschr.-faktor	**Bemerkungen**
Kieselgur, ungebrannt	61790-53-2		4 E		DFG, Y, 1
Kieselgut	231-716-3 7699-41-4		0,3 A		DFG, Y
Kieselrauch	273-761-1 69012-64-2		0,3 A		DFG, Y, 1
Kieselsäuren, amorphe	231-545-4 7631-86-9		4 E		DFG, 2, Y
Kohlenstoffdioxid	204-696-9 124-38-9	5000	9100	2 (II)	DFG, EU
Kohlenstoffdisulfid	200-843-6 75-15-0	10	30	2 (II)	AGS, EU, H
Kohlenstoffmonoxid	211-128-3 630-08-0	30	35	2 (II)	DFG, Z
Kohlenstofftetrachlorid	200-262-8 56-23-5	0,5	3,2	2 (II)	DFG, H, Y
Kohlenwasserstoffgemische, Verwendung als Lösemittel (Lösemittelkohlenwasserstoffe), additiv-frei Fraktionen (RCP-Gruppen): C6-C8 Aliphaten C9-C14 Aliphaten C9-C14 Aromaten Die Berechnung der Arbeitsplatzgrenzwerte für bestimmte Gemische nach dem RCP-Konzept wird in der Nummer 2.9 beschrieben.			Vgl. Nummer 2.9	2 (II)	AGS
Kokosnussöl	232-282-8 8001-31-8		5 A	4 (II)	DFG, Y
Kresol (alle Isomere)	202-423-8 203-577-9 203-398-6 215-293-2 95-48-7 108-39-4 106-44-5 1319-77-3	1	4,5	1 (I)	DFG, H, Y
Laurinsäure	205-582-1 143-07-7		2 E	2 (I)	DFG, 11

Stoffidentität Bezeichnung	EG-Nr. CAS-Nr.	**Arbeitsplatz-grenzwert** ml/m³ (ppm)	mg/m³	**Spitzen-begr.** Überschr.-faktor	**Bemerkungen**
Lithiumhydrid	231-484-3 7580-67-8		0,025 E		EU, 13
Lithiumverbindungen, anorganische, mit Ausnahme von Lithium und stärker reizenden Lithiumverbindungen			0,2 E	1 (I)	Y, 10, DFG
Malathion (ISO)	204-497-7 121-75-5		15 E	4 (II)	DFG
Maleinsäureanhydrid	203-571-6 108-31-6	0,02	0,081	1; =2,5= (I)	DFG, Sah, Y, 11
Mangan und seine anorganischen Verbindungen	231-105-1 7439-96-5		0,02 A, 0,2 E	8 (II)	DFG, Y, 10,20
pMDI (als MDI berechnet)	9016-87-9		0,05 E	1;=2= (I)	DFG, H, Sah, Y, 12
Mecrilat	205-275-2 137-05-3	2	9,2	1 (I)	DFG
(R)-p-Mentha-1,8-dien (D-Limonen)	227-813-5 5989-27-5	5	28	4 (II)	DFG, H, Sh, Y
Mesitylen	203-604-4 108-67-8	20	100	2 (II)	DFG, EU, Y
Methacrylsäure	201-204-4 79-41-4	50	180	2 (I)	DFG, Y
Methanol	200-659-6 67-56-1	100	130	2 (II)	DFG, EU, H, Y
Methansulfonsäure	200-898-6 75-75-2		0,7	1 (I)	AGS, Y, 11
Methanthiol	200-822-1 74-93-1	0,5	1	1 (I)	DFG
Methoxyessigsäure	210-894-6 625-45-6	1	3,7	2 (II)	DFG, Z, H
2-Methoxyethanol	203-713-7 109-86-4	1	3,2	8 (II)	DFG, EU, H, Z
2-(2-Methoxyethoxy)ethanol	203-906-6 111-77-3	10	50		EU, Y, H, 11
2-(2-(2-Methoxyethoxy)ethoxy) ethanol	203-962-1 112-35-6		50 E	2 (II)	Y, 11, DFG

Stoffidentität Bezeichnung	EG-Nr. CAS-Nr.	**Arbeitsplatz-grenzwert** ml/m³ (ppm)	 mg/m³	**Spitzen-begr.** Überschr.-faktor	**Bemerkungen**
2-Methoxyethylacetat	203-772-9 110-49-6	1	4,9	8 (II)	DFG, EU, H, Z
(2-Methoxymethylethoxy)-propanol (Isomerengemisch)	252-104-2 34590-94-8	50	310	1 (I)	DFG, EU, 11
2-Methoxy-1-methylethylacetat	203-603-9 108-65-6	50	270	1 (I)	DFG, EU, Y
1-Methoxy-2-propanol	203-539-1 107-98-2	100	370	2 (I)	DFG, EU, Y
Methoxypropanol	216-455-5 1589-47-5	5	19	2 (I)	DFG, H, Z
Methoxypropylacetat	274-724-2 70657-70-4	5	28	2 (I)	DFG, H, Z
Methylacetat	201-185-2 79-20-9	200	620	2 (I)	DFG, AGS, Y
Methylacrylat	202-500-6 96-33-3	2	7,1	2 (I)	DFG, EU, H, Sh, Y
Methylamin	200-820-0 74-89-5	5	6,4	2; =2= (I)	DFG, Y
N-Methylanilin	202-870-9 100-61-8	0,5	2,2	2 (II)	DFG, H, 6
2-Methyl-2-azabicyclo[2.2.1] heptan	404-810-9 4524-95-2	5	20		AGS
Methylbutan	201-142-8 78-78-4	1000	3000	2 (II)	DFG, EU
2-Methylbut-3-en-2-ol	204-068-4 115-18-4	0,6	2	2 (I)	AGS
2-Methylbut-3-in-2-ol	204-070-5 115-19-5	0,9	3	2 (I)	AGS
1-Methylbutylacetat	210-946-8 626-38-0	50	270	1 (I)	DFG, EU
2-Methylbutylacetat	210-843-8 624-41-9	50	270	1 (I)	DFG, Y
Methylchloracetat	202-501-1 96-34-4	1	4,5	1 (I)	DFG, H, Y
Methylchlorformiat	201-187-3 79-22-1	0,2	0,78	2 (I)	DFG, Y

Stoffidentität Bezeichnung	EG-Nr. CAS-Nr.	**Arbeitsplatz-grenzwert** ml/m³ (ppm)	mg/m³	**Spitzen-begr.** Überschr.-faktor	**Bemerkungen**
Methylcyclohexan	203-624-3 108-87-2	200	810	2 (II)	DFG
Methylcyclohexanol, Techn. Gemisch	247-152-6 25639-42-3	6	28	2 (II)	AGS
Methylcyclopentan	202-503-2 96-37-7	500	1800	2 (II)	DFG
4,4'-Methylenbis (dibutyldithiocarbamat)	233-593-1 10254-57-6		5 A 20 E	4 (II) 8 (II)	DFG
2,2'-Methylendiphenyldiisocyanat	219-799-4 2536-05-2		0,05	1;=2= (I)	AGS, 11, 12
4,4'-Methylendiphenyldiisocyanat	202-966-0 101-68-8		0,05 E	1;=2= (I)	DFG, 11, 12, H, Sah, Y
Methylformiat	203-481-7 107-31-3	50	120	2 (II)	DFG, H, Y
5-Methyl-3-heptanon	208-793-7 541-85-5	10	53	2 (I)	DFG, EU
5-Methylhexan-2-on	203-737-8 110-12-3	20	95		EU
Methylisocyanat	210-866-3 624-83-9	0,01	0,024	1 (I)	DFG, EU, H, 12
Methylmethacrylat	201-297-1 80-62-6	50	210	2 (I)	DFG, EU, Y
Methyloxiran (Propylenoxid)	200-879-2 75-56-9	1	2,4	4 (I)	AGS, EU, Sh, X, Y, 28
(Z)-N-Methyl-N-(1-oxo-9-octa-decenyl)glycin (Oleylsarkosin)	203-749-3 110-25-8		0,05 E	2 (II)	DFG
2-Methylpentan	203-523-4 107-83-5	500	1800	2 (II)	DFG
3-Methylpentan	202-481-4 96-14-0	500	1800	2 (II)	DFG
4-Methyl-pentan-2-ol	203-551-7 108-11-2	20	85	1 (I)	DFG
4-Methylpentan-2-on	203-550-1 108-10-1	20	83	2 (I)	DFG, EU, H, Y

Stoffidentität Bezeichnung	EG-Nr. CAS-Nr.	**Arbeitsplatz-grenzwert** ml/m³ (ppm)	 mg/m³	**Spitzen-begr.** Überschr.-faktor	**Bemerkungen**
4-Methylpent-3-en-2-on	205-502-5 141-79-7	2	8,1	2 (I)	DFG, H
4-Methyl-m-phenylendiisocyanat	209-544-5 584-84-9	0,005	0,035	1;=4= (I)	AGS, 11, 12, Sa
2-Methyl-m-phenylendiisocyanat	202-039-0 91-08-7	0,005	0,035	1;=4= (I)	AGS, 11, 12, Sa
2-Methylpropan-1-ol	201-148-0 78-83-1	100	310	1 (I)	DFG, Y
2-Methylpropanol-2	200-889-7 75-65-0	20	62	4 (II)	DFG, Y
N-Methyl-2-pyrrolidon (Dampf)	212-828-1 872-50-4	20	82	2 (I)	EU, DFG, AGS, H, Y, 11, 19, 32
Methylvinylether	203-475-4 107-25-5	50	120	2 (II)	Y, AGS
Mevinphos (ISO)	232-095-1 7786-34-7	0,01	0,093	2 (II)	DFG, H, 11
Mineralöle (Erdöl), stark raffiniert	295-550-3 276-735-8 295-426-9 295-425-3 92062-35-6 72623-83-7 92045-45-9 92045-44-8		5	4 (II)	DFG, Y, 11
Morpholin	203-815-1 110-91-8	10	36	2 (I)	DFG, EU, H, 6
Naled	206-098-3 300-76-5		0,5 E	2 (II)	DFG, H, Sh, Y
Naphthalin	202-049-5 91-20-3	0,4	2	4 (I)	AGS, H, Y, 11, 27
1-Naphthylamin	205-138-7 134-32-7	0,17	1 E	4 (II)	AGS, H, 11
1,5-Naphthylendiisocyanat	221-641-4 3173-72-6		0,05	1;=2= (I)	AGS, 11, 12, Sa
Natriumazid	247-852-1 26628-22-8		0,2	2 (I)	DFG, EU

Stoffidentität Bezeichnung	EG-Nr. CAS-Nr.	**Arbeitsplatzgrenzwert** ml/m3 (ppm)	mg/m3	**Spitzenbegr.** Überschr.-faktor	**Bemerkungen**
Natriumbenzoat (als Benzoat)	208-534-8 532-32-1		10 E	2 (II)	DFG, Y, H
Natrium-2-biphenylat	205-055-6 132-27-4		2 E	1 (I)	DFG, Y
Natriumcyanid (als CN)	205-599-4 143-33-9		1 E	5 (II)	EU, H, Y
Natriumfluoracetat	200-548-2 62-74-8		0,05 E	4 (II)	DFG, H, Z
Natriummonochloracetat (als Chloressigsäure)	223-498-3 3926-62-3		2 E	2 (II)	DFG, H, Y
Natriumtrichloracetat	211-479-2 650-51-1		2 E	1 (I)	DFG, H, Y
Nickel und Nickelverbindungen	231-111-4 7440-02-0		0,030 E	8 (II)	AGS, Sh, Y, 10, 24, 31
Nickelmetall	231-111-4 7440-02-0		0,006 A	8 (II)	AGS, 24, Sh, Y
Nikotin	200-193-3 54-11-5		0,5	2 (II)	EU, 11, 13, H
Nitrilotriessigsäure und ihre Natriumsalze	205-355-7 139-13-9 18994-66-6 239-484-5 15467-20-6 23255-03-3 225-768-6 5064-31-3 606-091-9 18662-53-8		2 E	4 (II)	DFG, Y, 35
2,2",2"-Nitrilotriethanol	203-049-8 102-71-6		1 E	1 (I)	DFG, Y
4-Nitrobenzoesäure	200-526-2 62-23-7		1 E	2 (I)	DFG
Nitrobenzol	202-716-0 98-95-3	0,1	0,51	4 (II)	EU, DFG, H, Y, 11
Nitroethan	201-188-9 79-24-3	10	31	4 (II)	DFG, H

Stoffidentität Bezeichnung	EG-Nr. CAS-Nr.	**Arbeitsplatz-grenzwert** ml/m³ (ppm)	 mg/m³	**Spitzen-begr.** Überschr.-faktor	**Bemerkungen**
1-Nitropropan	203-544-9 108-03-2	2	7,4	8 (I)	DFG, H, 3
Norfluran	212-377-0 811-97-2	1000	4200	8 (II)	DFG, Y
Octadecyl-3-(3,5-di-tert-butyl-4-hydroxyphenyl)propionat	218-216-0 2082-79-3		20 E	2 (II)	DFG, Y
Octan (alle Isomeren außer Trimethylpentan-Isomere)		500	2400	2 (II)	DFG
Octan-1-ol (Langkettige Alkohole)	203-917-6 111-87-5	10	54	1 (I)	AGS, DFG, Y, 11
2-Octyl-2H-isothiazol-3-on	247-761-7 26530-20-1		0,05 E	2 (I)	DFG, H, Y
Orthophosphorsäure	231-633-2 7664-38-2		2 E	2 (I)	DFG, EU, AGS, Y
Oxalsäure	205-634-3 144-62-7		1 E	1 (I)	H, EU, 13
2,2'-Oxydiethanol	203-872-2 111-46-6	10	44	4 (II)	DFG, Y, 11
Oxydipropanol (Dipropylenglykol)	246-770-3 25265-71-8		100 E	2 (II)	DFG, Y, 11
Paraquatdichlorid	217-615-7 1910-42-5		0,1 E	1 (I)	DFG, H
Parathion (ISO)	200-271-7 56-38-2		0,1 E	8 (II)	DFG, H
Pentaboran	243-194-4 19624-22-7	0,005	0,013	2 (II)	DFG
Pentacarbonyleisen	236-670-8 13463-40-6	0,1	0,81	2 (I)	DFG, H
Pentan	203-692-4 109-66-0	1000	3000	2 (II)	DFG, EU, Y
Pentan-2,3-dion	209-984-8 600-14-6	0,02	0,083	1 (II)	DFG, H, Sh
Pentan-2,4-dion (Acetylaceton)	204-634-0 123-54-6	30	126	2 (II)	AGS, H, Y

Stoffidentität Bezeichnung	EG-Nr. CAS-Nr.	**Arbeitsplatzgrenzwert** ml/m³ (ppm)	mg/m³	**Spitzenbegr.** Überschr.-faktor	**Bemerkungen**
Pentanole (alle Isomere)		20	73	2 (I)	DFG, Y
Pentan-1-ol	200-752-1 71-41-0				
Pentan-2-ol	227-907-6 6032-29-7				
Pentan-3-ol	209-526-7 584-02-1				
2-Methylbutan-1-ol	205-289-9 137-32-6				
3-Methylbutan-1-ol	204-633-5 123-51-3				
3-Methylbutan-2-ol	209-950-2 598-75-4				
2-Methylbutan-2-ol	200-908-9 75-85-4				
2,2-Dimethylpropanol	200-907-3 75-84-3				
Isomerengemische	250-378-8 30899-19-5 94624-12-1				
Pentylacetat	211-047-3 628-63-7	50	270	1 (I)	DFG, EU, Y
3-Pentylacetat	620-11-1	50	270	1 (I)	DFG, EU
Perfluoroctansulfonsäure	217-179-8 1763-23-1		0,01 E	8 (II)	H, Z, DFG
Phenol	203-632-7 108-95-2	2	8	2 (II)	EU, H, 11
Phenol, isopropyliert, Phosphat (3:1)	273-066-3 68937-41-7		1 E	2 (II)	DFG
2-Phenoxyethanol	204-589-7 122-99-6	1	5,7	1 (I)	DFG, Y, 11
p-Phenylendiamin	203-404-7 106-50-3		0,1 E	2 (II)	DFG, H, Y, 11
Phenylisocyanat	203-137-6 103-71-9	0,01	0,05	1 (I)	AGS, 12, Sa
Phenylphosphin	211-325-4 638-21-1	0,01	0,05		AGS

Stoffidentität Bezeichnung	EG-Nr. CAS-Nr.	**Arbeitsplatz-grenzwert** ml/m³ (ppm)	 mg/m³	**Spitzen-begr.** Überschr.-faktor	**Bemerkungen**
2-Phenylpropen	202-705-0 98-83-9	50	250	2 (I)	DFG, EU
Phosgen	200-870-3 75-44-5	0,1	0,41	2 (I)	DFG, EU, AGS, Y
Phosphin	232-260-8 7803-51-2	0,1	0,14	2 (II)	EU, DFG, Y
Phosphor, weiss/gelb	601-810-2 12185-10-3		0,01 E	2 (II)	AGS, Y
Phosphorpentachlorid	233-060-3 10026-13-8		1 E	1 (I)	DFG, EU, 11
Phosphorpentoxid (als Orthophosphorsäure)	215-236-1 1314-56-3		2 E	2 (I)	EU, DFG, AGS, Y
Phosphortrichlorid	231-749-3 7719-12-2	0,1	0,57	1 (I)	DFG, Y
Phosphoryltrichlorid	233-046-7 10025-87-3	0,02	0,13	1 (I)	DFG, Y
Piperazin	203-808-3 110-85-0		0,1	1 (I)	EU, 6, 11, 13
Platin (Metall)	231-116-1 7440-06-4		1 E		EU, 13
Polyalphaolefine	z. B. 68649-12-7		5 A	4 (II)	Y, DFG
Polyethylenglykole (PEG 200–600)	500-038-2 25322-68-3		200 E	2 (II)	DFG, Y
Polysulfide, Di-tertdodecyl-	270-335-7 68425-15-0		5 A	4 (II)	DFG, Y
-Di-(tertdodecyl)pentasulfid	250-702-8 31565-23-8				
-tert-Dodecanthiol, sulfuriert (Ditertdodecyltrisulfid)	271-518-4 68583-56-2				
Propan	200-827-9 74-98-6	1000	1800	4 (II)	DFG
Propan-1,2-diyldinitrat	229-180-0 6423-43-4	0,01	0,069	1 (II)	DFG, H, Y, 7, 11
Propan-2-ol	200-661-7 67-63-0	200	500	2 (II)	DFG, Y

Stoffidentität Bezeichnung	EG-Nr. CAS-Nr.	**Arbeitsplatz-grenzwert** ml/m³ (ppm)	 mg/m³	**Spitzen-begr.** Überschr.-faktor	**Bemerkungen**
Prop-2-in-1-ol	203-471-2 107-19-7	2	4,7	2 (I)	DFG, H
Propionsäure	201-176-3 79-09-4	10	31	2 (I)	EU, DFG, Y
Propoxur (ISO)	204-043-8 114-26-1		2 E	8 (II)	DFG
Propylencarbonat (4-Methyl-1,3-dioxolan-2-on)	203-572-1 108-32-7 16606-55-6 51260-39-0	2	8,5	1 (I)	DFG, Y, 11
2-(Propyloxy)ethanol	220-548-6 2807-30-9	10	43	2 (I)	DFG, H, Y
(2-Propyloxy)ethylacetat	 20706-25-6	20	120	2 (I)	DFG, H, Y, 11
N-Isopropyl-N'-phenyl-p-phenylendiamin	202-969-7 101-72-4		2 E	2 (II)	DFG, Y, Sh
Pyrethrum (gereinigter Rohextrakt)	232-319-8 8003-34-7		1 E	1 (I)	AGS, EU, Y; Sh für Rohextrakt
Pyridin-2-thiol-1-oxid, Natriumsalz (Pyrithionnatrium)	223-296-5 240-062-8 3811-73-2 15922-78-8		0,2 E	2 (II)	DFG, H, Y
Quecksilber	231-106-7 7439-97-6		0,02	8 (II)	EU, DFG, H, Sh
Quecksilberverbindungen, anorganische			0,02 E	8 (II)	EU, DFG, 10, H, Sh
Salpetersäure	231-714-2 7697-37-2	1	2,6		EU, 13, 16
Schwefeldioxid	231-195-2 7446-09-5	1	2,7	1 (I)	AGS, Y
Schwefelhexafluorid	219-854-2 2551-62-4	1000	6100	8 (II)	DFG
Schwefelsäure	231-639-5 7664-93-9		0,1 E	1 (I)	DFG, EU, Y
Selen	231-957-4 7782-49-2		0,05 E	1 (II)	DFG, Y

Stoffidentität Bezeichnung	EG-Nr. CAS-Nr.	**Arbeitsplatzgrenzwert**		**Spitzenbegr.**	**Bemerkungen**
		ml/m³ (ppm)	mg/m³	Überschr.-faktor	
Selenverbindungen, anorganische			0,05 E	1 (II)	DFG, Y, 10
Silber	231-131-3 7440-22-4		0,1 E	8 (II)	DFG, EU
Silberverbindungen, anorganische			0,01 E	2 (I)	DFG, EU, 10
Stickstoffdioxid	233-272-6 10102-44-0	0,5	0,95	2 (I)	EU, 22a
Stickstoffmonoxid	233-271-0 10102-43-9	2	2,5	2 (II)	EU, AGS, 22b
Styrol	202-851-5 100-42-5	20	86	2 (II)	DFG, Y
Sulfonsäuren, Erdöl-, Calciumsalze	263-093-9 61789-86-4		5 A	4 (II)	DFG
Sulfotep (ISO)	222-995-2 3689-24-5	0,01	0,13	2 (II)	DFG, EU, 11, H, Y
Sulfuryldifluorid	220-281-5 2699-79-8		10		NL-Experten
Terephthalsäure (p-Phthalsäure)	202-830-0 100-21-0		5 E	2 (I)	Y, DFG
Terphenyl, hydriert	262-967-7 61788-32-7	-	19 E	2,5 (II)	EU
TEPP (ISO)	203-495-3 107-49-3	0,005	0,06	2 (II)	DFG, H, 11
1,1,1,2-Tetrachlor-2,2-difluorethan (R 112a)	200-934-0 76-11-9	200	1700	2 (II)	DFG
Tetrachlor-1,2-difluorethan (R 112)	200-935-6 76-12-0	200	1700	2 (II)	DFG
1,1,2,2-Tetrachlorethan	201-197-8 79-34-5	1	7	2 (II)	DFG, H
Tetrachlorethylen (Per)	204-825-9 127-18-4	10	69	2 (II)	EU, DFG, H, Y
Tetradecylammoniumbis(1-(5-chlor-2-oxidophenylazo)-2-naphtholato)chromat(1-)	405-110-6 88377-66-6		10 (E)	2 (II)	AGS, 18
Tetraethylblei	201-075-4 78-00-2		0,05	2 (II)	DFG, H, Z, 10

Stoffidentität Bezeichnung	EG-Nr. CAS-Nr.	**Arbeitsplatzgrenzwert** ml/m³ (ppm)	 mg/m³	**Spitzenbegr.** Überschr.-faktor	**Bemerkungen**
Tetraethylorthosilikat (TEOS)	201-083-8 78-10-4	1,4	12	1 (I)	AGS
trans-1,3,3,3-Tetrafluorpropen	471-480-0 29118-24-9	1000	4700	2 (II)	DFG, Y
2,3,3,3-Tetrafluorpropen	616-220-0 754-12-1	200	950	2 (II)	DFG, Y
Tetrahydrofuran	203-726-8 109-99-9	50	150	2 (I)	DFG, EU, H, Y
3a,4,7,7a-Tetrahydro-4,7-methanoinden	201-052-9 77-73-6	0,5	2,7	1 (I)	DFG
Tetrahydrothiophen	203-728-9 110-01-0	50	180	1 (I)	DFG, Y, H
Tetramethylblei	200-897-0 75-74-1		0,05	2 (II)	DFG, H, Z, 10
4-(1,1,3,3-Tetramethylbutyl) phenol (4-tert-Octylphenol)	205-426-2 140-66-9	0,5	4	1 (I)	DFG, 11
Tetramethylorthosilikat	211-656-4 681-84-5	0,3	2	1 (I)	AGS
Tetramethysuccinitril	3333-52-6		1	2 (II)	AGS
Thiabendazol	205-725-8 148-79-8		20 E	2 (II)	DFG, Y
Thiodiethylenbis(3-(3,5-di-tert-butyl-4-hydroxyphenyl)propionat)	255-392-8 41484-35-9		2 E	2 (II)	DFG
Thiram	205-286-2 137-26-8		1 E	2 (II)	DFG, 6, Sh
Thioglykolate			2 E	2 (II)	DFG, Y, H, Sh
o-Toluidin	202-429-0 95-53-4		0,1	0,5	EU, H, X, 11, 28, 30
p-Toluidin	203-403-1 106-49-0	1	4,46	2 (II)	EU, H, 36
Toluol	203-625-9 108-88-3	50	190	4 (II)	DFG, EU, H, Y

Stoffidentität Bezeichnung	EG-Nr. CAS-Nr.	**Arbeitsplatz-grenzwert** ml/m³ (ppm)	 mg/m³	**Spitzen-begr.** Überschr.-faktor	**Bemerkungen**
Tributylphosphat	204-800-2 126-73-8	1	11	2 (II)	DFG, Y, H, 11
Trichlorbenzol (alle Isomeren außer 1,2,4-Trichlorbenzol)	234-413-4 12002-48-1	5	38	2 (II)	DFG, H, Y
1,2,4-Trichlorbenzol	204-428-0 120-82-1	0,5	3,8	4 (II)	AGS, EU
Trichloressigsäure	200-927-2 76-03-9	0,2	1,4	1 (I)	DFG, Y
1,1,1-Trichlorethan	200-756-3 71-55-6	100	550	1 (II)	DFG, EU, H, Y
1,1,2-Trichlorethan	201-166-9 79-00-5	1	5,5	2 (I)	DFG, H
Trichlorfluormethan (R 11)	200-892-3 75-69-4	1000	5700	2 (II)	DFG, Y
Trichlormethan (Chloroform)	200-663-8 67-66-3	0,5	2,5	2 (II)	DFG, EU, Y, H, X
Trichlor-nitro-methan	200-930-9 76-06-2	0,1	0,68	1 (I)	DFG
1,1,2-Trichlortrifluorethan (R 113)	200-936-1 76-13-1	500	3900	2 (II)	DFG
Triethylamin	204-469-4 121-44-8	1	4,2	2 (I)	DFG, EU, H, 6
1,2,4-Triethylbenzol	212-892-0 877-44-1	5	34	2 (II)	DFG, H, 11
Triisobutylphosphat	204-798-3 126-71-6		50	2 (II)	AGS, Sh, 11
Trimethylamin	200-875-0 75-50-3	2	4,9	2; =2,5= (I)	DFG, Y, 6
1,2,3-Trimethylbenzol	208-394-8 526-73-8	20	100	2 (II)	DFG, EU, Y
1,2,4-Trimethylbenzol	202-436-9 95-63-6	20	100	2 (II)	DFG, EU, Y
3,5,5-Trimethylcyclohex-2-enon	201-126-0 78-59-1	2	11	2 (I)	DFG, Y, H, 11
2,4,6-Trinitrophenol (Pikrinsäure)	201-865-9 88-89-1		0,1 E	1 (I)	H, EU, 13

Stoffidentität Bezeichnung	EG-Nr. CAS-Nr.	**Arbeitsplatzgrenzwert** ml/m³ (ppm)	mg/m³	**Spitzenbegr.** Überschr.-faktor	**Bemerkungen**
2,4,6-Trinitrotoluol	204-289-6 118-96-7	0,01	0,1	2 (II)	AGS, H, Sh,
Triphenylphosphin	210-036-0 603-35-0		5 E	2 (II)	DFG, Sh, Y
Tri-o-tolylphosphat, Summe aller o-Isomere	201-103-5 78-30-8	0,001	0,015	8 (II)	DFG, H, 11
Vanadiumverbindungen, anorganische, 4+- und 5+wertige (z. B. Divanadiumpentaoxid)	(z. B. 215-239-8) (z. B. 1314-62-1)		0,005 A, 0,030 E	1 (I)	AGS, Y, 10, 21
Vinylacetat	203-545-4 108-05-4	10	36	1; =2= (I)	DFG, EU, H, Y
Vinyltoluol (Methylstyrol, alle Isomeren)	246-562-2 25013-15-4	20	98	2 (I)	DFG
1-Vinyl-2-pyrrolidon	201-800-4 88-12-0	0,005	0,025	2 (II)	AGS, H, Y, 11
Warfarin	201-377-6 81-81-2	0,0016	0,02 E	8 (II)	DFG, H, Z, 11
Warfarinnatrium	204-929-4 129-06-6		0,02 E	8 (II)	DFG, H, Z
Weißes Mineralöl (Erdöl)	232-455-8 8042-47-5		5 A	4 (II)	DFG, Y
(+)-Weinsäure	201-766-0 87-69-4		2 E	2 (I)	DFG, Y
Xylol (alle Isomeren)	215-535-7 1330-20-7 202-422-2 95-47-6 203-576-3 108-38-3 203-396-5 106-42-3	50	220	2 (II)	DFG, EU, H
Zinn (II)-Verbindungen, anorganische			8 E		EU, AGS, 10
Zinn(IV)-Verbindungen, anorganische			2 E		EU, 13, 10

Stoffidentität Bezeichnung	EG-Nr. CAS-Nr.	**Arbeitsplatz-grenzwert** ml/m³ (ppm)	mg/m³	**Spitzen-begr.** Überschr.-faktor	**Bemerkungen**
Zinnverbindungen, organische					
– n-Butylzinnverbindungen		0,0018	0,009	1 (I)	H, 10, 11, AGS
Mono-n-butylzinnverbindungen, Di-n-butylzinnverbindungen, Tri-n-butylzinnverbindungen und Tetra-n-butylzinn	 215-960-8 1461-25-2				Y Z Z Y
– Methylzinnverbindungen					
Mono- und Dimethylzinn-verbindungen mit Ausnahme der separat genannten		0,0018	0,009	1 (I)	AGS, Y, 10, 11
Triisooctyl-2,2',2''-((methyl-stannylidin)tris(thio))triacetat, Bis[methylzinndi(isooctyl-mercaptoacetat)]sulfid, Bis[methylzinndi(2-mercapto-ethyloleat)]sulfid	259-374-0 54849-38-6 59118-99-9	0,2	1	2 (II)	DFG, Z, 10, 11
Diisooctyl-2,2'-((dimethyl-stannylen)bis(thio))diacetat, 2-Ethylhexyl-10-ethyl-4,4-di-methyl-7-oxo-8-oxa-3,5-dithia-4-stannatetradecanoat, Bis[dimethylzinn(isooctyl-mercapto-acetat)]sulfid, Bis[dimethylzinn(2-mercapto-ethyloleat)]sulfid	247-862-6 26636-01-1 260-829-0 57583-35-4	0,01	0,05	2 (II)	DFG, Y, 10, 11
Trimethylzinnverbindungen und Tetramethylzinn	209-833-6 594-27-4	0,001	0,005	4 (II)	DFG, H, 10, 11
– n-Octylzinnverbindungen		0,002	0,01	2 (II)	H, Y, 10, 11, AGS, DFG
Mono-n-octylzinnverbindungen, Di-n-octylzinnverbindungen, Tri-n-octylzinnverbindungen und Tetra-n-octylzinn	 222-733-7 3590-84-9				
– Phenylzinnverbindungen		0,0004	0,002 E	2 (II)	H, Y, 10, 11, AGS, DFG

Stoffidentität Bezeichnung	EG-Nr. CAS-Nr.	**Arbeitsplatzgrenzwert**		**Spitzenbegr.**	**Bemerkungen**
		ml/m³ (ppm)	mg/m³	Überschr.-faktor	
Ziram	205-288-3 137-30-4		0.01 E	2 (I)	DFG, Y, Sh
Zitronensäure	201-069-1 77-92-9		2 E	2 (I)	DFG, Y

4 Verzeichnis der CAS-Nummern

CAS-Nummer	Bezeichnung
50-00-0	→ Formaldehyd
54-11-5	→ Nikotin
55-38-9	→ Fenthion (ISO)
55-63-0	→ Glycerintrinitrat
56-23-5	→ Kohlenstofftetrachlorid
56-38-2	→ Parathion (ISO)
57-74-9	→ Chlordan (ISO)
60-29-7	→ Diethylether
60-57-1	→ Dieldrin (ISO)
61-82-5	→ Amitrol (ISO)
62-23-7	→ 4-Nitrobenzoesäure
62-53-3	→ Anilin
62-73-7	→ Dichlorvos (ISO)
62-74-8	→ Natriumfluoracetat
63-25-2	→ Carbaryl (ISO)
64-17-5	→ Ethanol
64-18-6	→ Ameisensäure
64-19-7	→ Essigsäure
65-85-0	→ Benzoesäure
67-56-1	→ Methanol
67-63-0	→ Propan-2-ol
67-64-1	→ Aceton
67-66-3	→ Trichlormethan (Chloroform)
67-68-5	→ Dimethylsulfoxid (DMSO)
67-72-1	→ Hexachlorethan
68-12-2	→ N,N-Dimethylformamid
71-36-3	→ Butan-1-ol
71-41-0	→ Pentan-1-ol (s. Pentanole (alle Isomere))
71-55-6	→ 1,1,1-Trichlorethan
72-20-8	→ Endrin (ISO)
74-83-9	→ Brommethan
74-87-3	→ Chlormethan
74-89-5	→ Methylamin
74-90-8	→ Hydrogencyanid
74-93-1	→ Methanthiol
74-98-6	→ Propan
75-00-3	→ Chlorethan
75-01-4	→ Chlorethylen (Vinylchlorid)
75-04-7	→ Ethylamin
75-05-8	→ Acetonitril
75-07-0	→ Acetaldehyd
75-08-1	→ Ethanthiol
75-09-2	→ Dichlormethan
75-15-0	→ Kohlenstoffdisulfid
75-28-5	→ Isobutan
75-31-0	→ 2-Aminopropan
75-34-3	→ 1,1-Dichlorethan
75-35-4	→ 1,1-Dichlorethen
75-43-4	→ Dichlorfluormethan (R 21)
75-44-5	→ Phosgen
75-45-6	→ Chlordifluormethan (R 22)
75-50-3	→ Trimethylamin
75-56-9	→ Methyloxiran (Propylenoxid)
75-63-8	→ Bromtrifluormethan (R 13 B1)
75-65-0	→ 2-Methylpropanol-2
75-68-3	→ 1-Chlor-1,1-difluorethan (R 142 b)
75-69-4	→ Trichlorfluormethan (R 11)
75-71-8	→ Dichlordifluormethan (R 12)
75-72-9	→ Chlortrifluormethan (R 13)
75-74-1	→ Tetramethylblei
75-75-2	→ Methansulfonsäure
75-83-2	→ 2,2-Dimethylbutan

CAS-Nummer	Bezeichnung
75-84-3	→2,2-Dimethylpropanol
75-85-4	→2-Mehylbutan-2-ol (s. Pentanole (alle Isomere))
76-03-9	→Trichloressigsäure
76-06-2	→Trichlor-nitro-methan
76-11-9	→1,1,1,2-Tetrachlor-2,2-difluorethan (R 112a)
76-12-0	→Tetrachlor-1,2-difluorethan (R 112)
76-13-1	→1,1,2-Trichlortrifluorethan (R 113)
76-14-2	→Cryofluoran (R 114)
76-44-8	→Heptachlor (ISO)
77-47-4	→Hexachlorcyclopentadien
77-73-6	→3a,4,7,7a-Tetrahydro-4,7-methanoinden
77-92-9	→Zitronensäure
78-00-2	→Tetraethylblei
78-10-4	→Tetraethylorthosilikat (TEOS)
78-30-8	→Tri-o-tolylphosphat, Summe aller o-Isomere
78-34-2	→Dioxathion (ISO)
78-59-1	→3,5,5-Trimethylcyclohex-2-enon
78-78-4	→Methylbutan
78-79-5	→Isopren
78-81-9	→Isobutylamin
78-83-1	→2-Methylpropan-1-ol
78-93-3	→Butanon
78-96-6	→1-Aminopropan-2-ol (MIPA)
79-00-5	→1,1,2-Trichlorethan
79-09-4	→Propionsäure
79-10-7	→Acrylsäure
79-11-8	→Chloressigsäure
79-20-9	→Methylacetat
79-22-1	→Methylchlorformiat
79-24-3	→Nitroethan
79-29-8	→2,3-Dimethylbutan
79-34-5	→1,1,2,2-Tetrachlorethan
79-43-6	→Dichloressigsäure Salze der Dichloressigsäure (als Dichloressigsäure)
80-05-7	→Bisphenol A
80-62-6	→Methylmethacrylat
81-16-3	→2-Aminonaphthalin-1-sulfonsäure
81-81-2	→Warfarin
84-74-2	→Dibutylphthalat
85-68-7	→Benzylbutylphthalat

CAS-Nummer	Bezeichnung
86-50-0	→Azinphos-methyl (ISO)
87-68-3	→Hexachlorbuta-1,3-dien
87-69-4	→(+)-Weinsäure
88-12-0	→1-Vinyl-2-pyrrolidon
88-89-1	→2,4,6-Trinitrophenol (Pikrinsäure)
90-43-7	→Biphenyl-2-ol
91-08-7	→2-Methyl-m-phenylendi-isocyanat
91-17-8	→Decahydronaphthalin (Decalin)
91-20-3	→Naphthalin
94-36-0	→Dibenzoylperoxid
95-47-6	→s. Xylol (alle Isomere)
95-48-7	→s. Kresol (alle Isomere)
95-50-1	→1,2-Dichlorbenzol
95-53-4	→o-Toluidin
95-63-6	→1,2,4-Trimethylbenzol
95-73-8	→2,4-Dichlortoluol
96-14-0	→3-Methylpentan
96-20-8	→2-Aminobutan-1-ol
96-24-2	→3-Chlor-1,2-propandiol
96-29-7	→Butanonoxim
96-37-7	→Methylcyclopentan
96-33-3	→Methylacrylat
96-34-4	→Methylchloracetat
97-77-8	→Disulfiram
98-54-4	→4-tert-Butylphenol
98-73-7	→4-tert-Butylbenzoesäure
98-82-8	→Cumol
98-83-9	→2-Phenylpropen
98-95-3	→Nitrobenzol
100-21-0	→Terephthalsäure (p-Phthalsäure)
100-37-8	→2-Diethylaminoethanol
100-41-4	→Ethylbenzol
100-42-5	→Styrol
100-51-6	→Benzylalkohol
100-61-8	→N-Methylanilin
101-54-2	→N-(4-Aminophenyl)anilin
101-68-8	→4,4'-Methylendiphenyl-diisocyanat
101-72-4	→N-Isopropyl-N'-phenyl-p-phenylendiamin
101-83-7	→Dicyclohexylamin
101-84-8	→Diphenylether (Dampf)
102-71-6	→2,2',2"-Nitrilotriethanol
103-09-3	→2-Ethylhexylacetat
103-11-7	→2-Ethylhexylacrylat

CAS-Nummer	Bezeichnung
103-71-9	→Phenylisocyanat
104-51-8	→Butylbenzol
104-76-7	→2-Ethylhexan-1-ol
105-05-5	→p-Diethylbenzol
105-39-5	→Ethylchloracetat
105-46-4	→sec-Butylacetat
105-60-2	→ε-Caprolactam (Dampf und Staub)
106-35-4	→Heptan-3-on
106-42-3	→s. Xylol (alle Isomere)
106-44-5	→s. Kresol (alle Isomere)
106-46-7	→1,4-Dichlorbenzol
106-47-8	→4-Chloranilin
106-49-0	→p-Toluidin
106-50-3	→p-Phenylendiamin
106-65-0	→Dimethylsuccinat (s. auch Dibasische Ester (DBE))
106-88-7	→1,2-Epoxybutan (1,2-Butylenoxid)
106-93-4	→1,2-Dibromethan
106-97-8	→Butan
107-02-8	→Acrylaldehyd
107-07-3	→2-Chlorethanol
107-18-6	→Allylalkohol
107-19-7	→Prop-2-in-1-ol
107-21-1	→Ethandiol
107-25-5	→Methylvinylether
107-31-3	→Methylformiat
107-49-3	→TEPP (ISO)
107-83-5	→2-Methylpentan
107-98-2	→1-Methoxy-2-propanol
108-03-2	→1-Nitropropan
108-05-4	→Vinylacetat
108-10-1	→4-Methylpentan-2-on
108-11-2	→4-Methyl-pentan-2-ol
108-20-3	→Diisopropylether
108-22-5	→Isopropenylacetat
108-24-7	→Essigsäureanhydrid
108-31-6	→Maleinsäureanhydrid
108-32-7	→Propylencarbonat
108-38-3	→s. Xylol (alle Isomere)
108-39-4	→s. Kresol (alle Isomere)
108-46-3	→1,3-Dihydroxybenzol (Resorcin)
108-65-6	→2-Methoxy-1-methylethyl-acetat
108-67-8	→Mesitylen
108-87-2	→Methylcyclohexan
108-88-3	→Toluol

CAS-Nummer	Bezeichnung
108-90-7	→Chlorbenzol
108-91-8	→Cyclohexylamin
108-94-1	→Cyclohexanon
108-95-2	→Phenol
109-59-1	→2-Isopropoxy-ethanol
109-66-0	→Pentan
109-69-3	→1-Chlorbutan
109-73-9	→Butylamin
109-79-5	→Butan-1-thiol
109-86-4	→2-Methoxyethanol
109-87-5	→Dimethoxymethan
109-89-7	→Diethylamin
109-94-4	→Ethylformiat
109-99-9	→Tetrahydrofuran
110-00-9	→Furan
110-01-0	→Tetrahydrothiophen
110-12-3	→5-Methylhexan-2-on
110-15-6	→Bernsteinsäure
110-19-0	→Isobutylacetat
110-25-8	→(Z)-N-Methyl-N-(1-oxo-9-octadecenyl)glycin (Oleylsarkosin)
110-43-0	→Heptan-2-on
110-49-6	→2-Methoxyethylacetat
110-54-3	→n-Hexan
110-63-4	→Butan-1,4-diol
110-65-6	→But-2-in-1,4-diol
110-80-5	→2-Ethoxyethanol
110-82-7	→Cyclohexan
110-85-0	→Piperazin
110-91-8	→Morpholin
110-94-1	→Glutarsäure
111-15-9	→2-Ethoxyethylacetat
111-27-3	→1-Hexanol (Langkettige Alkohole)
111-30-8	→Glutaral
111-42-2	→2,2'-Iminodiethanol (Diethanolamin)
111-44-4	→2,2'-Dichlor-diethylether
111-46-6	→2,2'-Oxydiethanol
111-76-2	→2-Butoxy-ethanol
111-77-3	→2-(2-Methoxyethoxy) ethanol
111-87-5	→Octan-1-ol (Langkettige Alkohole)
111-90-0	→2-(2-Ethoxyethoxy)ethanol
111-92-2	→Di-n-butylamin
111-96-6	→Bis(2-methoxyethyl)ether
112-07-2	→2-Butoxyethylacetat

CAS-Nummer	Bezeichnung
112-27-6	→2,2'-(Ethylendioxy)diethanol
112-30-1	→Decan-1-ol
112-34-5	→2-(2-Butoxyethoxy)ethanol
112-35-6	→2-(2-(2-Methoxyethoxy) ethoxy)ethanol
114-26-1	→Propoxur (ISO)
115-10-6	→Dimethylether
115-18-4	→2-Methylbut-3-en-2-ol
115-19-5	→2-Methylbut-3-in-2-ol
117-81-7	→Bis(2-ethylhexyl)phthalat
118-96-7	→2,4,6-Trinitrotoluol
120-82-1	→1,2,4-Trichlorbenzol
121-44-8	→Triethylamin
121-69-7	→N,N-Dimethylanilin
121-75-5	→Malathion (ISO)
121-91-5	→Isophthalsäure (m-Phthalsäure)
122-39-4	→Diphenylamin
122-99-6	→2-Phenoxyethanol
123-42-2	→4-Hydroxy-4-methylpentan-2-on
123-51-3	→3-Methylbutan-1-ol (s. Pentanole (alle Isomere))
123-54-6	→Pentan-2,4-dion (Acetylaceton)
123-72-8	→Butyraldehyd
123-86-4	→n-Butylacetat
123-91-1	→1,4-Dioxan
123-92-2	→Isopentylacetat
124-04-09	→Adipinsäure
124-17-4	→2-(2-Butoxyethoxy)ethylacetat
124-38-9	→Kohlenstoffdioxid
124-40-3	→Dimethylamin
124-68-5	→2-Amino-2-methylpropanol (AMP)
126-71-6	→Triisobutylphosphat
127-18-4	→Tetrachlorethylen (Per)
127-19-5	→N,N-Dimethylacetamid
128-37-0	→2,6-Di-tert-butyl-p-kresol
129-06-6	→Warfarinnatrium
132-27-4	→Natrium-2-biphenylat
134-32-7	→1-Naphthylamin
135-01-3	→o-Diethylbenzol
137-05-3	→Mecrilat
137-26-8	→Thiram
137-30-4	→Ziram
137-32-6	→2-Methylbutan-1-ol (s. Pentanole (alle Isomere))

CAS-Nummer	Bezeichnung
139-13-9	→s. Nitrilotriessigsäure und ihre Natriumsalze
140-66-9	→4-(1,1,3,3-Tetramethylbutyl)phenol (4-tert-Octylphenol)
140-88-5	→Ethylacrylat
141-32-2	→n-Butylacrylat
141-43-5	→2-Amino-ethanol
141-78-6	→Ethylacetat
141-79-7	→4-Methylpent-3-en-2-on
141-93-5	→m-Diethylbenzol
143-07-7	→Laurinsäure
143-33-9	→Natriumcyanid (als CN)
144-62-7	→Oxalsäure
148-79-8	→Thiabendazol
149-30-4	→Benzothiazol-2-thiol
151-50-8	→Kaliumcyanid (als CN)
151-67-7	→Halothan
156-62-7	→Calciumcyanamid
300-76-5	→Naled
309-00-2	→Aldrin (ISO)
333-41-5	→Diazinon (ISO)
420-04-2	→Cyanamid
431-03-8	→Butandion (Diacetyl)
463-82-1	→Dimethylpropan
526-73-8	→1,2,3-Trimethylbenzol
532-32-1	→Natriumbenzoat (als Benzoat)
540-59-0	→1,2-Dichlorethylen sym.
540-88-5	→tert-Butylacetat
541-73-1	→1,3-Dichlorbenzol
541-85-5	→5-Methyl-3-heptanon
543-27-1	→Isobutylchlorformiat
552-30-7	→Benzol-1,2,4-tricarbonsäure-1,2-anhydrid (Rauch)
582-25-2	→Kaliumbenzoat (als Benzoat)
584-02-1	→Pentan-3-ol (s. Pentanole (alle Isomere))
584-84-9	→4-Methyl-m-phenylendiisocyanat
590-86-3	→Isovaleraldehyd
591-78-6	→Hexan-2-on
592-34-7	→Butylchlorformiat
593-60-2	→Bromethylen (Vinylbromid)
594-27-4	→Tetramethylzinn (s. Zinnverbindungen organische)
598-56-1	Ethyldimethylamin (N,N-Dimethylethylamin)

CAS-Nummer	Bezeichnung
598-75-4	→3-Methylbutan-2-ol (s. Pentanole (alle Isomere))
600-14-6	→Pentan-2,3-dion
603-35-0	→Triphenylphosphin
620-11-1	→3-Pentylacetat
624-41-9	→2-Methylbutylacetat
624-83-9	→Methylisocyanat
625-16-1	→1,1-Dimethylpropylacetat
625-45-6	→Methoxyessigsäure
626-38-0	→1-Methylbutylacetat
627-93-0	→Dimethyladipat (s. auch Dibasische Ester (DBE))
628-63-7	→Pentylacetat
628-96-6	→Ethylendinitrat
630-08-0	→Kohlenstoffmonoxid
638-21-1	→Phenylphosphin
646-06-0	→1,3-Dioxolan
650-51-1	→TCA (Natriumtrichloracetat)
681-84-5	→Tetramethylorthosilikat
754-12-1	→2,3,3,3-Tetrafluorpropen
763-69-9	→Ethyl-3-ethoxypropionat
793-24-8	→N-1,3-Dimethylbutyl-N'-phenyl-p-phenylendiamin
811-97-2	→Norfluran
822-06-0	→Hexamethylen-1,6-diisocyanat
872-50-4	→N-Methyl-2-pyrrolidon (Dampf)
877-44-1	→1,2,4-Triethylbenzol
929-06-6	→2-(2-Aminoethoxy)ethanol (Diglykolamin)
996-35-0	→N,N-Dimethylisopropylamin
1119-40-0	→Dimethylglutarat (s. auch Dibasische Ester (DBE))
1305-62-0	→Calciumdihydroxid
1305-78-8	→Calciumoxid
1309-64-4	→Diantimontrioxid
1310-53-8	→Germaniumdioxid
1312-43-2	→Diindiumtrioxid (Indiumoxid)
1314-56-3	→Phosphorpentoxid (als Orthophosphorsäure)
1314-62-1	→Vanadiumverbindungen, anorganische, 4+- und 5+-wertige (z. B. Divanadiumpentaoxid)
1314-80-3	→Diphosphorpentasulfid
1319-77-3	→s. Kresol (alle Isomere)
1330-20-7	→Xylol (alle Isomeren)

CAS-Nummer	Bezeichnung
1336-36-3	→1,1'-Biphenyl, Chlorderivate (Chlorierte Biphenyle (Gesamt-PCB))
1345-04-6	→Antimonsulfid
1461-25-2	→Tetra-n-butylzinn (s. Zinnverbindungen organische)
1569-02-4	→1-Ethoxypropan-2-ol
1589-47-5	→2-Methoxypropanol
1634-04-4	→(tert-Butyl)methylether
1763-23-1	→Perfluoroctansulfonsäure
1910-42-5	→Paraquatdichlorid
1912-24-9	→Atrazin (ISO)
2082-79-3	→Octadecyl-3-(3,5-di-tert-butyl-4-hydroxyphenyl) propionat
2104-64-5	→O-Ethyl-O-4-nitrophenyl-phenylthiophosphonat
2179-59-1	→Allylpropyldisulfid
2372-82-9	→N-(3-Aminopropyl)-N-dodecylpropan-1,3-diamin
2536-05-2	→2,2'-Methylendiphenyl-diisocyanat
2551-62-4	→Schwefelhexafluorid
2687-91-4	→1-Ethylpyrrolidin-2-on
2699-79-8	→Sulfuryldifluorid
2807-30-9	→2-(Propyloxy)ethanol
2921-88-2	→Chlorpyriphos (ISO)
3173-72-6	→1,5-Naphthylendiisocyanat
3333-52-6	→Tetramethysuccinitril
3590-84-9	→Tetra-n-octylzinn (s. Zinnverbindungen organische)
3687-46-5	→Decyloleat
3689-24-5	→Sulfotep (ISO)
3811-73-2	→Pyridin-2-thiol-1-oxid, Natriumsalz
3926-62-3	→Natriummonochloracetat
4098-71-9	→3-Isocyanatmethyl-3,5,5-trimethylcyclohexylisocyanat
4524-95-2	→2-Methyl-2-azabicyclo [2.2.1]heptan
5064-31-3	→s. Nitrilotriessigsäure und ihre Natriumsalze
5873-54-1	→o-(p-Isocyanatobenzyl) phenylisocyanat
5989-27-5	→(R)-p-Mentha-1,8-dien (D-Limonen)
6032-29-7	→Pentan-2-ol (s. Pentanole (alle Isomere))
6423-43-4	→Propan-1,2-diyldinitrat
7439-96-5	→Mangan
7439-97-6	→Quecksilber

CAS-Nummer	Bezeichnung
7440-02-0	→Nickelmetall bzw. Nickel und Nickelverbindungen
7440-06-4	→Platin (Metall)
7440-22-4	→Silber
7440-41-7	→Beryllium und seine anorganischen Verbindungen
7440-47-3	→Chrom und anorganische Chrom (II)- und (III)-Verbindungen (ausgenommen namentlich genannte)
7440-56-4	→Germanium
7440-74-6	→Indium
7446-09-5	→Schwefeldioxid
7580-67-8	→Lithiumhydrid
7631-86-9	→Kieselsäuren, amorphe
7637-07-2	→Bortrifluorid
7647-01-0	→Hydrogenchlorid
7664-38-2	→Orthophosphorsäure
7664-39-3	→Fluorwasserstoff
7664-41-7	→Ammoniak
7664-93-9	→Schwefelsäure
7697-37-2	→Salpetersäure
7699-41-4	→Kieselgut
7719-12-2	→Phosphortrichlorid
7726-95-6	→Brom
7778-18-9	→Calciumsulfat
7782-41-4	→Fluor
7782-49-2	→Selen
7782-50-5	→Chlor
7782-79-8	→Hydrogenazid
7783-06-4	→Hydrogensulfid
7783-07-5	→Dihydrogenselenid (Selenwasserstoff)
7784-42-1	→Arsin
7786-34-7	→Mevinphos (ISO)
7803-51-2	→Phosphin
8001-31-8	→Kokosnussöl
8003-34-7	→Pyrethrum
8008-20-6	→Kerosin (Erdöl) (C9–C14 Aliphaten)
8022-00-2	→Demetonmethyl
8065-48-3	→Demeton
9016-87-9	→pMDI
10024-97-2	→Distickstoffoxid
10025-87-3	→Phosphoryltrichlorid
10026-13-8	→Phosphorpentachlorid
10035-10-6	→Hydrogenbromid
10043-35-3	→Borsäure

CAS-Nummer	Bezeichnung
10049-04-4	→Chlordioxid
10102-43-9	→Stickstoffmonoxid
10102-44-0	→Stickstoffdioxid
10254-57-6	4,4'-Methylenbis(dibutyldithiocarbamat)
10605-21-7	→Carbendazim
12002-48-1	→Trichlorbenzol (alle Isomeren außer 1,2,4-Trichlorbenzol)
12185-10-3	→Phosphor, weiß/gelb
12336-95-7	→Chrom(III)sulfat, basisch
13319-75-0	→Bortrifluorid-Dihydrat
13463-40-6	→Pentacarbonyleisen
13838-16-9	→Enfluran
14059-33-7	→Bismutvanadiumtetraoxid
15467-20-6	→s. Nitrilotriessigsäure und ihre Natriumsalze
15922-78-8	→Pyridin-2-thiol-1-oxid, Natriumsalz (Pyrithionnatrium)
16606-55-6	→Propylencarbonat (4-Methyl-1,3-dioxolan-2-on)
16984-48-8	→Fluoride (als Fluor berechnet)
17702-41-9	→Decaboran
18662-53-8	→s. Nitrilotriessigsäure und ihre Natriumsalze
18994-66-6	→s. Nitrilotriessigsäure und ihre Natriumsalze
19624-22-7	→Pentaboran
20661-21-6	→Indiumhydroxid
20706-25-6	→(2-Propyloxy)ethylacetat
22398-80-7	→Indiumphosphid
23255-03-3	→s. Nitrilotriessigsäure und ihre Natriumsalze
25013-15-4	→Vinyltoluol (alle Isomeren)
25013-16-5	→tert-Butyl-4-methoxyphenol
25265-71-8	→Oxydipropanol (Dipropylenglykol)
25322-68-3	→Polyethylenglykole (PEG 200–600)
25340-17-4	→Diethylbenzol-Isomerengemisch)
25639-42-3	→Methylcyclohexanol, Techn. Gemisch
26530-20-1	→2-Octyl-2H-isothiazol-3-on
26628-22-8	→Natriumazid
26636-01-1	→Diisooctyl-2,2'-((dimethylstannylen)bis(thio))diacetat (s. Zinnverbindungen organische)

CAS-Nummer	Bezeichnung
27458-92-0	→Isotridecan-1-ol
29118-24-9	→Trans-1,3,3,3-Tetrafluorpropen
29797-40-8	→Dichlormethylbenzol (Isomerengemisch, ringsubstituiert)
30899-19-5	→s. Pentanole (alle Isomere)
31565-23-8	→Di(tert-dodecyl)pentasulfid
34590-94-8	→(2-Methoxymethylethoxy)propanol (Isomerengemisch)
35074-77-2	→Hexamethylenbis(3-(3,5-di-tert-butyl-4-hydroxyphenyl) propionat)
35554-44-0	→1-(2-(Allyloxy)-2-(2,4-dichlorphenyl)ethyl)-1H-imidazol (Imazalil)
39380-78-4	→Chrom(III)sulfat, basisch
41484-35-9	→Thiodiethylenbis(3-(3,5di-tertbutyl-4hydroxyphenyl) propionat)
51260-39-0	→Propylencarbonat (4-Methyl-1,3-dioxolan-2-on)
54839-24-6	→2-Ethoxy-1-methylethylacetat
54849-38-6	→Triisooctyl-2,2′,2′′-((methylstannylidin)tris(thio))triacetat (s. Zinnverbindungen organische)
55326-87-9	→Indiumhydroxid
57583-35-4	→2-Ethylhexyl-10-ethyl-4,4-dimethyl-7-oxo-8-oxa-3,5-dithia-4-stannatetradecanoat (s. Zinnverbindungen organische)
59118-99-9	→Bis[methylzinndi(2-mercaptoethyloleat)]sulfid (s. Zinnverbindungen organische)
59231-34-4	→Isodecyloleat

CAS-Nummer	Bezeichnung
60676-86-0	→Kieselglas
61788-32-7	→Terphenyl, hydriert
61790-53-2	→Kieselgur, ungebrannt
64742-47-8	→Destillate (Erdöl), mit Wasserstoff behandelt leichte (C9–C14 Aliphaten)
66603-10-9	→N-Cyclohexylhydroxydiazen-1-oxid, Kaliumsalz
68359-37-5	→alpha-Cyan-4-fluor-3-phenoxybenzyl-3-(2,2-dichlorvinyl)-2,2-dimethylcyclopropancarboxylat (Cyfluthrin)
68425-15-0	→Polysulfide, Di-tert-dodecyl-
68583-56-2	→tert-Dodecanthiol, sulfuriert
68855-54-9	→Kieselgur, gebrannt
68649-12-7	→Polyalphaolefine
68937-41-7	→Phenol, isopropyliert, Phosphat (3:1)
69012-64-2	→Kieselrauch
70657-70-4	→2-Methoxypropylacetat
72623-83-7	Mineralöle (Erdöl), stark raffiniert
85535-85-9	→Chloralkane, C14-17 (Chlorierte Paraffine C14-17)
88377-66-6	→Tetradecylammoniumbis (1-(5-chlor-2-oxidophenylazo)-2-naphtholato) chromat(1-)
92045-44-8	→Mineralöle (Erdöl), stark raffiniert
92045-45-9	→Mineralöle (Erdöl), stark raffiniert
92062-35-6	→Mineralöle (Erdöl), stark raffiniert
94624-12-1	→s. Pentanole (alle Isomere)
116230-20-7	→2-(2-(2-Hydroxyethoxy)-ethyl)-2-aza-bicyclo[2.2.1] heptan

TRGS 903 – Biologische Grenzwerte (BGW)

Ausgabe Februar 2013*)/Letzte Änderung März 2020

Inhalt

1 Begriffsbestimmungen und Erläuterungen

1.1 Biologischer Grenzwert

(1) Diese TRGS enthält biologische Grenzwerte nach § 2 Absatz 9 Gefahrstoffverordnung (GefStoffV).

(2) Bei den in dieser TRGS enthaltenen, vom BMAS nach Beratung durch den AGS bekannt gemachten Werten werden Vorschläge folgender Institutionen berücksichtigt:

1. Senatskommission zur Prüfung gesundheitsschädlicher Arbeitsstoffe der Deutschen Forschungsgemeinschaft (DFG)

Die von der DFG-Kommission vorgeschlagenen Werte sind in ihrer aktuellen Mitteilung veröffentlicht[1]. Die zugehörigen Begründungen werden ebenfalls fortlaufend veröffentlicht[2]. Die Biologischen Arbeitsstoff-Toleranz-Werte (BAT) der DFG-Kommission dienen dem AGS als Grundlage für die biologischen Grenzwerte (BGW).

2. Europäische Union (EU)

Die biologischen Grenzwerte der EU sind in den entsprechenden Richtlinien enthalten[3].

---

*) Mit der Neufassung erfolgte insbesondere die Umstellung auf das „Mittelwertkonzept". Die Stoffliste ist noch nicht ganz vollständig, da noch nicht alle Werte entsprechend überprüft sind. Stoffe, für die BGW in Arbeit bzw. in Vorbereitung sind, siehe Bearbeitungsliste unter http://www.baua.de/de/Themen-von-A-Z/Gefahrstoffe/TRGS/TRGS-903.html.

[1] Mitteilungen der Senatskommission zur Prüfung gesundheitsschädlicher Arbeitsstoffe der Deutschen Forschungsgemeinschaft, zu beziehen bei Wiley-VCH Verlag GmbH; D-69451 Weinheim (http://onlinelibrary.wiley.com/book/10.1002/9783527666027).

[2] Arbeitsmedizinisch-toxikologische Begründungen für BAT-Werte, zu beziehen bei Wiley-VCH Verlag GmbH, D-69451 Weinheim (http://onlinelibrary.wiley.com/book/10.1002/3527600418/).

[3] Anhang II der RL 98/24/EG, ABl. EG Nr. L 131, S. 22 (http://eur-lex.europa.eu/Lex UriServ/LexUriServ.do?uri=OJ:L:1998:131:0011:0023:DE:PDF).

(3) Der biologische Grenzwert (BGW) ist der Grenzwert für die toxikologisch-arbeitsmedizinisch abgeleitete Konzentration eines Stoffes, seines Metaboliten oder eines Beanspruchungsindikators im entsprechenden biologischen Material. Er gibt an, bis zu welcher Konzentration die Gesundheit von Beschäftigten im Allgemeinen nicht beeinträchtigt wird (§ 2 Absatz 8 GefStoffV).

(4) Biologische Grenzwerte sind als mittlere Werte für gesunde Einzelpersonen konzipiert. Bei mehreren Untersuchungen einer Person darf die mittlere Konzentration des Parameters den BGW nicht überschreiten; Messwerte oberhalb des BGW müssen arbeitsmedizinisch-toxikologisch bewertet werden. Aus einer alleinigen Überschreitung des BGW kann nicht notwendigerweise eine gesundheitliche Beeinträchtigung abgeleitet werden.

(5) Abweichend von Absatz 4 werden für Stoffe mit akut toxischen Effekten die biologischen Grenzwerte als Höchstwerte festgelegt, deren Überschreitung zu keinem Zeitpunkt toleriert werden darf. Hinweise zur akuten Toxizität finden sich in den einzelnen Stoffbegründungen. Weiterhin werden Stoffe, deren BGW auf eine akute Toxizität abzielt, in der Liste der biologischen Grenzwerte mit einer entsprechenden Fußnote gekennzeichnet („Ableitung des BGW als Höchstwert wegen akut toxischer Effekte").

(6) Biologische Grenzwerte werden unter Berücksichtigung der Wirkungscharakteristika der Stoffe in der Regel für Blut und/oder Urin aufgestellt. Maßgebend sind dabei arbeitsmedizinisch-toxikologisch fundierte Kriterien des Gesundheitsschutzes. Biologische Grenzwerte gelten in der Regel für eine Belastung mit Einzelstoffen.

(7) Biologische Grenzwerte können als Konzentrationen, Bildungs- oder Ausscheidungsraten (Menge/Zeiteinheit) definiert sein. Wie bei den Arbeitsplatzgrenzwerten (AGW) wird in der Regel eine Stoffbelastung von maximal acht Stunden täglich und 40 Stunden wöchentlich zugrunde gelegt.

(8) Allergische Erscheinungen können nach Sensibilisierung, z. B. der Haut oder der Atemwege, je nach persönlicher Disposition unterschiedlich schnell und stark durch Stoffe verschiedener Art ausgelöst werden. Die Einhaltung des biologischen Grenzwertes gibt keine Sicherheit gegen das Auftreten derartiger Reaktionen.

1.2 Verbindliche biologische Grenzwerte der EU

(1) Verbindliche biologische Grenzwerte der EU sind auf EU-Ebene aufgestellte Mindeststandards; die Mitgliedsstaaten sind verpflichtet, entsprechende nationale biologische Grenzwerte aufzustellen, die den EU-Grenzwert nicht übersteigen dürfen.

(2) Sofern kein niedrigerer nationaler BGW festgelegt ist, ist der verbindliche biologische Grenzwert der EU zur Beurteilung heranzuziehen.

2 Anwendung von biologischen Grenzwerten

2.1 Zusammenhänge zwischen Arbeitsplatzgrenzwerten und biologischen Grenzwerten

Unter laborexperimentellen Bedingungen bestehen bei inhalativer Aufnahme im Fließgleichgewicht eines Stoffes mit Funktionen der Pharmakokinetik formulierbare Beziehungen zwischen den biologischen Grenzwerten und Arbeitsplatzgrenzwerten. Aufgrund der am Arbeitsplatz bestehenden Randbedingungen sind jedoch im konkreten Fall aus dem stoffspezifischen biologischen Wert nicht ohne weiteres Rückschlüsse auf die bestehende Stoffkonzentration in der Arbeitsplatzluft zulässig. Dementsprechend entbindet die Einhaltung von biologischen Grenzwerten nicht von einer Überwachung der Stoffkonzentration in der Luft. Dies gilt insbesondere für lokal reizende und ätzende Stoffe.

2.2 Hinweise zur Überwachung und zur Beurteilung von Untersuchungsdaten

(1) Biologische Grenzwerte dienen insbesondere im Rahmen spezieller ärztlicher Vorsorgeuntersuchungen dem Schutz der Gesundheit am Arbeitsplatz. Sie geben eine Grundlage für die Beurteilung der Bedenklichkeit oder Unbedenklichkeit vom Organismus aufgenommener Stoffmengen ab. Neben den sonstigen ärztlichen Befunden sind dabei insbesondere zu berücksichtigen

1. die Dynamik pathophysiologischer Vorgänge,
2. kurzfristig der Einfluss von Erholungszeiten,
3. langfristig der Einfluss von Alterungsvorgängen,
4. die speziellen Arbeitsplatzverhältnisse.

(2) Der durch die Aufstellung von biologischen Grenzwerten erstrebte individuelle Gesundheitsschutz kann durch die periodische, quantitative Bestimmung der Stoffe bzw. ihrer Stoffwechselprodukte in biologischem Material oder biologischer Parameter überwacht werden. Die dabei verwendeten Untersuchungsmethoden sollten für die Beantwortung der anstehenden Frage diagnostisch hinreichend spezifisch und empfindlich, für den Beschäftigten zumutbar und für den Arzt praktikabel sein. Der Zeitpunkt der Probengewinnung ist so zu planen, dass diese den Expositionsverhältnissen am Arbeitsplatz sowie dem pharmakokinetischen Verhalten des jeweiligen Stoffes gerecht wird („Messstrategie"). In der Regel wird insbesondere bei kumulierenden Stoffen eine Probengewinnung am Ende eines Arbeitstages nach einer längeren Arbeitsperiode (Arbeitswoche) dieser Forderung Rechnung tragen.

(3) Bei der Anwendung der Analysenmethoden ist eine Qualitätssicherung[4] zu beachten. Auf die von der Arbeitsgruppe „Analytische Chemie“ der DFG-Kommission zusammengestellte Sammlung von Analysemethoden wird hingewiesen[5].

(4) Die Beurteilung der Ergebnisse von Analysen in biologischem Material soll nach den Empfehlungen des Ausschusses für Arbeitsmedizin (AfAMed) erfolgen und muss grundsätzlich dem Arzt vorbehalten bleiben. Im Übrigen gilt insbesondere die Verordnung zur arbeitsmedizinischen Vorsorge (ArbMedVV). Bei der Bewertung der Messergebnisse durch den Arzt müssen auch solche Befunde Beachtung finden, die zwar den biologischen Grenzwert noch unterschreiten, aber oberhalb einer für die Allgemeinbevölkerung geltenden Hintergrundbelastung liegen. Hieraus können im Einzelfall unter Umständen nicht nur individuelle Besonderheiten abgeleitet werden, sondern es können sich auch wichtige Hinweise auf Gefährdungen am Arbeitsplatz ergeben.

3 Liste der biologischen Grenzwerte

Abkürzungen und Symbole

Untersuchungsmaterial:

B = Vollblut
B_E = Erythrozytenfraktion des Vollblutes
P/S = Plasma/Serum
U = Urin

Probennahmezeitpunkt:

a) keine Beschränkung
b) Expositionsende, bzw. Schichtende
c) bei Langzeitexposition: am Schichtende nach mehreren vorangegangenen Schichten
d) vor nachfolgender Schicht
e) nach Expositionsende: Stunden
f) nach mindestens drei Monaten Exposition
g) unmittelbar nach Exposition
h) vor der letzten Schicht einer Arbeitswoche

Redaktioneller Hinweis:
Die folgende Liste ist um die Spalte „Festlegung/Begründung“ des Originals reduziert.

4) AMR 6.2 „Biomonitoring“

5) DFG-Senatskommission zur Prüfung gesundheitsschädlicher Arbeitsstoffe. Band 2: Analysen im biologischen Material. Loseblattwerk; WILEY-VCH, Weinheim

Arbeitsstoff [CAS-Nummer]	Parameter	BGW	Untersuchungsmaterial	Probenahmezeitpunkt
Aceton [67-64-1]	Aceton	80 mg/l	U	b
Acetylcholinesterase-Hemmer	Acetylcholinesterase	Reduktion der Aktivität auf 70 % des Bezugswertes [6)]	B_E	b, c
Aluminium [7429-90-5]	Aluminium	50 µg/g Kreatinin	U	c
Anilin [62-53-3]	Anilin (nach Hydrolyse)	500 µg/L	U	b, c
Blei [7439-92-1]	Blei	400 µg/l 300 µg/l (Frauen <45 J.) [7)]	B	a
Butan-1-ol(1-Butanol) [71-36-3]	Butan-1-ol (1-Butanol) (nach Hydrolyse)	2 mg/g Kreatinin	U	d
	Butan-1-ol (1-Butanol) (nach Hydrolyse)	10 mg/g Kreatinin	U	b
2-Butanon (Methylethylketon) [78-93-3]	2-Butanon	2 mg/l	U	b
2-Butoxyethanol [111-76-2]	Butoxyessigsäure (nach Hydrolyse)	150 mg/g Kreatinin	U	b, c
2-Butoxyethylacetat [112-07-2]	Butoxyessigsäure (nach Hydrolyse)	150 mg/g Kreatinin	U	b, c
4-tert-Butylphenol (p-tert-Butylphenol) (ptBP) [98-54-4]	4-tert-Butylphenol (p-tert-Butylphenol) (nach Hydrolyse)	2 mg/l	U	b
Chlorbenzol [108-90-7]	4-Chlorkatechol (nach Hydrolyse)	80 mg/g Kreatinin	U	b
Chlorierte Biphenyle (Gesamt-PCB) [1336-36-3]	Σ PCB 28, PCB 52, PCB 101, PCB 138, PCB 153, PCB 180	15 µg/l [11)]	P	a
Cumol (Iso-Propylbenzol) [98-82-8]	2-Phenyl-2-propanol (nach Hydrolyse)	10 mg/g Kreatinin	U	b
Cyclohexan [110-82-7]	1,2-Cyclohexandiol (nach Hydrolyse)	150 mg/g Kreatinin	U	c, b

Arbeitsstoff [CAS-Nummer]	**Parameter**	**BGW**	**Untersuchungsmaterial**	**Probenahmezeitpunkt**
1,2-Dichlorbenzol [95-50-1]	1,2-Dichlorbenzol	140 µg/l	B	g
	3,4- und 4,5-Dichlorkatechol (nach Hydrolyse)	150 mg/g Kreatinin	U	c, b
Dichlormethan [75-09-2]	Dichlormethan	500 µg/L	B	g
N,N-Dimethylacetamid [127-19-5]	N-Methylacetamid plus N-Hydroxymethyl-N-methylacetamid	30 mg/g Kreatinin	U	c, b
N,N-Dimethylformamid (Dimethylformamid) [68-12-2]	N-Methylformamid plus N-Hydroxymethyl-N-methylformamid	20 mg/l	U	b
	N-Acetyl-S-(methylcarbamoyl)-L-cystein	25 mg/g Kreatinin	U	b, c
1,4-Dioxan [123-91-1]	2-Hydroxyethoxyessigsäure	400 mg/g Kreatinin	U	b
2-Ethoxyethanol [110-80-5]	Ethoxyessigsäure	50 mg/l	U	c
2-Ethoxyethylacetat [111-15-9]	Ethoxyessigsäure	50 mg/l	U	c
Ethylbenzol [100-41-4]	Mandelsäure plus Phenylglyoxylsäure	250 mg/g Kreatinin	U	b
Halothan (2-Brom-2-chlor-1,1,1-trifluorethan) [151-67-7]	Trifluoressigsäure	2,5 mg/l	B	b, c
Heptadecafluoroctan-1-sulfonsäure (Perfluoroctansulfonsäure) und ihre Salze [1763-23-1]	Heptadecafluoroctan-1-sulfonsäure (Perfluoroctansulfonsäure)	15 mg/l	S	a
Hexachlorbenzol [118-74-1]	Hexachlorbenzol	150 µg/l	P/S	a
Hexamethylendiisocyanat [822-06-0]	Hexamethylendiamin (nach Hydrolyse)	15 µg/g Kreatinin	U	b
Hexan (n-Hexan) [110-54-3]	2,5-Hexandion plus 4,5-Dihydroxy-2-hexanon (nach Hydrolyse)	5 mg/l	U	b

Arbeitsstoff [CAS-Nummer]	Parameter	BGW	Untersuchungsmaterial	Probenahmezeitpunkt
Hexan-2-on (2-Hexanon, Methyl-n-butylketon) [591-78-6]	2,5-Hexandion plus 4,5-Dihydroxy-2-hexanon (nach Hydrolyse)	5 mg/l	U	b
Hydrogenfluorid (Fluorwasserstoff) und anorganische Fluorverbindungen (Fluoride) [7664-39-3]	Fluorid	7,0 mg/g Kreatinin	U	b
		4,0 mg/g Kreatinin	U	d
Kohlenstoffdisulfid (Schwefelkohlenstoff; Kohlendisulfid) [75-15-0]	2-Thiothiazolidin-4-carboxylsäure (TTCA)	4 mg/g Kreatinin [6)]	U	b
Kohlenstoffmonoxid (Kohlenmonoxid) [630-08-0]	CO-Hb	5% [6), 9)]	B	b
Kohlenstofftetrachlorid (Tetrachlormethan; Tetrachlorkohlenstoff) [56-23-5]	Kohlenstofftetrachlorid (Tetrachlormethan)	3,5 µg/l	B	c, b
Lindan (γ-1,2,3,4,5,6-Hexachlorcyclohexan) [58-89-9]	Lindan	25 µg/l	P/S	b
Methanol [67-56-1]	Methanol	15 mg/l	U	b, c
2-Methoxyethanol [109-86-4]	Methoxyessigsäure	15 mg/g Kreatinin	U	b
2-Methoxyethylacetat [110-49-6]	Methoxyessigsäure	15 mg/g Kreatinin	U	b
1-Methoxypropan-2-ol [107-98-2]	1-Methoxypropan-2-ol	15 mg/l	U	b
4-Methylpentan-2-on [108-10-1]	4-Methylpentan-2-on	0,7 mg/l	U	b
N-Methyl-2-pyrrolidon [872-50-4]	5-Hydroxy-N-methyl-2-pyrrolidon	150 mg/l	U	b
Parathion [56-38-2]	p-Nitrophenol (nach Hydrolyse)	500 µg/l	U	c
	Acetylcholinesterase	Reduktion der Aktivität auf 70 % des Bezugswertes [6)]	B_E	c

Arbeitsstoff [CAS-Nummer]	Parameter	BGW	Untersuchungsmaterial	Probenahmezeitpunkt
Pentadecafluoroctansäure (Perfluoroctansäure) und ihre anorganischen Salze [335-67-1]	Pentadecafluoroctansäure (Perfluoroctansäure)	5 mg/l	S	a
Phenol [108-95-2]	Phenol (nach Hydrolyse)	120 mg/g Kreatinin	U	b
Propan-2-ol [67-63-0]	Aceton	25 mg/l	B	b
	Aceton	25 mg/l	U	b
Propylenoxid (1,2-Epoxypropan) [75-56-9]	N-(2-Hydroxypropyl) valin	2500 pmol/g Globin	B_E	f
Quecksilber, metallisches und seine anorganischen Verbindungen [7439-97-6]	Quecksilber	25 µg/g Kreatinin [8)]	U	a
Styrol [100-42-5]	Mandelsäure plus Phenylglyoxylsäure	600 mg/g Kreatinin	U	c, b
Tetrachlorethylen (Tetrachlorethen) [127-18-4]	Tetrachlorethylen (Tetrachlorethen)	200 µg/l	B	e (16h)
Tetraethylblei (Bleitetraethyl) [78-00-2]	Diethylblei	25 µg/l, als Pb berechnet	U	b
	Gesamtblei (gilt auch für Gemische mit Tetramethylblei)	50 µg/l	U	b
Tetrahydrofuran [109-99-9]	Tetrahydrofuran	2 mg/l	U	b
Tetramethylblei (Bleitetramethyl) [75-74-1]	Gesamtblei	50 µg/l	U	b
Toluol [108-88-3]	Toluol	600 µg/l	B	g
		75 µg/l	U	b
	o-Kresol (nach Hydrolyse)	1,5 mg/l	U	b, c
1,1,1-Trichlorethan (Methylchloroform) [71-55-6]	1,1,1-Trichlorethan	275 µg/l	B	[10)]

Arbeitsstoff [CAS-Nummer]	**Parameter**	**BGW**	**Untersuchungsmaterial**	**Probenahmezeitpunkt**
Trimethylbenzol (alle Isomeren): 1,2,3-Trimethylbenzol [526-73-8] 1,2,4-Trimethylbenzol [95-63-6] Mesitylen (1,3,5-Trimethylbenzol) [108-67-8]	Dimethylbenzoesäuren (Summe aller Isomeren nach Hydrolyse)	400 mg/g Kreatinin	U	c, b
Vitamin K-Antagonisten	Quick-Wert	Reduktion auf nicht weniger als 70 %[6)]	B	a
Xylol (alle Isomere) [1330-20-7]	Methylhippur-(Tolur-) säure (alle Isomere)	2000 mg/l	U	b

6) Ableitung des BGW als Höchstwert wegen akut toxischer Effekte

7) Beibehaltung des bisherigen BGW als Umsetzung der RL 98/24/EG, Neufestsetzung in Vorbereitung

8) 30 µg/l Urin

9) Gesonderte Bewertung für Raucher

10) vor nachfolgender Schicht, nach mehreren vorangegangenen Schichten

11) Hinweis: Bis zu einer Konzentration von 3,5 µg PCB-Indikatorkongenere/L Plasma ist eine fruchtschädigende Wirkung nicht anzunehmen

4 Verzeichnis der CAS-Nummern

CAS-Nummer	Bezeichnung
56-23-5	→ Kohlenstofftetrachlorid (Tetrachlormethan; Tetrachlorkohlenstoff)
56-38-2	→ Parathion
58-89-9	→ Lindan (γ-1,2,3,4,5,6-Hexachlorcyclohexan)
62-53-3	→ Anilin
67-56-1	→ Methanol
67-63-0	→ Propan-2-ol
67-64-1	→ Aceton
68-12-2	→ N,N-Dimethylformamid
71-36-3	→ Butanol-1-ol
71-55-6	→ 1,1,1-Trichlorethan (Methylchloroform)
75-09-2	→ Dichlormethan
75-15-0	→ Kohlenstoffdisulfid (Schwefelkohlenstoff; Kohlendisulfid)
75-56-9	→ 1,2-Epoxypropan (Propylenoxid)
75-74-1	→ Tetramethylblei (Bleitetramethyl)
78-00-2	→ Tetraethylblei (Bleitetraethyl)
78-93-3	→ 2-Butanon (Methylethylketon)
95-50-1	→ 1,2-Dichlorbenzol
95-63-6	→ 1,2,4-Trimethylbenzol
98-54-4	→ p-tert-Butylphenol (PTBP)
98-82-8	→ Cumol (Iso-Propylbenzol)
100-41-4	→ Ethylbenzol
100-42-5	→ Styrol
107-98-2	→ 1-Methoxypropan-2-ol
108-10-1	→ 4-Methylpentan-2-on (Methylisobutylketon
108-67-8	→ Mesitylen (1,3,5-Trimethylbenzol)
108-88-3	→ Toluol
108-90-7	→ Chlorbenzol
108-95-2	→ Phenol
109-86-4	→ 2-Methoxyethanol
109-99-9	→ Tetrahydrofuran
110-49-6	→ 2-Methoxyethylacetat
110-54-3	→ Hexan (n-Hexan)
110-80-5	→ 2-Ethoxyethanol
110-82-7	→ Cyclohexan
111-15-9	→ 2-Ethoxyethylacetat
111-76-2	→ 2-Butoxyethanol
112-07-2	→ 2-Butoxyethylacetat
118-74-1	→ Hexachlorbenzol
123-91-1	→ 1,4-Dioxan
127-18-4	→ Tetrachlorethylen (Tetrachlorethen)
127-19-5	→ N,N-Dimethylacetamid
151-67-7	→ Halothan (2-Brom-2-chlor-1,1,1-trifluorethan)
335-67-1	→ Pentadecafluoroctansäure (Perfluoroctansäure und ihre anorganischen Salze)
526-73-8	→ 1,2,3-Trimethylbenzol
591-78-6	→ Hexanon-2-on (Methyl-n-butylketon)
630-08-0	→ Kohlenstoffmonoxid (Kohlenmonoxid)
822-06-0	→ Hexamethylendiisocyanat
872-50-4	→ N-Methyl-2-pyrrolidon
1330-20-7	→ Xylol (alle Isomeren)
1336-36-3	→ Chlorierte Biphenyle (Gesamt-PCB)
1763-23-1	→ Heptadecafluoroctan-1-sulfonsäure (Perfluoroctansulfonsäure) und ihre Salze
7429-90-5	→ Aluminium
7439-92-1	→ Blei
7439-97-6	→ Quecksilber, metallisches und seine anorganischen Verbindungen
7664-39-3	→ Hydrogenfluorid (Fluorwasserstoff) und anorganische Fluorverbindungen (Fluoride)

TRGS 905 – Verzeichnis krebserzeugender, keimzellmutagener oder reproduktionstoxischer Stoffe

Ausgabe März 2016*)/Letzte Änderung März 2020

Inhalt

1 Hinweise auf Vorschriften der Gefahrstoffverordnung

(1) Diese TRGS enthält ein Verzeichnis von Stoffen, die auf der Grundlage gesicherter wissenschaftlicher Erkenntnisse gemäß § 2 Absatz 3 Nr. 3 GefStoffV als krebserzeugend, keimzellmutagen oder reproduktionstoxisch der Kategorien 1A, 1B oder 2 entsprechend den Kriterien des Anhangs I der Verordnung (EG) Nr. 1272/2008 (CLP-Verordnung) eingestuft wurden. Die TRGS 905 führt Stoffe auf, die nicht im Anhang VI Teil 3 Tabelle 3.1 der CLP-Verordnung genannt sind, sowie Stoffe, für die der AGS eine von der CLP-Verordnung abweichende Einstufung beschlossen hat.

(2) Ergänzende Schutzmaßnahmen bei Tätigkeiten mit krebserzeugenden, keimzellmutagenen und reproduktionstoxischen Gefahrstoffen der Kategorie 1A oder 1B sind im § 10 GefStoffV festgelegt.

(3) Im Abschnitt 15 des Sicherheitsdatenblattes im zu den in der Liste nach Nummer 3 genannten Stoffen oder deren Gemische oder Gemische mit in der Liste nach Nummer 4 genannten Stoffen ist nach § 5 Absatz 2 GefStoffV auf die entsprechende Wirkung dieser Stoffe hinzuweisen.

(4) Für Tätigkeiten mit krebserzeugenden, keimzellmutagen und reproduktionstoxischen Gefahrstoffen gelten die Beschäftigungsbeschränkungen nach Mutterschutzgesetz bzw. Jugendarbeitsschutzgesetz.

---

*) Hinweis zu Anpassungen:
Die Texte wurden weiter an die CLP-VO und GefStoffV angepasst.
Die Liste wurde nach CLP-VO bereinigt bzw. angepasst. Ergänzt wurde wieder „Arsenige Säure“ – in CLP-VO ist nur Arsensäure eingestuft.

2 Besondere Stoffgruppen

2.1 Krebserzeugende Arzneistoffe

Von krebserzeugenden Eigenschaften der Kategorien 1A und 1B ist bei therapeutischen Substanzen auszugehen, denen ein gentoxischer Wirkungsmechanismus zugrunde liegt. Erfahrungen in der Therapie mit alkylierenden Zytostatika wie Cyclophosphamid, Ethylenimin, Chlornaphazin sowie mit arsen- und teerhaltigen Salben, die über lange Zeit angewendet worden sind, bestätigen dies insofern, als bei so behandelten Patienten später Tumorneubildungen beschrieben worden sind.

2.2 Passivrauchen am Arbeitsplatz

Passivrauchen wurde nach den Kriterien der GefStoffV in Verbindung mit den dort in Bezug genommenen Richtlinien der EG bewertet, die Begründung ist als Bekanntmachung des AGS zugänglich unter *www.baua.de/de/Themen-von-A-Z/Gefahrstoffe/TRGS/Begruendungen-905-906.html*. Maßnahmen zum Schutz der Beschäftigten am Arbeitsplatz werden durch das Arbeitsschutzgesetz und die Arbeitsstättenverordnung geregelt.

2.3 Anorganische Faserstäube (außer Asbest)

(1) Dieser Abschnitt gilt für anorganische Fasern (ausgenommen Asbest) mit einer Länge >5 µm, einem Durchmesser <3 µm und einem Länge-zu-Durchmesser-Verhältnis von > 3:1 (WHO-Fasern).

(2) Die Bewertung der WHO-Fasern erfolgt nach den Kategorien für krebserzeugende Stoffe in Anhang I der CLP-Verordnung und für glasige Fasern zusätzlich auf der Grundlage des Kanzerogenitätsindexes KI[1)], der sich für die jeweils zu bewertenden WHO-Fasern aus der Differenz zwischen der Summe der Massengehalte (in v.H.) der Oxide von Natrium,

---

[1)] Die Nutzung des Kanzerogenitätsindexes KI zur Einstufung von WHO-Fasern als krebserzeugend kann dazu führen, dass WHO-Fasern mit einem KI kleiner 40 als krebserzeugend eingestuft werden, obwohl ein Kanzerogenitätsversuch nach Absatz 3 oder die Bestimmung der in-vivo-Biobeständigkeit nach Absatz 4 nicht zu einer Einstufung als krebserzeugend führen. Das bedeutet, dass WHO-Fasern, für die lediglich ein KI Index unter 40 vorliegt, vorsorglich als krebserzeugend einzustufen sind, obwohl weitere Prüfungen diese Einstufung widerlegen könnten.
Der KI ist jedoch ein preiswerter Test, mit dem alte Wollen, die vor 1996 eingebaut wurden, im Zweifelsfalle auf Kanzerogenität untersucht werden können. Alte Wollen mit WHO-Fasern, die einen KI größer 40 aufweisen, können aufgrund des KI-Indexes als nicht krebserzeugend eingestuft werden. Für die Beurteilung alter Mineralwolle und die Festlegung von Schutzmaßnahmen im Rahmen von Abbruch-, Sanierungs- und Instandhaltungsarbeiten ist die TRGS 521 heranzuziehen.

Kalium, Bor, Calcium, Magnesium, Barium und dem doppelten Massengehalt (in v.H.) von Aluminiumoxid ergibt.

$$KI = \Sigma \text{ Na,K,B,Ca,Mg,Ba-Oxide} - 2 \times \text{Al-Oxid}$$

1. Glasige WHO-Fasern mit einem Kanzerogenitätsindex $KI \leq 30$ werden in die Kategorie 1B eingestuft.
2. Glasige WHO-Fasern mit einem Kanzerogenitätsindex $KI > 30$ und < 40 werden in die Kategorie 2 eingestuft.
3. Für glasige WHO-Fasern erfolgt keine Einstufung als krebserzeugend, wenn deren Kanzerogenitätsindex $KI \geq 40$ beträgt.

(3) Die Einstufung von WHO-Fasern kann durch einen Kanzerogenitätsversuch mit intraperitonealer Applikation, vorzugsweise mit Faserstäuben in einer arbeitsplatztypischen Größenverteilung, vorgenommen werden.

1. Wird für WHO-Fasern in einem Kanzerogenitätsversuch nach Satz 1 mit einer Dosis von 1×10^9 WHO-Fasern eine krebserzeugende Wirkung beobachtet, erfolgt eine Einstufung in Kategorie 1B. Dagegen erfolgt eine Einstufung in Kategorie 2, wenn in diesem Kanzerogenitätsversuch keine krebserzeugende Wirkung beobachtet wurde.
2. In letzterem Fall empfiehlt es sich, zusätzlich einen Kanzerogenitätsversuch nach Satz 1 mit einer Dosis von 5×10^9 WHO-Fasern durchzuführen. Wird bei dieser Dosis eine krebserzeugende Wirkung der Faserstäube nachgewiesen, wird die Einstufung in Kategorie 2 beibehalten. Dagegen erfolgt keine Einstufung der WHO-Fasern, wenn in diesem Kanzerogenitätsversuch keine krebserzeugende Wirkung beobachtet wurde.

(4) Die Einstufung von WHO-Fasern kann auch durch Bestimmung der in vivo-Biobeständigkeit erfolgen. Danach erfolgt eine Einstufung in die Kategorie 2 der krebserzeugenden Stoffe, wenn für WHO-Fasern nach intratrachealer Instillation von $4 \times 0{,}5$ mg Fasern in einer Suspension eine Halbwertzeit von mehr als 40 Tagen ermittelt wurde. Die WHO-Fraktion der instillierten Faserprobe sollte einen mittleren geometrischen Durchmesser von 0,6 µm oder mehr aufweisen. Faserproben mit kleinerem Durchmesser können geprüft werden, falls dies mit dem geringeren Durchmesser des Ausgangsmaterials begründet werden kann. Die Halbwertzeit sollte mit der nichtlinearen exponentiellen Regression gemäß ECB/TM27 rev. 7 berechnet werden. Falls nach den dort genannten Kriterien eine biphasige Eliminationskinetik zur Beschreibung der Retentionsdaten erforderlich ist, ist die Halbwertzeit der langsamen Eliminationsphase zur Bewertung heranzuziehen. Kriterien für die Einstufung in die Kategorie 1B liegen nicht vor.

(5) WHO-Fasern aus Erionit sind in die Kategorie 1A einzustufen.

(6) Folgende Typen von WHO-Fasern, für die positive Befunde aus Tierversuchen (inhalativ, intratracheal, intrapleural, intraperitoneal) vorliegen, werden derzeit in die Kategorie 1B eingestuft:

1. Attapulgit,
2. Dawsonit,
3. künstlich hergestellte anorganische einkristalline Fasern (Whisker) aus:
   a) Aluminiumoxid,
   b) Siliziumkarbid,
   c) Kaliumtitanaten.

(7) Alle anderen anorganischen Typen von WHO-Fasern werden in die Kategorie 2 eingestuft, wenn die vorliegenden tierexperimentellen Ergebnisse (einschließlich Daten zur Biobeständigkeit) für eine Einstufung in die Kategorie 1B nicht ausreichen. Dies betrifft derzeit folgende:

1. Halloysit,
2. Magnesiumoxidsulfat,
3. Nemalith,
4. Sepiolith,
5. anorganische Faserstäube, soweit nicht erwähnt (ausgenommen Gipsfasern und Wollastonitfasern).

(8) Folgende Typen von WHO-Fasern sind derzeit nicht einzustufen:

1. Gipsfasern,
2. Wollastonitfasern.

3 Verzeichnis krebserzeugender, keimzellmutagener oder reproduktionstoxischer Stoffe

(1) Das Verzeichnis enthält

1. Stoffe, die auf der Grundlage gesicherter wissenschaftlicher Erkenntnisse als krebserzeugend, keimzellmutagen oder fortpflanzungsgefährdend der Kategorien 1A, 1B oder 2 entsprechend den Kriterien des Anhangs I der CLP-Verordnung eingestuft wurden, und die in Anhang VI Teil 3 Tabelle 3.1 der CLP-Verordnung noch nicht aufgeführt sind.
2. Stoffe die auf der Grundlage gesicherter wissenschaftlicher Erkenntnisse als krebserzeugend, keimzellmutagen oder reproduktionstoxisch der Kategorien 1A, 1B oder 2 entsprechend den Kriterien des Anhangs I der CLP-Verordnung eingestuft wurden, für die aber in Anhang VI Teil 3 Tabelle 3.1 der CLP-Verordnung abweichende Einstufungen aufgeführt sind.

(2) Das nachfolgende Verzeichnis ist eine nationale Ergänzung zu Anhang VI Teil 3 Tabelle 3.1 der CLP-Verordnung; beide Listen sind zu be-

achten. Die in dieser TRGS enthaltenen nationalen Bewertungen durch den AGS erfolgen zum Schutz der Beschäftigten am Arbeitsplatz, so dass der Arbeitgeber die erforderlichen Maßnahmen treffen kann. Zur Information der Arbeitgeber dient die Aufnahme entsprechender Hinweise in das Sicherheitsdatenblatt nach Artikel 31 in Verbindung mit Anhang II der Verordnung (EG) Nr. 1907/2006 des Europäischen Parlaments und des Rates (REACH) in Verbindung mit § 5 GefStoffV.

(3) Die Einträge in den Spalten bedeuten:

K	krebserzeugend
M	keimzellmutagen
R_F	reproduktionstoxisch: fruchtbarkeitsgefährdend (kann Fruchtbarkeit beeinträchtigen)
R_D	reproduktionstoxisch: entwicklungsschädigend (Kann das Kind im Mutterleib schädigen)
1A, 1B, 2	Kategorien nach Anhang I der CLP-Verordnung
–	aufgrund der bei der Bewertung vorliegenden Daten konnte eine Zuordnung zu den Kategorien nach Anhang I der CLP-Verordnung nicht vorgenommen werden
H	hautresorptiv
a	Abweichung von CLP-Verordnung (CLP-VO) (in Spalte aufgeführt werden nur die dortigen CMR-Bewertungen)
b	Begründungen zur Bewertung dieser Stoffe wurden vom AGS erarbeitet und sind zugänglich als Bekanntmachungen des AGS unter *www.baua.de/de/Themen-von-A-Z/Gefahrstoffe/TRGS/Begruendungen-905-906.html*
c	Es besteht die Möglichkeit, dass ein unter diesen Eintrag fallender Stoff nicht bioverfügbar und in diesem Fall nicht als krebserzeugend, keimzellmutagen oder reproduktionstoxisch einzustufen ist. Entsprechende Fälle können mit einer aussagekräftigen schriftlichen Begründung der Geschäftsstelle des AGS vorgelegt werden. Ergibt die Prüfung durch den Unterausschuss III des AGS, dass der Stoff nicht bioverfügbar ist, kann bei der Festlegung der Arbeitsschutzvorschriften von der in dieser TRGS erfolgten Bewertung bezüglich der Eigenschaften K, M, R_F und R_D abgewichen werden. In veröffentlichten Begründungen für die Einstufung von Stoffen in der TRGS 905 können Hinweise zur Bioverfügbarkeit enthalten sein.

Die TRGS 905 führt nur Stoffe auf, die durch andere Vorschriften nicht entsprechend geregelt sind.

Eine Gesamtliste aller als krebserzeugend, keimzellmutagen oder reproduktionstoxisch bewerteter Stoffe findet sich u.a. *http://www.dguv.de/ifa/fachinfos/kmr-liste/index.jsp*

Stoffidentität		Bewertung des AGS					Harmonisierte Einstufung
Bezeichnung	**EG-Nr. CAS-Nr.**	**K**	**M**	**R_F**	**R_D**	**Hinweise**	CLP-VO (Anhang VI Teil 3 Tabelle 3.2) (nur CMR)
1-Allyloxy-2,3-epoxypropan	203-442-4 106-92-3	1B	–	2	–	a, b	Carc. 2; H351 Muta. 2; H341 Repr. 2; H361f
Arsenige Säure	36465-76-6	1A				a	
Arzneistoffe, krebserzeugende; siehe Nummer 2.1							
Azofarbstoffe mit einer krebserzeugenden Aminkomponente) (Gemische von Azofarbstoffen mit einer krebserzeugenden Aminkomponente der Kategorie 1 oder 2 sind nach § 3 Absatz 2 GefStoffV und Nummer 4 der TRGS 905 entsprechend ihrem Gehalt an potenziell durch reduktive Azospaltung freisetzbarem krebserzeugenden Amin und dem Gehalt des Azofarbstoffes in der Gemisch als krebserzeugend einzustufen (H350)).							
1,2-Benzoldicarbonsäure, Di-C6-8-verzweigte Alkylester, C7-reich	276-158-1 71888-89-6	–	–	2	1B	a, b	Repr. 1B; H360D
1,2-Benzoldicarbonsäure, Di-C7-9-verzweigte und lineare Alkylester	271-083-0 68515-41-3	–	–	–	2	b	
1,2-Benzoldicarbonsäure, Di-C9-11-verzweigte und lineare Alkylester	271-085-1 68515-43-5	–	–	–	2	b	
2,2'-Bioxiran	215-979-1 1464-53-5	1B	1B	2	–	a, b, H	Carc. 1B; H350 Muta. 1B; H340
Salze von Biphenyl-3,3',4,4'-tetrayltetraamin		2					

Stoffidentität		Bewertung des AGS					**Harmonisierte Einstufung**
Bezeichnung	**EG-Nr.** **CAS-Nr.**	**K**	**M**	**R_F**	**R_D**	**Hinweise**	CLP-VO (Anhang VI Teil 3 Tabelle 3.2) (nur CMR)
1,3-Bis(2,3-epoxypropoxy)benzol	202-987-5 101-90-6	1B				a, H	Carc. 2; H351 Muta. 2; H341
1,2-Bis(2-methoxyethoxy)ethan	203-977-3 112-49-2	–	–	1B	1B	a, b	Repr. 1B; H360D Repr. 2; H361f
Bis(pentabromphenyl)ether	214-604-9 1163-19-5	2	–	–	–	b	
Bis(tributylzinn)oxid	200-268-0 56-35-9			1B	2	b	
2-Brom-2-chlor-1,1,1-trifluorethan	205-796-5 151-67-7			–	1B	b	
Bromethan	200-825-8 74-96-4	1B				a	Carc. 2; H351
Bromoform	200-854-6 75-25-2	2				a	
1,4-Butansulton	216-647-9 1633-83-6	2					
1-n-Butoxy-2,3-epoxypropan	219-376-4 2426-08-6	–	1B	–	–	H, a, b	Carc. 2; H351 Muta. 2; H341
1-tert-Butoxy-2,3-epoxypropan	231-640-0 7665-72-7	–	2	–	–	H, b	
Cadmium-Verbindungen (in Form atembarer Stäube/Aerosole), ausgenommen – die nachfolgend genannten sowie – die in Anhang VI Teil 3 der CLP-Verordnung namentlich aufgeführten, soweit sie „geringer eingestuft" sind		1B				a, c	
Cadmiumcyanid	208-829-1 542-83-6	1B				a, H	Carc. 2; H351
Cadmiumdiformiat	224-729-0 4464-23-7	1B				a	Carc. 2; H351
Cadmiumhexafluorosilicat(2-)	241-084-0 17010-21-8	1B				a	Carc. 2; H351

Stoffidentität		Bewertung des AGS					Harmonisierte Einstufung
Bezeichnung	**EG-Nr. CAS-Nr.**	**K**	**M**	**R_F**	**R_D**	**Hinweise**	CLP-VO (Anhang VI Teil 3 Tabelle 3.2) (nur CMR)
Cadmiumiodid	232-223-6 7790-80-9	1B				a	Carc. 2; H351
4,4'-Carbonimidoylbis(N,N-dimethylanilin)	207-762-5 492-80-8	1B	2	–	–	a, b	Carc. 2; H351
4,4'-Carbonimidoylbis(N,N-dimethylanilin)-Hydrochlorid	219-567-2 2465-27-2	1B	2	–	–	b	
Chlorfluormethan (R 31)	209-803-2 593-70-4	1B					
3-Chlor-2-methylpropen	209-251-2 563-47-3	2				a	
1-Chlor-2-nitrobenzol	201-854-9 88-73-3	2	–	2	–		
4-Chlor-o-toluidin s. auch Nummer 4	202-441-6 95-69-2	1A	2	–	–	a, H	Carc. 1B; H350 Muta. 2; H341
4-Chlor-o-toluidin-Hydrochlorid	221-627-8 3165-93-3	1A	2	–	–	a, H	Carc. 1B; H350 Muta. 2; H341
5-Chlor-o-toluidin	202-452-6 95-79-4	2					
α-Chlortoluol	202-853-6 100-44-7	1B	2	–	2	a, b	Carc. 1B; H350
α-Chlortoluole-Gemisch		1A				b	
Cobalt-Verbindungen (in Form atembarer Stäube/Aerosole), ausgenommen die in dieser Liste bzw. in Anhang VI Teil 3 der CLP-Verordnung namentlich aufgeführten Cobaltverbindungen, Cobalthaltigen Spinellen und organischen Cobalt-Sikkativen		2	–	–	–	b, c	
Cobalt-Metall (in Form atembarer Stäube/Aerosole)	231-158-0 7440-48-4	1B	–	–	–	a, b	
Cobaltoxid (in Form atembarer Stäube/Aerosole)	215-154-6 1307-96-6	2	–	–	–	a, b	
Cobaltsulfid in Form atembarer Stäube/Aerosole)	215-273-3 1317-42-6	2	–	–	–	a, b	

Stoffidentität		Bewertung des AGS					Harmonisierte Einstufung
Bezeichnung	**EG-Nr. CAS-Nr.**	**K**	**M**	**R_F**	**R_D**	**Hinweise**	CLP-VO (Anhang VI Teil 3 Tabelle 3.2) (nur CMR)
Dibutylphthalat (DBP)	201-557-4 84-74-2	–	–	1B	1B	a, b	Repr. 1B; H360D Repr. 2; H361f
Dichloracetylen	7572-29-4	1B				a	Carc. 2; H351
1,2-Dichlormethoxyethan	255-500-3 41683-62-9	–	2	–	–	b	
1,3-Dichlorpropen (cis- und trans-)	208-826-5 542-75-6	1B	2	–	–	a, H	
2,2-Dichlor-1,1,1-trifluorethan (R 123)	206-190-3 306-83-2	2	–	–	–	b	
Dicyclohexylnitrosamin (DCHNA)	 947-92-2	–	2	–	–	b	
1,1-Difluorethen (R 1132a)	200-867-7 75-38-7	2					
Diglycidylether	218-802-6 2238-07-5	2					
N,N-Dimethylacetamid	204-826-4 127-19-5			2	1B	a, b, H	Repr. 1B; H360D
Dimethylhydrogenphosphit	212-783-8 868-85-9	2					
Dinitronaphthaline (alle Isomeren)	248-484-4 27478-34-8	2					
C.I. Direct Blue 218	277-272-4 73070-37-8	2	–	–	–		
1,2-Epoxybutan	203-438-2 106-88-7	1B				a, H	Carc. 2; H351
1-Epoxyethyl-3,4-epoxycyclohexan	203-437-7 106-87-6	1B				a, b, H	Carc. 2; H351
Ethen	200-815-3 74-85-1	–	2	–	–	a, b	
Ethylenthioharnstoff (ETU)	202-506-9 96-45-7	2	–			a	Repr. 1B; H360D

Stoffidentität		Bewertung des AGS					Harmonisierte Einstufung
Bezeichnung	**EG-Nr. CAS-Nr.**	**K**	**M**	**R_F**	**R_D**	**Hinweise**	CLP-VO (Anhang VI Teil 3 Tabelle 3.2) (nur CMR)
Faserstäube, anorganische (außer Asbest); siehe Nummer 2.3						b	
1,1,2,3,4,4-Hexachlor-1,3-butadien	201-765-5 87-68-3	2					
Holzstaub (ausgenommen Hartholzstaub, siehe dazu TRGS 906)		2					
Lindan	200-401-2 58-89-9	2	–			a, b, H	
Techn. („Polymeres") MDI (pMDI) (in Form atembarer Aerosole, A-Fraktion)	9016-87-9	2	–	–	–	b	
N-Methylolchloracetamid	220-598-9 2832-19-1	–	2	–	–	b	
Morpholin-4-carbonylchlorid	239-213-0 15159-40-7	1B				a	Carc. 2; H351
2-Nitro-4-aminophenol	204-316-1 119-34-6	2					
2-Nitro-p-phenylendiamin	226-164-5 5307-14-2	2					
Nitropyrene (Mono-, Di-, Tri-, Tetra-) (Isomere)	226-868-2 5522-43-0	2					
Olaquindox	245-832-7 23696-28-8	2	1B	2	–	b	
Oxidationsbitumen: Dampf und Aerosol bei der Heißverarbeitung von Oxidationsbitumen		1B	2	–	–	H, DFG	
Ozon	233-069-2 10028-15-6	2	–	–	–		
Passivrauchen (siehe auch Nummer 2.2)		1A	2	–	1A	b	
Pentachlorphenol	201-778-6 87-86-5	1B	2	–	1B	a, b, H	Carc. 2; H351

Stoffidentität		Bewertung des AGS					Harmonisierte Einstufung
Bezeichnung	**EG-Nr. CAS-Nr.**	**K**	**M**	**R_F**	**R_D**	**Hinweise**	CLP-VO (Anhang VI Teil 3 Tabelle 3.2) (nur CMR)
Salze von Pentachlorphenol		1B				a, H	Carc. 2; H351
Polychlorierte Biphenyle	215-648-1 1336-36-3	2		1B	1B	H, a, b	
iso-Propylglycidylether	223-672-9 4016-14-2	–	2	–	–	H, b	
Steroidhormone:						b	
Androgene		2	–	1A	1B	b	
Anabolika		2	–	1A	1B	b	
Schwache Androgene		–	–	2	2	b	
Glucocorticoide		–	–	2	1A	b	
Estrogene		2	–	1A	2	b	
Gestagene		2	–	1A	1B	b	
Schwache Gestagene/Estrogene		–	–	2	2	b	
1,1,2,2-Tetrachlorethan	201-197-8 79-34-5	2	2	–	–	a	
Tetrachlorethylen	204-825-9 127-18-4	2	–	–	2	a, b	Carc. 2; H351
α,α,α,4-Tetrachlortoluol	226-009-1 5216-25-1	1B	–	1B	–	a, H, b	Carc. 1B; H350 Repr. 2; H361f
N,N,N',N'-Tetramethylacridin-3,6-yldiaminhydrochlorid und N,N,N',N'-Tetramethylacridin-3,6-diaminmonohydrochlorid, Verbindung mit Zinkdichlorid	200-614-0 233-353-6 65-61-2 10127-02-3	–	2	–	–	b	
[(Tolyloxy)methyl]oxiran	247-711-4 26447-14-3	2	2			a	Muta. 2; H341
2,3,4-Trichlorbut-1-en	219-397-9 2431-50-7	1B				a	Carc. 2; H351
Trichlormethan	200-663-8 67-66-3	1B	2	–	2	a, b	Carc. 2; H351
1,2,3-Trichlorpropan s. auch Nummer 4	202-486-1 96-18-4	1B	2	1B	–	a, H, b	Carc. 1B; H350 Repr. 1B; H360F

Stoffidentität		Bewertung des AGS					**Harmonisierte Einstufung**
Bezeichnung	**EG-Nr. CAS-Nr.**	**K**	**M**	**R_F**	**R_D**	**Hinweise**	CLP-VO (Anhang VI Teil 3 Tabelle 3.2) (nur CMR)
Trimethylphosphat	208-144-8 512-56-1	2	1B				
2,4,7-Trinitrofluorenon	204-965-0 129-79-3	2					
2,4,6-Trinitrotoluol (und Isomeren in technischen Gemischen)	204-289-6 118-96-7	2				a, H	
Tris(2-chlorethyl)phosphat	204-118-5 115-96-8	1B	–	1B	–	a, b	Carc. 2; H351 Repr. 1B; H360F
1,3,5-Tris(oxiranylmethyl)-1,3,5-triazin-2,4,6(1H,3H,5H)-trion	219-514-3 2451-62-9	–	1B	2	–	a, b	Muta. 1B; H340
4-Vinylcyclohexen	202-848-9 100-40-3	2	–	2	–		
2,4-Xylidin	202-440-0 95-68-1	2				a, H	

4 Verzeichnis krebserzeugender Stoffe Kategorien 1A oder 1B mit stoffspezifischen Konzentrationsgrenzen für die Einstufung von Gemische dieser Stoffe

(1) Gemische sind als krebserzeugend Kategorie 1A oder 1B im Sinne des § 2 Absatz 3 der GefStoffV anzusehen, sofern der Massengehalt bei gasförmigen Stoffen der Volumengehalt an einem krebserzeugenden Stoff gleich oder größer als 0,1 vom Hundert beträgt, soweit nicht in Anhang VI Teil 3 Tabelle 3.1 der CLP-Verordnung andere stoffspezifische Konzentrationsgrenzen festgelegt sind. Abweichend von Satz 1 gelten für die im nachfolgenden Verzeichnis genannten krebserzeugenden Stoffe die jeweils zugeordneten besonderen Gehaltsgrenzen für den Massengehalt in dem Gemisch in Hundertteilen.

(2) Das nachfolgende Verzeichnis ist eine nationale Ergänzung zu Anhang VI Teil 3 Tabelle 3.1 der CLP-Verordnung; beide Listen sind zu beachten. Die in dieser TRGS enthaltenen nationalen Bewertungen durch den AGS erfolgen zum Schutz der Beschäftigten am Arbeitsplatz, so dass der Arbeitgeber die erforderlichen Maßnahmen treffen kann. Zur Information der Arbeitgeber dient die Aufnahme entsprechender Hinweise in das Sicherheitsdatenblatt nach Artikel 31 in Verbindung mit Anhang II

der Verordnung (EG) Nr. 1907/2006 des Europäischen Parlaments und des Rates (REACH) in Verbindung mit § 5 GefStoffV.

Stoffidentität			Konzentrationsgrenzen in %
Bezeichnung	EG-Nr.	CAS-Nr.	
4-Aminobiphenyl	202-177-1	92-67-1	0,01
Salze von 4-Aminobiphenyl			0,01
6-Amino-2-ethoxynaphthalin			0,01
Salze von Benzidin	208-519-6 208-520-1 244-236-4 252-984-8	531-85-1 531-86-2 21136-70-9 36341-27-2	0,01
Benzo[a]pyren	200-028-5	50-32-8	0,005
Bis(chlormethyl)ether	208-832-8	542-88-1	0,0005
4,4'-Bi-o-toluidin	204-358-0	119-93-7	0,05
Salze von 4,4'-Bi-o-toluidin	210-322-5 265-294-7 277-985-0	612-82-8 64969-36-4 74753-18-7	0,05
2,4-Butansulton	214-325-2	1121-03-5	0,01
Chlormethyl-methylether	203-480-1	107-30-2	0,01
4-Chlor-o-toluidin s. auch Nummer 3	202-441-6	95-69-2	0,01
2,2'-Dichlordiethylsulfid		505-60-2	0,01
3,3'-Dimethoxybenzidin	204-355-4	119-90-4	0,05
Salze von 3,3'-Dimethoxybenzidin			0,05
Dimethylcarbamoylchlorid	201-208-6	79-44-7	0,0005
Dimethylnitrosamin	200-549-8	62-75-9	0,0001
Hexamethylphosphorsäuretriamid	211-653-8	680-31-9	0,0005
6-Methoxy-m-toluidin	204-419-1	120-71-8	0,01
N-Methyl-bis(2-chlorethyl)amin	200-120-5	51-75-2	0,01
Salze von 2-Naphthylamin	209-030-0 210-313-6	553-00-4 612-52-2	0,01
4-Nitrobiphenyl	202-204-7	92-93-3	0,01
N-Nitrosodi-n-butylamin	213-101-1	924-16-3	0,0001
N-Nitrosodiethylamin	200-226-1	55-18-5	0,0001

Stoffidentität			Konzentrationsgrenzen in %
Bezeichnung	**EG-Nr.**	**CAS-Nr.**	
Nitrosodipropylamin	210-698-0	621-64-7	0,0001
N-Nitrosodi-i-propylamin		601-77-4	0,0005
N-Nitrosoethylphenylamin		612-64-6	0,0001
2,2'-(Nitrosoimino)bisethanol	214-237-4	1116-54-7	0,0005
N-Nitrosomethylethylamin		10595-95-6	0,0001
N-Nitrosomethylphenylamin	210-366-5	614-00-6	0,0001
N-Nitrosomorpholin		59-89-2	0,0001
N-Nitrosopiperidin	202-886-6	100-75-4	0,0001
N-Nitrosopyrrolidin	213-218-8	930-55-2	0,0005
2,3,7,8-Tetrachlordibenzo-p-dioxin	217-122-7	1746-01-6	0,0000002
Tetranitromethan	208-094-7	509-14-8	0,001
4-o-Tolylazo-o-toluidin	202-591-2	97-56-3	0,01
1,2,3-Trichlorpropan s. auch Nummer 3	202-486-1	96-18-4	0,01
α,α,α-Trichlor-toluol	202-634-5	98-07-7	0,01

5 Verzeichnis der CAS-Nummern

CAS-Nummer	Bezeichnung	Verzeichnis in Nummer
50-32-8	→ Benzo[a]pyren	4
51-75-2	→ N-Methyl-bis(2-chlorethyl)amin	4
55-18-5	→ N-Nitrosodiethylamin	4
56-35-9	→ Bis(tributylzinn)oxid	3
58-89-9	→ Lindan	3
59-89-2	→ N-Nitrosomorpholin	4
62-75-9	→ Dimethylnitrosamin	4
65-61-2	→ N,N,N',N'-Tetramethylacridin-3,6-yldiaminhydrochlorid	3
67-66-3	→ Trichlormethan	3
74-85-1	→ Ethen	3

CAS-Nummer	Bezeichnung	Verzeichnis in Nummer
74-96-4	→ Bromethan	3
75-25-2	→ Bromoform	3
75-38-7	→ 1,1-Difluorethen (R 1132a)	3
79-34-5	→ 1,1,2,2-Tetrachlorethan	3
79-44-7	→ Dimethylcarbamoylchlorid	4
84-74-2	→ Dibutylphthalat (DBP)	3
87-68-3	→ 1,1,2,3,4,4-Hexachlor-1,3-butadien	3
87-86-5	→ Pentachlorphenol	3
88-73-3	→ 1-Chlor-2-nitrobenzol	3
92-67-1	→ 4-Aminobiphenyl	4
92-93-3	→ 4-Nitrobiphenyl	4
95-68-1	→ 2,4-Xylidin	3
95-69-2	→ 4-Chlor-o-toluidin	3, 4
95-79-4	→ 5-Chlor-o-toluidin	3
96-18-4	→ 1,2,3-Trichlorpropan	3, 4
96-45-7	→ Ethylenthioharnstoff	3
97-56-3	→ 4-o-Tolylazo-o-toluidin	4
98-07-7	→ α,α,α-Trichlor-toluol	4
100-40-3	→ 4-Vinylcyclohexen	3
100-44-7	→ α-Chlortoluol	3
100-75-4	→ N-Nitrosopiperidin	4
101-90-6	→ 1,3-Bis(2,3-epoxypropoxy)benzol	3
106-87-6	→ 1-Epoxyethyl-3,4-epoxycyclohexan	3
106-88-7	→ 1,2-Epoxybutan	3
106-92-3	→ 1-Allyloxy-2,3-epoxypropan	3
107-30-2	→ Chlormethyl-methylether	4
112-49-2	→ 1,2-Bis(2-methoxyethoxy)ethan	3
115-96-8	→ Tris(2-chlorethyl)phosphat	3
118-96-7	→ 2,4,6-Trinitrotoluol	3

CAS-Nummer	Bezeichnung	Verzeichnis in Nummer
119-90-4	→ 3,3'-Dimethoxybenzidin	4
119-34-6	→ 2-Nitro-4-aminophenol	3
119-93-7	→ 4,4'-Bi-o-toluidin	4
120-71-8	→ 6-Methoxy-m-toluidin	4
127-18-4	→ Tetrachlorethylen	3
127-19-5	→ N,N-Dimethylacetamid	3
129-79-3	→ 2,4,7-Trinitrofluorenon	3
151-67-7	→ 2-Brom-2-chlor-1,1,1-trifluorethan	3
306-83-2	→ 2,2-Dichlor-1,1,1-trifluorethan (R 123)	3
492-80-8	→ 4,4'-Carbonimidoylbis(N,N-dimethylanilin)	3
505-60-2	→ 2,2'-Dichlordiethylsulfid	4
509-14-8	→ Tetranitromethan	4
512-56-1	→ Trimethylphosphat	3
531-85-1	→ Salze von Benzidin	4
531-86-2	→ Salze von Benzidin	4
542-75-6	→ 1,3-Dichlorpropen	3
542-83-6	→ Cadmiumcyanid	3
542-88-1	→ Bis(chlormethyl)ether	4
553-00-4	→ Salze von 2-Naphthylamin	4
563-47-3	→ 3-Chlor-2-methylpropen	3
593-70-4	→ Chlorfluormethan (R 31)	3
601-77-4	→ N-Nitrosodi-i-propylamin	4
612-52-2	→ Salze von 2-Naphthylamin	4
612-64-6	→ N-Nitrosoethylphenylamin	4
612-82-8	→ Salze von 4,4'-Bi-o-toluidin	4
621-64-7	→ Nitrosodipropylamin	4
614-00-6	→ N-Nitrosomethylphenylamin	4
680-31-9	→ Hexamethylphosphorsäuretriamid	4
868-85-9	→ Dimethylhydrogenphosphit	3

CAS-Nummer	Bezeichnung	Verzeichnis in Nummer
924-16-3	→ N-Nitrosodi-n-butylamin	4
930-55-2	→ N-Nitrosopyrrolidin	4
947-92-2	→ Dicyclohexylnitrosamin (DCHNA)	3
1116-54-7	→ 2,2'-(Nitrosoimino)bisethanol	4
1121-03-5	→ 2,4-Butansulton	4
1163-19-5	→ Bis(pentabromphenyl)ether	3
1307-96-6	→ Cobaltoxid	3
1317-42-6	→ Cobaltsulfid	3
1336-36-3	→ Polychlorierte Biphenyle	3
1464-53-5	→ 2,2'-Bioxiran	3
1633-83-6	→ 1,4-Butansulton	3
1746-01-6	→ 2,3,7,8-Tetrachlordibenzo-p-dioxin	4
2238-07-5	→ Diglycidylether	3
2426-08-6	→ 1-n-Butoxy-2,3-epoxypropan	3
2431-50-7	→ 2,3,4-Trichlorbut-1-en	3
2451-62-9	→ 1,3,5-Tris(oxiranylmethyl)-1,3,5-triazin-2,4,6(1H,3H,5H)-trion	3
2465-27-2	→ 4,4'-Carbonimidoylbis(N,N-dimethylanilin)-Hydrochlorid	3
2832-19-1	→ N-Methylolchloracetamid	3
3165-93-3	→ 4-Chlor-o-toluidiniumchlorid	3
4016-14-2	→ iso-Propylglycidylether	3
4464-23-7	→ Cadmiumdiformiat	3
5216-25-1	→ α,α,α,4-Tetrachlortoluol	3
5307-14-2	→ 2-Nitro-p-phenylendiamin	3
5522-43-0	→ Nitropyrene	3
7439-92-1	→ Blei-Metall	3
7440-38-2	→ Arsen-Metall	3
7440-48-4	→ Cobalt-Metall	3
7572-29-4	→ Dichloracetylen	3
7665-72-7	→ 1-tert-Butoxy-2,3-epoxypropan	3

CAS-Nummer	Bezeichnung	Verzeichnis in Nummer
7790-80-9	→ Cadmiumiodid	3
9016-87-9	→ Techn. MDI (in Form atembarer Aerosole) (unter „4,4'-Methylendiphenyldiisocyanat")	3
10028-15-6	→ Ozon	3
10127-02-3	→ N,N,N',N'-Tetramethylacridin-3,6-diaminmonohydrochlorid, Verbindung mit Zinkdichlorid	3
10595-95-6	→ N-Nitrosomethylethylamin	4
15159-40-7	→ Morpholin-4-carbonylchlorid	3
17010-21-8	→ Cadmiumhexafluorosilicat(2-)	3
21136-70-9	→ Salze von Benzidin	4
23696-28-8	→ Olaquindox	3
26447-14-3	→ [(Tolyloxy)methyl]oxiran	3
27478-34-8	→ Dinitronaphthaline	3
36341-27-2	→ Salze von Benzidin	4
36465-76-6	→ Arsenige Säure	3
41683-62-9	→ 1,2-Dichlormethoxyethan	3
64969-36-4	→ Salze von 4,4'-Bi-o-toluidin	4
68515-41-3	→ 1,2-Benzoldicarbonsäure, Di-C7-9-verzweigte und lineare Alkylester	3
68515-43-5	→ 1,2-Benzoldicarbonsäure, Di-C9-11-verzweigte und lineare Alkylester	3
71888-89-6	→ 1,2-Benzoldicarbonsäure, Di-C6-8-verzweigte Alkylester, C7-reich	3
73070-37-8	→ C.I. Direct Blue 218	3
74753-18-7	→ Salze von 4,4'-Bi-o-toluidin	4

TRGS 906 – Verzeichnis krebserzeugender Tätigkeiten oder Verfahren nach § 3 Abs. 2 Nr. 3 GefStoffV

Ausgabe Juli 2005/Letzte Änderung März 2007

Diese TRGS enthält ein Verzeichnis von Tätigkeiten oder Verfahren, die im Anhang 1 der Richtlinie 2004/37/EG oder vom AGS als krebserzeugend Kategorie 1 oder 2 bezeichnet werden.

Inhalt

1 Hinweise auf Vorschriften der Gefahrstoffverordnung

(1) Für die in dieser TRGS aufgeführten Tätigkeiten oder Verfahren gilt die GefStoffV, insbesondere die Schutzvorschriften des Dritten und Vierten Abschnittes der Gefahrstoffverordnung.

(2) Im Sicherheitsdatenblatt zu Stoffen und Zubereitungen nach § 6 der GefStoffV ist auch auf die Tätigkeiten oder Verfahren, die in dem Verzeichnis nach Nummer 2 bezeichnet werden, hinzuweisen (siehe auch TRGS 220).

2 Verzeichnis krebserzeugender Tätigkeiten oder Verfahren nach § 3 Abs. 2 Nr. 3 der Gefahrstoffverordnung

Bezeichnung	Hinweise*
Herstellung von Auramin	1
Tätigkeiten oder Verfahren, bei denen Beschäftigte krebserzeugenden polyzyklischen aromatischen Kohlenwasserstoffen ausgesetzt sind, die in Pyrolyseprodukten aus organischem Material (z. B. Steinkohlenruß, Steinkohlenteer oder Steinkohlenteerpech) vorhanden sein können. Es ist zulässig, als Bezugssubstanz für Pyrolyseprodukte mit krebserzeugenden polyzyklischen aromatischen Kohlenwasserstoffen den Stoff Benzo(a)pyren zu wählen	2; s. auch TRGS 551

Bezeichnung	Hinweise*
Tätigkeiten oder Verfahren, bei denen Beschäftigte Staub, Rauch oder Nebel beim Rösten oder bei der elektrolytischen Raffination von Nickelmatte ausgesetzt sind	3
Starke-Säure-Verfahren bei der Herstellung von Isopropylalkohol	4; s. auch Verbot der Herstellung nach Anh. IV Nr. 16 GefStoffV
Tätigkeiten oder Verfahren, bei denen Beschäftigte Hartholzstäuben ausgesetzt sind	5; siehe auch Anl. 1; s. auch TRGS 553
Tätigkeiten oder Verfahren, bei denen Beschäftigte in Bereichen arbeiten, in denen Dieselmotoremissionen freigesetzt werden	s. auch TRGS 554
Tätigkeiten oder Verfahren, bei denen Beschäftigte alveolengängigen[1)] Stäuben aus kristallinem Siliciumdioxid in Form von Quarz und Cristobalit ausgesetzt sind (ausgenommen Steinkohlengrubenstaub)	a)

* die Ziffern und Buchstaben in der Spalte Hinweise bedeuten:

1–5: lfd. Nr. nach Anhang I der RL 2004/37/EG;

a): Begründungen zur Bewertung dieser Tätigkeiten oder Verfahren wurden vom AGS erarbeitet und sind zugänglich als Bekanntmachungen des AGS unter *www.baua.de/prax/*

1) DIN/EN 481 „Festlegung der Teilchengrößenverteilung zur Messung luftgetragener Partikel“, Brüssel 1993; BGIA-Arbeitsmappe „Messung von Gefahrstoffen“. Herausgeber: Berufsgenossenschaftliches Institut für Arbeitsschutz – BGIA, Erich Schmidt Verlag

Anlage 1 zu TRGS 906

Verzeichnis einiger Hartholzarten nach Anhang I Nr. 5 der Richtlinie 2004/37/EG

Quelle: Band 62 der vom Internationalen Krebsforschungszentrum (IARC) veröffentlichten Monographie zur Evaluierung von Krebsrisiken für den Menschen: Wood Dust and Formaldehyde, Lyon, 1995

(siehe auch: 119. Verordnung des Bundesministers für Wirtschaft und Arbeit, mit der die Verordnung über Grenzwerte für Arbeitsstoffe und über krebserzeugende Arbeitsstoffe (Grenzwerteverordnung 2003-GKV 2003), geändert wird; Bundesgesetzblatt für die Republik Österreich Jahrgang 2004 Teil II, ausgegeben am 10. März 2004 S. 1–7).

Als „Harthölzer" werden dort aufgeführt:

- Afrikanisches Mahagony (Khaya)
- Afrormosioa (Pericopis elata)
- Ahorn (Acer)
- Balsa (Ochroma)
- Birke (Betula)
- Brasilianisches Rosenholz (Dalbergia nigra)
- Buche (Fagus)
- Ebenholz (Diospyros)
- Eiche (Quercus)
- Erle (Alnus)
- Esche (Fraxinus)
- Hickory (Carya)
- Iroko (Chlorophora excelsa)
- Kastanie (Castanea)
- Kaurikiefer (Agathis australis)
- Kirsche (Prunus)
- Limba (Terminalia superba)
- Linde (Tilia)
- Mansonia (Mansonia)
- Meranti (Shorea)
- Nyaoth (Palaquium hexandrum)
- Obeche (Triplochiton scleroxylon)
- Palisander (Dalbergia)
- Pappel (Populus)
- Platane (Platanus)
- Rimu, Red Pine (Dacrydium cupressinum)
- Teak (Tectona grandis)
- Ulme (Ulmus)
- Walnuss (Juglans)
- Weide (Salix)
- Weißbuche (Carpinus).

Stoffspezifische Akzeptanz- und Toleranzkonzentrationen nach TRGS 910 (Stand März 2019)

Stoffidentität	Akzeptanzkonzentration			Toleranzkonzentration			Bemerkungen
Bezeichnung	Vol.-Konz.	Gew.-Konz. bzw. Faser-Konz.	Hinweise	Vol.-Konz.	Gew.-Konz. bzw. Faser-Konz.	ÜF	
Acrylamid		0,07 mg/m^3	b)		0,15 mg/m^3	8	(1) (2), H
Acrylnitril	0,12 ppm	0,26 mg/m^3	b)	1,2 ppm	2,6 mg/m^3	8	H
Aluminiumsilikatfasern		10.000 F/m^3	b), d)		100.000 F/m^3	8	siehe auch TRGS 558
Arsenverbindungen, als Carc. 1A, Carc. 1B eingestuft		0,83 µg/m^3 (E)	b)		8,3 µg/m^3 (E)	8	(4), siehe TRGS 561
Asbest		10.000 F/m^3	b)		100.000 F/m^3	8	siehe auch TRGS 517 und TRGS 519
Benzol	0,06 ppm	0,2 mg/m^3	b)	0,6 ppm	1,9 mg/m^3	8	H
Benzo(a)pyren in bestimmten PAK-Gemischen		70 ng/m^3 (E)	b)		700 ng/m^3 (E)	8	siehe TRGS 551, H
Benzotrichlorid (α,α,α-Trichlortoluol)	0,18 ppb	1,5 µg/m^3	b)	1,8 ppb	15 µg/m^3	8	(6), H
1,3-Butadien	0,2 ppm	0,5 mg/m^3	b)	2 ppm	5 mg/m^3	8	
Cadmium und Cd-Verbindungen, als Carc. 1A, Carc. 1B eingestuft		0,16 µg/m^3 (A)	b)		1 µg/m^3 (E)	8	(2), (4), siehe TRGS 561
Cobalt und Cobaltverbindungen, als Carc. 1A, Carc. 1B eingestuft		0,5 µg/m^3 (A)	b)		5 µg/m^3 (A)	8	(4), siehe TRGS 561
Chloropren	0,14 ppm	0,51 mg/m^3	b)	1,4 ppm	5,15 mg/m^3	1	H
Chrom VI-Verbindungen					1 µg/m^3 (E)	8	(4), (5), siehe TRGS 561
1,2-Dichlorethan	0,2 ppm	0,8 mg/m^3	b)	1 ppm	4 mg/m^3	8	(2), H
Dimethylnitrosoamin		0,075 µg/m^3	b)		0,75 µg/m^3	8	siehe auch TRGS 552 (in Überarbeitung), H

Stoffidentität	Akzeptanzkonzentration			Toleranzkonzentration			Bemerkungen
Bezeichnung	Vol.-Konz.	Gew.-Konz. bzw. Faser-Konz.	Hinweise	Vol.-Konz.	Gew.-Konz. bzw. Faser-Konz.	ÜF	
Epichlorhydrin	0,6 ppm	2,3 mg/m³	b)	2 ppm	8 mg/m³	2	(2), H
Ethylenoxid	0,1 ppm	0,2 mg/m³	b), e)	1 ppm	2 mg/m³	2	Siehe auch TRGS 513; H
Hydrazin	1,7 ppb	2,2 µg/m³	b)	17 ppb	22 µg/m³	2	H
4,4'-Methylendianilin		70 µg/m³	b)		700 µg/m³	8	(1), H
Nickelverbindungen, als Carc. 1A, Carc. 1B eingestuft		6 µg/m³ (A)	b)		6 µg/m³ (A)	8	(2), (3), (4), siehe TRGS 561
2-Nitropropan	0,05 ppm	180 µg/m³		0,5 ppm	1800 µg/m³	8	H
Trichlorethen	6 ppm	33 mg/m³	b)	6 ppm	33 mg/m³	8	(2), H

Verwendete Abkürzungen, Ziffern und Erläuterungen

Spalten „Akzeptanz- und Toleranzkonzentration"

Faser-Konz.	Faserkonzentration in Fasern (F) pro m³
Gew.-Konz.	Gewichtskonzentration in Masse pro m³
Vol.-Konz.	Volumenkonzentration
(E)	einatembare Fraktion
(A)	alveolengängige Fraktion

Spalte „Hinweise"

a) Akzeptanzkonzentration assoziiert mit Risiko 4:100.000 (zurzeit noch nicht vergeben)
b) Akzeptanzkonzentration assoziiert mit Risiko 4:10.000
c) Die Akzeptanzkonzentration liegt zwischen dem Risiko 4:10.000 und 4:100.000 (zurzeit noch nicht vergeben)
d) Akzeptanzkonzentration wurde auf Basis der Bestimmungsgrenze Nummer 3.2 Absatz 5 festgelegt
e) die Akzeptanzkonzentration ist assoziiert mit der endogenen Bildungsrate, eine weitere Absenkung erfolgt nicht

Spalte „ÜF"
Überschreitungsfaktor (ÜF) 1 bis 8 nach Nummer 3.2.6

Spalte „Bemerkungen"

(1) Nach dem Stand der Technik kann der Akzeptanzwert unterschritten werden, siehe hierzu auch Maßnahmenkonzept nach Nummer 5 Tabelle 1 Nr. 2.
(2) Die Toleranzkonzentration wurde gemäß Nummer 3.2.1 aufgrund einer nicht krebserzeugenden Wirkung festgelegt. Bei Überschreitung gelten die gleichen Maßnahmen wie bei Überschreitung des AGW.

(3) Für Nickelmetall ist ein AGW in der E- und A-Staubfraktion und für Nickelverbindungen ist ein AGW in der E-Staubfraktion festgelegt, siehe hierzu TRGS 900.
(4) Die Konzentrationen beziehen sich auf den Elementgehalt des entsprechenden Metalls.
(5) Beurteilungsmaßstab, risikobasiert
(6) Summe aus Dampf und Aerosolen
E Einatembare Fraktion
H hautresorptiv

Begründungen zur Festlegung stoffspezifischer Konzentrationswerte und Exposition-Risiko-Beziehungen werden veröffentlicht unter: *https://www.baua.de/DE/Angebote/Rechtstexte-und-Technische-Regeln/Regelwerk/TRGS/Begruendungen-910.html*

Stoffspezifische Äquivalenzwerte in biologischem Material zu Akzeptanz- und Toleranzkonzentrationen nach TRGS 910 (Stand März 2019)

Stoffidentität Bezeichnung	Parameter	Äquivalenzwert zur		Untersuchungsmaterial	Probenahmezeitpunkt
		Toleranzkonzentration	Akzeptanzkonzentration		
Acrylamid	N-(2-Carbonamidethyl) valin	800 pmol/g Globin [2)]	400 pmol/g Globin	B_E	f
Acrylnitril	N-(2-Cyanoethyl)valin	6500 pmol/g Globin	650 pmol/g Globin	B_E	f
Arsenverbindungen als Carc. 1A, Carc. 1B eingestuft	Σ Arsen(III), Arsen(V), Monomethylarsonsäure und Dimethylarsinsäure	40 µg/l	14 µg/l	U	b, c
Benzol	Benzol	5 µg/l	0,8 µg/l [3)]	U	b
	S-Phenylmerkaptursäure	25 µg/g Kreatinin	3 µg/g Kreatinin [3)]	U	b
	Trans, trans-Muconsäure	500 µg/g Kreatinin	–	U	b
1,3-Butadien	3,4- Dihydroxybutylmerkaptursäure (DHBMA)	2900 µg/g Kreatinin	600 µg/g Kreatinin	U	b, c
	2-Hydroxy-3-butenylmerkaptursäure (MHBMA)	80 µg/g Kreatinin	10 µg/g Kreatinin	U	b, c

Stoffidentität Bezeichnung	Parameter	Äquivalenzwert zur		Untersuchungsmaterial	Probenahmezeitpunkt
		Toleranzkonzentration	Akzeptanzkonzentration		
Epichlorhydrin	S-(3-Chlor-2-hydroxypropyl)merkaptursäure	28 mg/g Kreatinin 4)	8 mg/g Kreatinin	U	b, c
Ethylenoxid	N-(2-Hydroxyethyl)valin	3900 pmol/g Globin 5)	#	B_E	f
Hydrazin	Hydrazin	62 µg/g Kreatinin	1)	U	b
	Hydrazin	47 µg/l	1)	P	b
Trichlorethen	Trichloressigsäure	22 mg/l	12 mg/l	U	b, c

Verwendete Abkürzungen, Ziffern und Erläuterungen

1) Extrapolation auf Grundlage der EKA-Korrelation (Expositionsäquivalente für krebserzeugende Arbeitsstoffe, EKA) nicht zulässig

2) Äquivalenzwert zum AGW-analogen Wert (Neurotoxizität): 0,15 mg/m³, Überschreitungsfaktor 8

3) für Nichtraucher abgeleitet

4) Äquivalenzwert zum AGW-analogen Wert: 8 mg/m³ (2 ppm); Überschreitungsfaktor 2

5) Angabe in der MAK- und BAT-Werte-Liste in µg/l Vollblut; Umrechnung auf pmol/g Globin erfolgte unter Berücksichtigung des durchschnittlichen Globingehaltes des Blutes von 144 g/l

\# Extrapolation wird geprüft

Spalte „Untersuchungsmaterial"

B Vollblut
B_E Erythrozytenfraktion des Vollblutes
P/S Plasma/Serum
U Urin

Spalte „Probennahmezeitpunkt"

a keine Beschränkung
b Expositionsende bzw. Schichtende
c bei Langzeitexposition: am Schichtende nach mehreren vorangegangenen Schichten
d vor nachfolgender Schicht
e nach Expositionsende: Stunden
f nach mindestens 3 Monaten Exposition
g unmittelbar nach Exposition

Branchenlösungen und andere Hilfen für die Gefährdungsbeurteilung

Von Reinhold Rühl und Eva Lechtenberg-Auffarth

Branchenlösungen sind branchen- oder tätigkeitsspezifische Hilfestellungen. Sie werden zentral erarbeitet, enthalten konkrete, auf bestimmte Tätigkeiten, Branchen oder Gefahrstoffe bezogene Empfehlungen und können vom Arbeitgeber für die Beurteilung der Gefährdungen bei Tätigkeiten mit Gefahrstoffen herangezogen werden.

Sie nehmen dem Arbeitgeber eine große Zahl der zum Gefahrstoffmanagement notwendigen Ermittlungs- und Beurteilungsschritte ab. Branchenlösungen werden von den Sozialpartnern in Kooperation mit den staatlichen Stellen, den Trägern der gesetzlichen Unfallversicherungen und Verbänden erarbeitet.

Branchenlösungen beziehen sich auf sehr unterschiedliche Schritte des Gefahrstoffmanagements. So beschreibt die Handlungshilfe Pathologie das Gefahrstoffmanagement für diesen Bereich vollständig; das Apotheker-Gefahrstoffverzeichnis ist dagegen eine Hilfe für einen Schritt der vielen Arbeitgeberaufgaben. Tabelle 1 zeigt die Branchenlösungen im Überblick.

Die aufgeführten **GISCODE** oder **Produkt-Code** sind wesentliche Bestandteile vieler Branchenlösungen in der Bauwirtschaft. Mit diesen Codes werden alle Produkte eines Verwendungszwecks in Gruppen vergleichbarer Gefährdung eingeteilt. Die Hersteller beziehen sich auf Gebinden, in Sicherheitsdatenblättern und sonstigen Informationen auf diesen Code. Unter *www.wingisonline.de* sind die entsprechenden Produktgruppen-Informationen verfügbar.

Die **Technischen Regeln für Gefahrstoffe** (TRGS) der 600er-Reihe zum Einsatz ungefährlicherer Stoffe und Produkte beschreiben konkret, in welcher Anwendung besonders gefährliche Stoffe und Produkte ersetzt werden können (Tabelle 2). Sie sind bei der Bundesanstalt für Arbeitsschutz und Arbeitsmedizin (BAuA) abrufbar: *www.baua.de*.

Hilfe bei bestimmten Tätigkeiten mit Gefahrstoffen bieten die **LASI-Veröffentlichungen** (Tabelle 3) der Arbeitsschutzbehörden der Länder: *http://lasi-info.com* [Publikationen].

Expositionsbeschreibungen wie Empfehlungen Gefährdungsermittlung der Unfallversicherungsträger (EGU) stellen die Expositionen für bestimmte Stoffe, Verfahren und Tätigkeiten auf Basis einer Großzahl beispielhafter Messungen dar. Sie erlauben den Betrieben ohne eigene Messungen Aussagen über die zu erwartende Belastung (Tabelle 4). Sie werden unter *www.gisbau.de* [Expositionsbeschreibungen] bzw. *www.*dguv.de/ifa [Praxishilfen; Gefahrstoffe] veröffentlicht.

Das **Wirkfaktoren-Modell** der TRGS 600 „Substitution" von 2008 ist die Basis vieler Ersatzstoff-Entscheidungen im Rahmen von Branchenlösungen, auch auf TRGS-Ebene. Auch das EIS-System für Epoxidharze beruht auf den Prinzipien des Wirkfaktoren-Modells. Das Modell erlaubt es, Gemische von Gefahrstoffen anhand der Daten der einzelnen Stoffe mit möglichen Ersatzgemischen zu vergleichen. Die neue TRGS 600 von 2020 verzichtet auf das Wirkfaktoren-Modell; als Hilfsangebot wird es hier in Grundzügen dargestellt.

Tabelle 1: Branchenlösungen

Branche / Produkt	**Lösungen**	**Fundstelle** Adressen S. 160
Abbeizer	Die BG BAU bietet Informationen zu empfehlenden Abbeizern	www.bgbau.de [Abbeizer]
Abgase	Expositionen und Abgasminderungsmaßnahmen für Baumaschinen werden beschrieben	www.bgbau.de [Abgase]
Apotheken	Anhand eines Entwurfs kann ein Gefahrstoffverzeichnis für eine Apotheke erstellt werden	Deutscher Apotheker-Verlag
Arzneistoffe	Die Liste BGW 09-19-001 enthält Arzneistoffe mit Verdacht auf CMR oder sensibilisierende Eigenschaften	www.bgw-online.de
Augenoptiker	Schutzleitfaden S 001 der BAuA hilft beim Gefahrstoffmanagement	www.baua.de
Bauhöfe	Die in Bauhöfen vorhandenen Gefahrstoffe und die notwendigen Maßnahmen werden beschrieben	www.gisbau.de, www.dguv.de
Bautenlacke	GISCODE; für einige Produktgruppen wurden die Expositionen ermittelt	www.gisbau.de
Bodenbelagsklebstoffe	GISCODE; TRGS 610 beschreibt Expositionen, Ersatzstoffe und Schutzmaßnahmen	www.gisbau.de, www.baua.de

Branche / Produkt	**Lösungen**	**Fundstelle** Adressen S. 160
Chemieindustrie	GisChem bietet für viele Chemie-Branchen Handlungsanleitungen und Entwürfe für Betriebsanweisungen	www.gischem.de, BG RCI
Dieselmotor-emissionen (DME)	TRGS 554 gibt Hilfen zur Ermittlung der DME	www.baua.de
Druckindustrie	Ungefährlichere Wasch- und Reinigungsmittel werden empfohlen; Expositionen im Sieb- und Illustrationstiefdruck sowie staubarme Druckbestäubungspuder werden beschrieben	www.bgetem.de, Brancheninformationen Druck und Papierverarbeitung
Druck und Papier	Produktempfehlung zum Hand- und Hautschutz	https://hautschutz.bgetem.de
Elektroindustrie	Expositionen und Handlungsanleitungen	www.bgetem.de, Webcode: 14593441
Elektroinstallationsarbeiten	Handlungsanleitung beschreibt Staubexpositionen und Maßnahmen	www.bgetem.de [Staub]
Epoxidharze	Hilfen für den sicheren Umgang, u. a. EIS-Liste mit empfehlenswerten Epoxidharzen	www.baua.de [EIS]
Feuerwehr	Schutzleitfaden S 002 betrachtet die Gefahrstoffthematik beim Abstellen von Dieselfahrzeugen in Wachen und Gerätehäusern der Feuerwehr	www.baua.de
Friseur-Produkte	TRGS 530 beschreibt die Gefahrstoffproblematik; der Industrieverband Körperpflege- und Waschmittel e. V. informiert über den sicheren Umgang; Hersteller legen den Produkten Handschuhe bei	www.baua.de; gmb.ikw.org [Gruppenmerkblätter]
Gummiverarbeitung	Schutzleitfäden GV 03, 05 und 07 helfen beim Gefahrstoffmanagement	www.bgrci.de
Holzschutzmittel	GISCODE; die TRGS 618 beschreibt Ersatzstoffe für die chromathaltigen Holzschutzsalze	www.gisbau.de, Deutsche Bauchemie
Isocyanate	Expositionen v. a. in der Bauwirtschaft	www.bgbau.de [Isocyanate]
Kühlschmierstoffe (KSS)	Eine Webseite bietet Informationen rund um KSS an	www.igmetall.de [KSS]
Mehlstaub	Empfehlung Gefährdungsermittlung der Unfallversicherungsträger (EGU) erläutert Exposition	www.dguv.de/ifa

Branche / Produkt	Lösungen	Fundstelle Adressen S. 160
Metallindustrie	GISCHEM bietet für viele Metall- und Holzbranchen Handlungsanleitungen und Betriebsanweisungsentwürfe an	www.gischem.de
Mineralwolle-Dämmstoffe	Eine Handlungsanleitung erläutert den sicheren Umgang	www.gisbau.de
Nano beim Bauen	Die BG BAU gibt Hinweise zu Nano-Produkten	www.bgbau.de [Nano]
Öffentlicher Dienst	Für viele Arbeiten im öffentlichen Dienst liegen Hilfen zum Gefahrstoff-management vor	www.dguv.de/ Webcode d109742
PAK-Sanierung	Ein Projekt der BAuA hat die geeigneten Schutzhandschuhe ermittelt (Forschungsbericht Fb 990)	www.baua.de [Fb 990]
Parkettsiegel	GISCODE; TRGS 617 beschreibt Expositionen, Ersatzstoffthematik und Schutzmaßnahmen	www.gisbau.de, www.baua.de
Pathologie	Handlungshilfe zum sicheren Arbeiten in der Pathologie	www.bgw-online.de
Reinigungs- und Pflegemittel	GISCODE; die BG-Regel 209 beschreibt die Gefahrstoffthematik	www.gisbau.de
Textilrecycling	Expositionen und Schutzmaßnahmen beim Recycling von Textilabfällen werden beschrieben	www.baua.de [Handlungsanleitung]
Staub auf Baustellen	Die BG BAU beschreibt Expositionen und Schutzmaßnahmen	www.bgbau.de [Staub]
Steinmetze	Anleitung der Innung zum staubarmen Arbeiten	https:// cms.bivsteinmetz.de
Verkehrsunternehmen	Der Umgang mit Gefahrstoffen in diesen Betrieben wird umfassend beschrieben	Verband Deutscher Verkehrsunternehmen
Zahntechniker	Eine Broschüre (MB 031) bietet Hilfen und nennt Handschuhfabrikate zum Schutz vor Allergien	www.bgetem.de

Tabelle 2: Technische Regeln für Gefahrstoffe zu Ersatzstoffen

Anwendungsbereich	TRGS
Ersatzstoffe und Verwendungsbeschränkungen – Zinkchromate und Strontiumchromat als Pigmente für Korrosionsschutz-Beschichtungsstoffe	TRGS 602
Ersatzstoffe, Ersatzverfahren und Verwendungsbeschränkungen für Hydrazin in Wasser- und Dampfsystemen	TRGS 608
Ersatzstoffe, Ersatzverfahren und Verwendungsbeschränkungen für Methyl- und Ethylglykol sowie deren Acetate	TRGS 609
Ersatzstoffe und Ersatzverfahren für stark lösemittelhaltige Vorstriche und Klebstoffe für den Bodenbereich	TRGS 610
Verwendungsbeschränkungen für wassermischbare bzw. wassergemischte Kühlschmierstoffe, bei deren Einsatz N-Nitrosamine auftreten können	TRGS 611
Verwendungsbeschränkungen für Azofarbstoffe, die in krebserzeugende aromatische Amine gespalten werden können	TRGS 614
Verwendungsbeschränkungen für Korrosionsschutzmittel, bei deren Einsatz N-Nitrosamine auftreten können	TRGS 615
Ersatzstoffe und Ersatzverfahren für stark lösemittelhaltige Oberflächenbehandlungsmittel für Parkett und andere Holzfußböden	TRGS 617
Ersatzstoffe und Verwendungsbeschränkungen für Chrom(VI)-haltige Holzschutzmittel	TRGS 618
Substitution für Produkte aus Aluminiumsilikatwolle	TRGS 619

Tabelle 3: LASI-Leitlinien zur Gefahrstoffthematik

Titel	Nummer
Reinigung und Innenprüfung von Heizölverbrauchertanks	LV 39
Handlungsanleitung „Schutzmaßnahmen zur Minimierung der Gefahrstoffexposition beim Schutzgasschweißen"	LV 42
Handlungsanleitung „Spritzlackieren von Hand bei der Holzbe- und -verarbeitung"	LV 43
Tätigkeiten mit krebserzeugenden Gefahrstoffen	LV 55

Tabelle 4: Expositionsbeschreibungen

Stoffe/Verfahren/Tätigkeiten	Internet
Anästhesiearbeitsplätze: Aufwachräume und OP-Säle	www.dguv.de/ifa
Anmischen staubarmer Trockenmörtel, Fliesenkleber und Spachtelmassen	www.gisbau.de
Bearbeiten von bleiweißhaltigen Holzoberflächen	www.gisbau.de
Beschichtungsarbeiten im Korrosionsschutz	www.gisbau.de
Beschichtungsarbeiten mit Methylmethacrylat-Harzen	www.gisbau.de
Beschriften von Kunststoffen mit Laser	www.dguv.de/ifa
Chrom(VI)-Verbindungen in Arbeitsbereichen der Oberflächenbehandlung – Galvanik	www.bgetem.de
Desinfektion von Endoskopen und anderen Instrumenten	www.dguv.de/ifa
Verarbeiten von Bautenlacken von Hand	www.gisbau.de
Einsatz von MMA-haltigen Massen im Dentallabor	www.bgetem.de
Einsatz von Werner Müller PVC-Kaltschweißmittel und -paste	www.gisbau.de
Einsatz von Kleinfräsen auf Asphalt	www.gisbau.de
Einsatz von Großfräsen auf Asphalt	www.gisbau.de
Einsatz von Stampfern und Rüttelplatten im Freien	www.gisbau.de
Einsatz von Flügelglättern	www.gisbau.de
Ethylenoxid-Sterilisation im medizinischen Bereich	www.dguv.de/ifa
Expositionen gegenüber Stickoxiden im konventionellen Tunnelbau	www.gisbau.de
Expositionen gegenüber Dieselmotoremissionen (DME) von Baumaschinen und -fahrzeugen	www.gisbau.de
Flächendesinfektion in Krankenhausstationen	www.dguv.de/ifa
Fugenverguss mit Heißbitumen	www.gisbau.de
Galvanotechnik und Eloxieren	www.dguv.de/ifa
Hartmetallarbeitsplätze	www.dguv.de/ifa
Hauptuntersuchungen und Sicherheitsprüfungen von Kfz in Prüfstellen amtlich anerkannter Überwachungsinstitutionen	www.dguv.de/ifa
Heißverarbeiten von Bitumen im Gießverfahren zum Verkleben von Dämmstoffen und Bitumenbahnen	www.gisbau.de

Stoffe/Verfahren/Tätigkeiten	Internet
Herstellen und Transport von Asphalt	www.gisbau.de
Herstellen und Transport von Bitumen	www.gisbau.de
Herstellen von Bitumendach- und -dichtungsbahnen	www.gisbau.de
Instandhaltungsarbeiten an Pkw in Werkstätten	www.dguv.de/ifa
Isocyanat-Expositionen beim Einsatz von Montageschaum	www.gisbau.de
Isocyanat-Expositionen beim Beschichten	www.gisbau.de
Kunststoffe mit Lasern beschriften	www.bgetem.de
Manuelles Kolbenlöten mit bleifreien Lötlegierungen in der Elektro- und Elektronikindustrie	www.bgetem.de
Manuelle Zerlegung von Bildschirm- und anderen Elektrogeräten	www.dguv.de/ifa
Maschinelles Verarbeiten von Gussasphalt	www.gisbau.de
Mehlstaub in Backbetrieben	www.dguv.de/ifa
Mineralische Stäube beim Ein-, Ausbetten und Strahlen in Dentallaboratorien	www.dguv.de/ifa
Minimalmengenschmierung bei der Metallzerspanung	www.dguv.de/ifa
Oberflächenbehandlung von Parkett und anderen Holzfußböden	www.gisbau.de
Quecksilberexpositionen bei der Sammlung von Leuchtmitteln	www.dguv.de/ifa
Quecksilberexpositionen bei der Demontage von Flachbildschirmen	www.dguv.de/Ifa
Quecksilberexpositionen bei der Herstellung von Leuchtmitteln	www.bgetem.de
Quecksilberexpositionen beim Recycling von Leuchtmitteln	www.bgetem.de
Schweißen von Bitumenbahnen	www.gisbau.de
Schweißen von PVC-Bahnen im Freien mit THF-haltigen Quellschweißmitteln	www.gisbau.de
Spritzlackieren von Hand bei der Holzbe- und -verarbeitung	www.dguv.de/ifa
Staubexpositionen in Kohlekraftwerken, Anlieferung und Bekohlungsanlagen	www.bgetem.de
Tätigkeiten mit Toluol im Illustrationstiefdruck	www.dguv.de/ifa
Textilglasweberei	www.dguv.de/ifa
Thermoplastische Kunststoffe in Spritzgießmaschinen verarbeiten	www.bgetem.de

Stoffe/Verfahren/Tätigkeiten	**Internet**
Verarbeiten von Gussasphalt von Hand	www.gisbau.de
Verarbeiten von Walzasphalt im Straßenbau	www.gisbau.de
Vergießen elektronischer Bauteile mit Vergussmassen, die Methylendiphenyldiisocyanat (MDI) enthalten	www.dguv.de/ifa
Verpackungstief- und Flexodruck mit Lösemittelfarben	www.dguv.de/ifa
Verwendung von reaktiven PUR-Schmelzklebstoffen bei der Verarbeitung von Holz, Papier und Leder	www.dguv.de/ifa
Verwendung von Trichlorethylen bei der Prüfung von Asphalt – Waschtrommelverfahren	www.dguv.de/ifa
Verzinken in galvanotechnischen Betrieben	www.bgetem.de
Vorstriche und Klebstoffe für Bodenbeläge	www.gisbau.de
Warmgas-Schweißen von PVC-Bahnen im Freien	www.gisbau.de
Weichlöten mit Lötkolben an elektrischen und elektronischen Baugruppen oder deren Einzelkomponenten (Kolbenlöten)	www.dguv.de/ifa
Wolfram Inertgas-Schweißen (WIG-Schweißen)	www.dguv.de/ifa

Das Wirkfaktoren-Modell

Das Wirkfaktoren-Modell ermöglicht eine vergleichende Gefährdungsabschätzung hinsichtlich der gesundheitsschädlichen Eigenschaften nicht nur von Stoffen, sondern auch von Gemischen. Es berücksichtigt alle (aus dem Sicherheitsdatenblatt ersichtlichen) Inhaltsstoffe.

Berücksichtigt wird auch, dass evtl. grundlegende Daten zu Stoffeigenschaften nicht vorliegen. Fehlen diese Daten und ist für den Stoff kein Arbeitsplatzgrenzwert abgeleitet, sind entsprechende W-Faktoren anzunehmen:

- zu akuter Toxizität, Hautreizung, Schleimhautreizung oder erbgutveränderndem Potenzial für diese Eigenschaften der W-Faktor 100;
- zur Hautsensibilisierung für diese Eigenschaft ein W-Faktor von 500;
- zur Toxizität bei wiederholter Verabreichung für diese Eigenschaft ein W-Faktor von 100.

Physikalisch-chemische Eigenschaften, Umweltgefahren sowie Expositions- und Anwendungsbedingungen berücksichtigt das Wirkfaktoren-Modell nicht. Diese können bei der Entscheidung zu einem Ersatzstoff mit dem Spaltenmodell beurteilt werden.

Der Wirkfaktor (W) für Stoffe

W wird beschrieben durch die entsprechenden Gefahrenhinweise (H-Sätze) sowie durch Gesundheitsgefahren, die noch nicht in einem H-Satz ihren Niederschlag gefunden haben (z. B. pH-Wert, K2).

Wirkfaktoren (W)	
H350, H340, H350i, M1A, M1B, K1A, K1B	50.000
H300, H310, H330, EUH032, Arbeitsplatzgrenzwert[3] <0,1 mg/m³ H360F, H360D, R_E1A, R_E1B, R_F1A, R_F1B	1.000
H314 (Kat. 1A), H370, H372, H334, H317, Sh, Sa, Sah	500
H301, H311, H331, EUH029, EUH301, H314 (Kat. 1B, 1C), H318, H[2] H351, H341, K2, M2, pH <2 bzw. >11,5[1]	100
H371, H373, H361f, H361d, R_E2, R_F2	50
H302, H312, H332	10
H315, H319, H335, H304, H336	5
EUH066, eingestuft (aber keines der genannten Kriterien) oder mit AGW >100 mg/m³	1
Stoffe mit bekanntermaßen geringer Gesundheitsgefährdung	0
Arbeitsplatzgrenzwert zwischen 0,1 und 100 mg/m³	100/GW[3]

1) Wenn Wz <100 ist, ist das Wirkpotenzial bei einem pH-Wert des Gemisches <2 bzw. >11,5 mit W = 100 anzunehmen, sofern nicht aufgrund von Prüfungen der pH-Wert als nicht bewertungsrelevant beurteilt wurde.

2) Bei einer H-Einstufung in der MAK-Liste oder der TRGS 900 ohne entsprechenden H-Satz: Liegt einer der H-Sätze 302, 312, 332 vor, ist das Wirkpotenzial entsprechend diesem H-Satz zu wählen.

3) Verwende jeweils den höchsten Wert für W. Soweit Wirkungen, die einem H-Satz zu Grunde liegen, maßgeblich die Höhe des Arbeitsplatzgrenzwertes begründen, braucht dieser H-Satz nicht berücksichtigt zu werden. Dies kann den Begründungen zu den Arbeitsplatzgrenzwerten entnommen werden.

Es sind alle bei der bestehenden Lösung und bei der Ersatzlösung ein- und freigesetzten oder entstehenden Stoffe zu berücksichtigen. Bei Stoffen mit mehreren der aufgeführten Eigenschaften ist die Eigenschaft mit dem höchsten Wert heranzuziehen.

Der W-Faktor eines Stoffes kann nur im Vergleich mit dem W-Faktor eines anderen Stoffes verwendet werden. Die W-Faktoren sind abgeleitet worden aus den Einstufungskriterien sowie der Höhe der Arbeitsplatzgrenzwerte. Die Tabelle geht aus von der W-Faktoren-Tabelle der ursprünglichen TRGS 600. Sie ist in der vorliegenden Form von Birgit Stöffler („Substitution von Gefahrstoffen", ecomed Verlag, 2020) unter Berücksichtigung der Kennzeichnungsvorschriften der CLP-Verordnung überarbeitet worden.

Der Wirkfaktor (Wz) für Gemische

Wz erhält man durch Addition der W-Faktoren der Inhaltsstoffe entsprechend ihrem Anteil in dem Gemisch. Wz für Gemische mit den Inhaltsstoffen A, B, C, … wird berechnet nach der Formel

$$Wz = W_A \times P_A + W_B \times P_B + W_C \times P_C + \ldots$$

$$\text{wobei } P_A, P_B, P_C, \ldots = \text{Prozentsatz}/100.$$

Die Ermittlung von Wz darf nicht anhand der Kennzeichnung der Gemische erfolgen. Sinnvollerweise sollte Wz vom Lieferanten oder Hersteller ermittelt werden.

Muss Wz doch aus den Angaben im Sicherheitsdatenblatt berechnet werden, ist bei Konzentrationsspannen (z. B. 10–25 %) der höchste Wert (hier 25 %) für die Berechnung heranzuziehen. Auch wenn sich dabei ggf. ein Gesamtgehalt über 100 % ergibt (z. B. Stoff A 10–25 %, Stoff B 75–90 %), ist nicht auf 100 % zurückzurechnen. Liegt der Gesamtgehalt der im Sicherheitsdatenblatt angegebenen Stoffe unter 100 %, muss entsprechend hochgerechnet werden.

Bei Mehr-Komponenten-Produkten sind zum Vergleich mit einer Ersatzlösung die Wirkfaktoren der Komponente mit den höheren W-Faktoren heranzuziehen (bei Gebinden, mit denen eine Zwangsmischung erfolgt, ist der Mittelwert der Wirkfaktoren der Komponenten zu verwenden).

Der Einsatz einer Ersatzlösung ist umso eindringlicher zu prüfen, je größer der Quotient aus den Wirkfaktoren der bestehenden Lösung und der Ersatzlösung ist.

Ist das Verhältnis der Wirkfaktoren von eingesetztem Stoff/Gemisch zur Ersatzlösung unter 10, sollten weitere Gründe für die Ersatzlösung geprüft werden. Ist der Wirkfaktor des verwendeten Produktes mehr als zehnmal so groß wie der Wirkfaktor der Ersatzlösung, müssen wichtige Gründe vorliegen, wenn die Ersatzlösung nicht eingesetzt wird.

Autoren

Dr. Reinhold Rühl war im Bereich Gefahrstoffe bei der Berufsgenossenschaft der Bauwirtschaft tätig

Dr. Eva Lechtenberg-Auffahrth ist stellvertretende Gruppenleiterin in der Bundesanstalt für Arbeitsschutz und Arbeitsmedizin in Dortmund

Auskunfts- und Bezugsquellen

BG BAU – Berufsgenossenschaft der Bauwirtschaft
Hildegardstraße 29/30 · 10715 Berlin
Tel. 030 85781-0
Internet www.bgbau.de

Berufsgenossenschaft Energie Textil Elektro Medienerzeugnisse
Gustav-Heinemann-Ufer 130 · 50968 Köln
Tel. 0221 3778-0 · Fax 0221 3778-1199
Internet www.bgetem.de

Berufsgenossenschaft Rohstoffe und chemische Industrie
Kurfürstenanlage 62 · 69115 Heidelberg
Tel. 06221 5108-0 · Fax 06221 5108-48549
Internet www.bgrci.de

Berufsgenossenschaft für Gesundheitsdienst und Wohlfahrtspflege
Pappelallee 33/35/37 · 22089 Hamburg
Tel. 040 20207-0 · Fax 040 20207-2495
Internet www.bgw-online.de

Bundesanstalt für Arbeitsschutz und Arbeitsmedizin (BAuA)
Friedrich-Henkel-Weg 1–25 · 44149 Dortmund
Tel. 0231 9071-0 · Fax 0231 9071-2454
Internet www.baua.de

Deutsche Gesetzliche Unfallversicherung (DGUV)
Glinkastraße 40 · 10117 Berlin
Tel. 030 13001-0 · Fax 030 13001-9876
Internet www.dguv.de

Deutsche Bauchemie e. V.
Mainzer Landstraße 55 · 60329 Frankfurt
Tel. 069 2556-1318
Internet www.deutsche-bauchemie.de

Deutscher Apotheker-Verlag
Birkenwaldstraße 44 · 70191 Stuttgart
Tel. 0711 2582-0 · Fax 0711 2582-290
Internet www.deutscher-apotheker-verlag.de

GISBAU
Hildegardstraße 29/30 · 10715 Berlin
Tel. 030 85781-0
Internet www.gisbau.de

Institut für Arbeitsschutz der Deutschen Gesetzlichen Unfallversicherung – IFA
Alte Heerstraße 111 · 53754 Sankt Augustin
Tel. 030 13001-0 · Fax 030 13001-38001
Internet www.dguv.de/ifa

Industrieverband Körperpflege und Waschmittel e. V.
Mainzer Landstraße 55 · 60329 Frankfurt
Tel. 069 2556-1323
Internet www.ikw.org

Verband Deutscher Verkehrsunternehmen
Kamekestraße 37 – 39 · 50672 Köln
Tel. 0221 57979-0
Internet www.vdv.de

TRGS 400 – Gefährdungsbeurteilung für Tätigkeiten mit Gefahrstoffen

Ausgabe Juli 2017*)

Inhalt

1 Anwendungsbereich

(1) Die TRGS 400 beschreibt Vorgehensweisen zur Informationsermittlung und Gefährdungsbeurteilung nach § 6 GefStoffV. Sie bindet die Vorgaben der GefStoffV in den durch das Arbeitsschutzgesetz (§§ 5 und 6 ArbSchG) vorgegebenen Rahmen ein.

(2) Nummer 3 dieser TRGS beschreibt die Verantwortung und Organisation bei der Gefährdungsbeurteilung, Nummer 4 die gefahrstoffspezifischen Aspekte.

(3) Die gefahrstoffspezifischen Aspekte der Gefährdungsbeurteilung werden insbesondere ergänzt durch:

*) Hinweis: Die wichtigsten Änderungen sind Einführung einer neuen Nummer „Verantwortung und Organisation"; Zusammenfassung der Nummern 5 und 6; Aufnahme der physikalisch-chemischen Gefährdungen; Hinweise darauf, wie Datenlücken im Sicherheitsdatenblatt erkannt werden können; Klarstellungen bzgl. Fachkunde; Aufnahme von Beispielen für nicht geringe Gefährdung; Berücksichtigung, dass TRGS oder VSK direkt angewendet werden können, während bei allen anderen Handlungsempfehlungen Anhang 2 herangezogen werden muss.

1. TRGS 401 „Gefährdung durch Hautkontakt – Ermittlung, Beurteilung, Maßnahmen",
2. TRGS 402 „Ermitteln und Beurteilen der Gefährdungen bei Tätigkeiten mit Gefahrstoffen: Inhalative Exposition",
3. TRBA/TRGS 406 „Sensibilisierende Stoffe für die Atemwege",
4. TRGS 407 „Tätigkeiten mit Gasen – Gefährdungsbeurteilung",
5. TRGS 720/721 „Gefährliche explosionsfähige Atmosphäre – Allgemeines" und „Gefährliche explosionsfähige Atmosphäre – Beurteilung der Explosionsgefährdung",
6. TRGS 800 „Brandschutzmaßnahmen".

(4) Stoff- und tätigkeitsbezogene TRGS enthalten weitere spezifische Anforderungen zur Gefährdungsbeurteilung.

(5) Die TRGS 400 ist nach § 1 GefStoffV auch von Unternehmern ohne Beschäftigte zu beachten, die Tätigkeiten mit Gefahrstoffen durchführen, um die aufgrund der GefStoffV notwendigen Maßnahmen zum Schutz anderer Personen festlegen zu können. Darüber hinausgehend wird Unternehmern ohne Beschäftigte empfohlen, anhand dieser TRGS auch Maßnahmen für die persönliche Sicherheit und den Schutz der eigenen Gesundheit zu treffen.

2 Begriffsbestimmungen

In dieser TRGS sind die Begriffe so verwendet, wie sie im „Begriffsglossar zu den Regelwerken der Betriebssicherheitsverordnung (BetrSichV), Biostoffverordnung (BioStoffV) und der Gefahrstoffverordnung (GefStoffV)[1)]" des ABAS, ABS und AGS bestimmt sind.

3 Verantwortung und Organisation

3.1 Verantwortung

(1) Für die Durchführung der Gefährdungsbeurteilung ist der Arbeitgeber verantwortlich. Die Mitbestimmungsrechte sind zu berücksichtigen.

(2) Die Gefährdungsbeurteilung darf nur von fachkundigen Personen durchgeführt werden (siehe Nummer 4.1). Verfügt der Arbeitgeber nicht selbst über die entsprechenden Kenntnisse, so hat er sich fachkundig beraten zu lassen.

(3) Der Arbeitgeber kann die Durchführung der Gefährdungsbeurteilung auch an eine oder mehrere fachkundige Personen delegieren. Er muss sicherstellen, dass die für ihn tätig werdenden Personen über die

[1)] *https://www.baua.de/DE/Angebote/Rechtstexte-und-Technische-Regeln/Regelwerk/Glossar/Glossar_node.html.*

notwendigen Kenntnisse verfügen und alle für die Gefährdungsbeurteilung erforderlichen Unterlagen und Informationen zur Verfügung stellen.

(4) Werden für die Durchführung von Arbeiten in einem Betrieb Fremdfirmen beauftragt und besteht die Möglichkeit einer gegenseitigen Gefährdung durch Tätigkeiten mit Gefahrstoffen, haben alle Arbeitgeber (als Auftraggeber und als Auftragnehmer) bei der Durchführung der Gefährdungsbeurteilung zusammenzuwirken und die Schutzmaßnahmen abzustimmen (§ 15 GefStoffV).

3.2 Organisation

Der Arbeitgeber hat durch eine geeignete Organisation dafür zu sorgen, dass die dauerhafte Umsetzung der Schutzmaßnahmen sichergestellt ist, deren Wirksamkeit kontrolliert wird und sie erforderlichenfalls an geänderte Gegebenheiten angepasst und dokumentiert werden. Dabei ist insbesondere auch sicherzustellen, dass Informationen über Stoffe, Tätigkeiten sowie Arbeits- und Umgebungsbedingungen, die zu Gefährdungen führen können, erfasst und angemessen berücksichtigt werden. Zu den Vorkehrungen, die der Arbeitgeber treffen kann, damit die Einhaltung der Maßnahmen bei allen Tätigkeiten durch die betrieblichen Führungsstrukturen und Ablauforganisationen angemessen sichergestellt wird, gehören z. B.:

1. gegebenenfalls weitere Verantwortliche benennen (Pflichtenübertragung),
2. Abläufe planen,
3. Maßnahmen festlegen und umsetzen,
4. Qualifikation und Unterweisung der Beschäftigten sicherstellen,
5. eindeutige Anweisungen erteilen,
6. Informations- und Meldepflichten festlegen,
7. sich von der Wirksamkeit der Maßnahmen überzeugen,
8. sicherstellen, dass den Mitarbeitern die Umsetzung von Schutzmaßnahmen jederzeit möglich ist, und
9. Kontrollpflichten gestalten und umsetzen.

4 Grundsätze zur Durchführung der Gefährdungsbeurteilung

(1) Die Gefährdungsbeurteilung ist die systematische Ermittlung und Bewertung relevanter Gefährdungen der Beschäftigten mit dem Ziel, erforderliche Maßnahmen für Sicherheit und Gesundheit bei der Arbeit festzulegen. Grundlage ist eine Beurteilung der mit den Tätigkeiten verbundenen inhalativen (durch Einatmen), dermalen (durch Hautkon-

takt), oralen (durch Verschlucken) und physikalisch-chemischen Gefährdungen (z. B. Brand- und Explosionsgefährdungen) sowie der sonstigen durch Gefahrstoffe bedingten Gefährdungen.

(2) Der Arbeitgeber darf eine Tätigkeit mit Gefahrstoffen erst aufnehmen lassen, nachdem eine Gefährdungsbeurteilung durchgeführt wurde und die erforderlichen Schutzmaßnahmen getroffen wurden. Nicht immer können technische Lösungen sofort umgesetzt werden. In diesen Fällen ist entsprechend § 6 Absatz 8 Nummer 4a und b Gefahrstoffverordnung vorzugehen und vorübergehend geeignete persönliche Schutzausrüstung zur Verfügung zu stellen.

(3) Bereits vorhandene Informationen und Ermittlungsergebnisse (z. B. zu umgesetzten Schutzmaßnahmen, Gefahrstoffverzeichnis, Protokolle von Betriebsbegehungen, Ergebnisse von messtechnischen oder nichtmesstechnischen Ermittlungen zur inhalativen Exposition) können die Durchführung der Gefährdungsbeurteilung und die Dokumentation unterstützen.

(4) Die Gefährdungsbeurteilung muss in regelmäßigen Abständen und bei gegebenem Anlass überprüft und ggf. aktualisiert werden; das Überprüfungsintervall ist vom Arbeitgeber festzulegen.

4.1 Fachkunde

(1) Die Gefährdungsbeurteilung ist vom Arbeitgeber fachkundig zu erstellen. Ist der Arbeitgeber nicht selbst fachkundig, dann muss er sich fachkundig beraten lassen.

(2) Die Durchführung der Gefährdungsbeurteilung verlangt mindestens folgende Kenntnisse:

1. zu den für die Beurteilung notwendigen Informationsquellen nach Nummer 5.1,
2. zu den verwendeten und im Betrieb entstehenden Gefahrstoffen und ihren gefährlichen Eigenschaften nach Nummer 5.2,
3. zu den mit den Gefahrstoffen im Betrieb durchgeführten Tätigkeiten,
4. zum Vorgehen bei der Beurteilung der Gefährdungen nach Nummer 6,
5. zur Substitution gemäß TRGS 600,
6. zu technischen, organisatorischen und persönlichen Schutzmaßnahmen,
7. zur Kontrolle der Wirksamkeit von Schutzmaßnahmen nach Nummer 7 und
8. zur Dokumentation der Gefährdungsbeurteilung nach Nummer 8.

Die Anforderungen an den Umfang und die Tiefe der notwendigen Kenntnisse können in Abhängigkeit von der Branche, dem Betrieb und den zu beurteilenden Tätigkeiten unterschiedlich sein und müssen nicht in einer Person vereinigt sein.

(3) Die Fachkunde umfasst im Wesentlichen folgende Komponenten:

1. Eine geeignete Berufsausbildung oder eine entsprechende Berufserfahrung oder eine zeitnah ausgeübte entsprechende berufliche Tätigkeit und
2. Kompetenz im Arbeitsschutz, die Kenntnisse und Fähigkeiten umfasst.

Diese Kenntnisse können durch Teilnahme an spezifischen Fortbildungsmaßnahmen erworben werden.

(4) Vor Beginn der Tätigkeiten müssen die Arbeitsbedingungen fachkundig beurteilt werden, um die festzulegenden Schutzmaßnahmen für die sichere Ausführung der Tätigkeiten bewerten oder überprüfen zu können.

(5) Fachkundig können insbesondere die Fachkraft für Arbeitssicherheit und die Betriebsärztin oder der Betriebsarzt sein, wenn sie die Anforderungen nach Absatz 2 und 3 erfüllen.

(6) Besondere Anforderungen an die notwendige Fachkunde können für die Anwendung bestimmter Verfahren zur Beurteilung der inhalativen Exposition, insbesondere für Arbeitsplatzmessungen, erforderlich sein. Diese Anforderungen beschreibt die TRGS 402.

4.2 Beurteilung gleichartiger Tätigkeiten

(1) Der Arbeitgeber muss alle Tätigkeiten mit Gefahrstoffen beurteilen. Bei gleichartigen Arbeitsbedingungen an vergleichbaren Arbeitsplätzen und gleichen Tätigkeiten reicht die Beurteilung eines Arbeitsplatzes für jede der zu betrachtenden Tätigkeiten aus.

(2) Die in der Gefährdungsbeurteilung gemeinsam bewerteten Tätigkeiten mit gleichartigen Arbeitsbedingungen müssen aus der Dokumentation nach Nummer 8 ersichtlich sein.

(3) Gleichartige Arbeitsbedingungen können auch bei räumlich getrennten Tätigkeiten (z. B. Probenahmen) vorliegen und mehrere Gefahrstoffe abdecken. Die Tätigkeiten müssen hierzu hinsichtlich der Gefährdungen, Expositionsbedingungen, Arbeitsabläufe, Verfahren, Umgebungsbedingungen und festzulegenden Schutzmaßnahmen vergleichbar sein.

(4) Tätigkeiten, bei denen die Gefährdung durch besonders gefährliche Eigenschaften oder eine hohe Exposition maßgeblich bestimmt wird,

sollten nicht pauschal, sondern stets im Einzelfall beurteilt werden. Dies gilt auch für nicht regelmäßig durchgeführte Tätigkeiten, wie z. B. bei Wartung oder Instandhaltung.

4.3 Aktualisierung der Gefährdungsbeurteilung

(1) Der Arbeitgeber ist verpflichtet, die Gefährdungsbeurteilung bei Änderung der Betriebs- und Verfahrensweisen sowie bei neuen Erkenntnissen zu den Stoffeigenschaften zu aktualisieren. Hierzu sind regelmäßig die Betriebsabläufe, die Umsetzung und die Wirksamkeit der Schutzmaßnahmen zu kontrollieren. Außerdem muss er sicherstellen, dass Änderungen im Vorschriften- und Regelwerk beachtet und sofern erforderlich berücksichtigt werden (z. B. durch TRGS-Newsletter der BAuA, Informationen der Unfallversicherungsträger, Länder, Industrieverbände, Innungen, Industrie- und Handelskammern, Handwerkskammern oder Fachzeitschriften).

(2) Anlässe zur Überprüfung und ggf. Überarbeitung der Gefährdungsbeurteilung können sein:

1. Einführung eines neuen Gefahrstoffs in einen Arbeitsbereich,
2. Änderungen der Tätigkeiten oder der Arbeitsbedingungen (Mengen, Arbeitsverfahren, Schutzmaßnahmen, Lüftungsverhältnisse),
3. Ergebnisse aus der regelmäßigen Wirksamkeitskontrolle von Schutzmaßnahmen nach Nummer 7,
4. Erkenntnisse aus der arbeitsmedizinischen Vorsorge, z. B. bei Auftreten von Hauterkrankungen oder Überschreitung eines Biologischen Grenzwertes,
5. neue oder geänderte Arbeitsplatzgrenzwerte nach TRGS 900, Biologische Grenzwerte nach TRGS 903, Akzeptanz- und Toleranzkonzentrationen nach TRGS 910 oder Beurteilungsmaßstäbe in den Technischen Regeln,
6. neue Erkenntnisse zu gefährlichen Stoffeigenschaften (z. B. aus Einstufung und Kennzeichnung, Sicherheitsdatenblatt, TRGS 905 „Verzeichnis krebserzeugender, keimzellmutagener oder reproduktionstoxischer Stoffe", TRGS 906 „Verzeichnis krebserzeugender Tätigkeiten oder Verfahren nach § 3 Absatz 2 Nr. 3 GefStoffV" und TRGS 907 „Verzeichnis sensibilisierender Stoffe und von Tätigkeiten mit sensibilisierenden Stoffen"),
7. Änderungen im Regelwerk (z. B. GefStoffV, BetrSichV, ArbMedVV, TRGS-relevante TRBS oder DGUV Vorschriften und Regeln),
8. Unfälle, Erkrankungen, Beinahe-Unfälle, Schadensfälle, kritische Situationen und Zustände, Ergebnisse aus Unfalluntersuchungen (z. B. nach Bränden oder Explosionen).

5 Ermitteln von Gefährdungen

(1) Der Arbeitgeber hat im ersten Schritt zu ermitteln, ob Beschäftigte Tätigkeiten mit Gefahrstoffen durchführen oder ob Tätigkeiten durchgeführt werden, bei denen Gefahrstoffe entstehen oder freigesetzt werden können. Die Kriterien, wann ein Arbeitsstoff ein Gefahrstoff ist, beschreibt Nummer 5.2.

(2) Neben den Stoffeigenschaften hat der Arbeitgeber die Tätigkeiten, Arbeitsabläufe, Verfahren, Arbeits-, Betriebs- und Umgebungsbedingungen zu ermitteln und zu berücksichtigen. Hierzu müssen Informationen beschafft werden über:

1. die verwendeten Arbeitsstoffe und Mengen,
2. die Tätigkeiten, die daraus resultierenden Expositionen und die Aufnahmewege,
3. die Möglichkeiten einer Substitution,
4. mögliche und vorhandene Schutzmaßnahmen und deren Wirksamkeit.

(3) Liegen Erkenntnisse aus der betrieblichen arbeitsmedizinischen Vorsorge nach der Verordnung zur Arbeitsmedizinischen Vorsorge vor, hat der Arbeitgeber diese bei der Gefährdungsbeurteilung zu berücksichtigen.

5.1 Informationsquellen

(1) Die wichtigste Informationsquelle für die Gefährdungsbeurteilung bei Tätigkeiten mit Stoffen oder Gemischen sind Sicherheitsdatenblätter. Für die Gefährdungsbeurteilung ist eine aktuelle Fassung des jeweiligen Sicherheitsdatenblattes zu verwenden.

(2) Das Sicherheitsdatenblatt ist auf offensichtlich unvollständige, widersprüchliche oder fehlerhafte Angaben zu überprüfen. Erforderlichenfalls muss beim Lieferanten ein korrektes Sicherheitsdatenblatt angefordert und von diesem geliefert werden.

(3) Erhält der Arbeitgeber die erforderlichen Informationen nicht, muss er sich diese Informationen selbst beschaffen oder die Gefährdungen, zu denen keine Informationen vorhanden sind, als vorhanden unterstellen und die entsprechenden Maßnahmen festlegen (siehe Nummer 5.2 Absätze 7 und 8). Alternativ wird empfohlen, nur Stoffe bzw. Gemische zu verwenden, für die der Lieferant die erforderlichen Informationen bereitstellt.

(4) Sofern für Stoffe Expositionsszenarien im Anhang des Sicherheitsdatenblattes vorhanden sind, sind diese als Informationsquelle für die Gefährdungsbeurteilung zu berücksichtigen. Weitere Hinweise zur Verwendung von Expositionsszenarien enthält die BekGS 409 „Nutzung von REACH-Informationen für den Arbeitsschutz".

(5) Bei nicht als gefährlich gekennzeichneten Gemischen, die mit dem „EUH 210 – Sicherheitsdatenblatt auf Anfrage erhältlich" versehen sind, ist das Sicherheitsdatenblatt beim Lieferanten anzufordern, wenn die vorhandenen Informationen für eine Gefährdungsbeurteilung nicht ausreichen.

(6) Auch für Stoffe und Gemische, für die aufgrund der gesetzlichen Vorgaben kein Sicherheitsdatenblatt erforderlich ist, sind Lieferanten verpflichtet, den Abnehmern verfügbare und sachdienliche Informationen zu übermitteln, die notwendig sind, damit geeignete Maßnahmen ermittelt und angewendet werden können.

(7) Weitere relevante, für den Arbeitgeber mit zumutbarem Aufwand zugängliche Informationsquellen zur Ermittlung der Stoffeigenschaften, zur Ermittlung von tätigkeitsspezifischen Gefährdungen und daraus resultierenden Schutzmaßnahmen können sein:

1. Technische Regeln für Gefahrstoffe und Bekanntmachungen für Gefahrstoffe (*www.baua.de/trgs*),
2. Kennzeichnungsetikett auf der Verpackung, Gebrauchsanweisungen, Technische Merkblätter, die aus Melde-, Risikobewertungs- oder Zulassungsverfahren gewonnene Erkenntnisse beschreiben,
3. branchen- oder tätigkeitsspezifische Hilfestellungen (z. B. Regeln und Informationen der Unfallversicherungsträger, Handlungsanleitungen zur guten Arbeitspraxis, Schutzleitfäden),
4. branchenbezogene Gefahrstoff- und Produktbewertungen der Unfallversicherungsträger (z. B. GISBAU Gefahrstoffinformationssystem der Berufsgenossenschaft der Bauwirtschaft, GisChem Gefahrstoffinformationssystem der Berufsgenossenschaft Rohstoffe und chemische Industrie und der BG Holz und Metall),
5. Stoffinformationen der Bundesländer und der Unfallversicherungsträger (z. B. GESTIS und andere Datenbanken des Institutes für Arbeitsschutz (IFA) der Deutschen Gesetzlichen Unfallversicherung (DGUV), Informationssystem für gefährliche Stoffe (IGS) des Landes Nordrhein-Westfalen, Gefahrstoffdatenbank der Länder (GDL)),
6. Einfaches Maßnahmenkonzept Gefahrstoffe (EMKG) der Bundesanstalt für Arbeitsschutz und Arbeitsmedizin, GESTIS-Stoffmanager/ Stoffenmanager®,
7. Stoffinformationen der Europäischen Chemikalienagentur ECHA.

(8) Personen, die an Entscheidungen für die Auswahl und den Einsatz von Arbeitsstoffen beteiligt sind, sollten an der Informationsermittlung mitwirken. Dies gilt u. a. für:

1. den Einsatz von Bau-Produkten: Architekten, Bauherren und Planer,
2. vorgeschriebene Wartungen im Kfz-Bereich: Automobilhersteller,

3. die Sanierung von kontaminierten Bereichen: Auftraggeber,
4. den Einsatz von Desinfektionsmitteln: Auftraggeber, Gesundheitsbehörden.

Die Mitwirkung dieser Personen entbindet den Arbeitgeber nicht von seiner Verantwortung für die Gefährdungsbeurteilung.

5.2 Gefahrstoffe

(1) In § 2 GefStoffV ist festgelegt, was ein Gefahrstoff ist. Die nachfolgenden Absätze erläutern diese Begriffsbestimmung.

(2) Alle nach CLP-Verordnung (Verordnung (EG) Nr. 1272/2008 über die Einstufung, Kennzeichnung und Verpackung von Stoffen und Gemischen, CLP-VO) als gefährlich eingestuften Stoffe, Gemische und Erzeugnisse sind Gefahrstoffe.

(3) Zu den Gefahrstoffen zählen auch nicht als gefährlich eingestufte Arbeitsstoffe, die zu Gefährdungen für die Sicherheit und Gesundheit von Beschäftigten bei der Arbeit führen können, z. B. durch:

1. Hautkontakt, z. B. Feuchtarbeitsplätze (s. TRGS 401 „Gefährdung durch Hautkontakt – Ermittlung, Beurteilung, Maßnahmen"),
2. physikalisch-chemische Gefährdungen, wie z. B. brennbare Stoffe/Gemische, die nicht als gefährlich eingestuft sind und trotzdem eine Brandlast darstellen z. B. eine Flüssigkeit mit Flammpunkt > 60 °C (s. TRGS 800 „Brandschutzmaßnahmen"),
3. andere physikalisch-chemischen Gefährdungen, z. B. tiefkalte oder heiße Flüssigkeiten, Dämpfe und Gase oder
4. erstickende oder narkotisierende Gase.

Auch Gemische, die nicht als gefährlich eingestuft sind, jedoch einen gefährlichen Stoff in einer Konzentration enthalten, die nicht zur Einstufung des Gemisches führt, können Gefahrstoffe sein. Solche Gemische sind in bestimmten Fällen anhand von ergänzenden Gefahrenhinweisen (z. B. EUH 208 „Enthält ... < Name des sensibilisierenden Stoffes > . Kann allergische Reaktionen hervorrufen.") zu erkennen.

(4) Innerbetrieblich hergestellte Stoffe oder Gemische oder Zwischenprodukte, die nicht in Verkehr gebracht werden, muss der Arbeitgeber gemäß § 6 GefStoffV selbst einstufen (s. TRGS 201 „Einstufung und Kennzeichnung bei Tätigkeiten mit Gefahrstoffen").

(5) Auch kosmetische Mittel, Lebensmittel und -zusatzstoffe, Futtermittel und -zusatzstoffe, Arzneimittel, Medizinprodukte, Tabakerzeugnisse, Abfälle und Altöle sowie Abwässer können Gefahrstoffe i. S. d. GefStoffV sein. Zu den Gefahrstoffen gehören auch Bestandteile von Pflanzen und Tieren, wenn sie gefährliche Eigenschaften aufweisen (z. B. sensibilisierend nach TRGS 907). Solche Stoffe oder Gemische sind gegebenenfalls gemäß

§6 Absatz 3 GefStoffV selbst einzustufen (s. TRGS 201 „Einstufung und Kennzeichnung bei Tätigkeiten mit Gefahrstoffen").

(6) Gefahrstoffe sind auch alle Stoffe, für die Arbeitsplatzgrenzwerte (TRGS 900), Biologische Grenzwerte (TRGS 903), Akzeptanz- und Toleranzkonzentrationen (TRGS 910) oder Beurteilungsmaßstäbe in den entsprechenden TRGS veröffentlicht wurden. Weitere Informationen zu krebserzeugenden und sensibilisierenden Gefahrstoffen finden sich in den TRGS 905 und TRGS 907.

(7) Bei Stoffen, die gemäß Verordnung (EG) Nr. 1907/2006 (REACH-VO) registriert sind[2)], kann davon ausgegangen werden, dass alle relevanten Daten vorhanden sind.

(8) Stoffe und Gemische sind wie Gefahrstoffe zu behandeln, wenn für die folgenden gefährlichen Eigenschaften Prüfergebnisse oder aussagekräftige Bewertungen nicht oder nur teilweise vorliegen:

1. akut toxisch (ein Aufnahmeweg ist ausreichend),
2. hautreizend,
3. keimzellmutagen,
4. hautsensibilisierend und
5. toxisch bei wiederholter Applikation.

Ob Prüfergebnisse oder Bewertungen vorhanden sind, kann anhand des Sicherheitsdatenblattes (Abschnitt 2 „Mögliche Gefahren" und Abschnitt 11 „Toxikologische Angaben") festgestellt werden oder ist anderweitig, insbesondere durch Nachfrage beim Lieferanten zu ermitteln. Sind im Sicherheitsdatenblatt in den Abschnitten 2 und 11 keine Informationen zu den genannten Eigenschaften vorhanden, sind Formulierungen in Abschnitt 11 wie z. B. "Aufgrund der verfügbaren Daten sind die Einstufungskriterien nicht erfüllt." ausreichend. Die Aussagen „Keine Daten" oder „Keine Information verfügbar" sind nicht ausreichend.

(9) Können die Informationen nach Absatz 8 nicht ermittelt werden, so sind für Tätigkeiten mit diesen Stoffen Schutzmaßnahmen entsprechend folgender Einstufungen zu treffen:

1. Acute Tox. 3 (Akute Toxizität Kategorie 3; H301, H311, H331),
2. Skin Irrit. 2 (Hautreizung Kategorie 2; H315),
3. Muta. 2 (Keimzellmutagenität Kategorie 2; H341),
4. Skin Sens. 1 (Hautsensibilisierend Kategorie 1; H317) und
5. STOT RE 2 (Spezifische Zielorgantoxizität bei wiederholter Exposition Kategorie 2; H373).

---

2) Es wird darauf hingewiesen, dass für registrierte Stoffe zwischen 1 und 10 t/a Daten für die inhalative und dermale Toxizität sowie die Toxizität für wiederholte Applikation in der Regel nicht erhoben werden / nicht bekannt sind.

(10) Stoffe, die für wissenschaftliche sowie produkt- und verfahrensorientierte Forschung und Entwicklung entsprechend Artikel 3 Nummer 22 und Nummer 23 der REACH-VO verwendet werden, sind in der Gefährdungsbeurteilung gemäß den Vorgaben der TRGS 526 „Laboratorien" zu behandeln, sofern keine ausreichenden Erkenntnisse zu deren gefährlichen Eigenschaften vorliegen.

(11) Gefahrstoffe können auch bei Tätigkeiten entstehende oder freigesetzte Stäube (einschließlich Rauche, ultrafeine Partikel), Gase, Dämpfe oder Nebel sein. Beispiele für das Freisetzen oder Entstehen von Gefahrstoffen sind:

1. aus einer Schweißelektrode entstehende Schweißrauche,
2. beim Schleifen freigesetzter Holzstaub,
3. aus Reinigern freigesetzte Lösemittel,
4. beim Bohren freigesetzte Stäube,
5. bei Arbeiten in kontaminierten Bereichen freigesetzte Stäube, (z. B. aus Baumaterialien freigesetzter asbesthaltiger Staub),
6. bei Tätigkeiten entstehende Pyrolyseprodukte,
7. Aerosole und Dämpfe bei der spanabhebenden Metallbearbeitung mit Kühlschmierstoffen.

Für die Bewertung dieser Gefahrstoffe können auch die Informationsquellen nach Nummer 5.1 Absatz 7 herangezogen werden.

(12) Können für die bei Tätigkeiten freigesetzten Stäube (einschließlich Rauche), Gase, Dämpfe oder Nebel keine ausreichenden Informationen bezüglich der Gesundheitsgefahren ermittelt werden, so ist gemäß Absatz 9 zu verfahren.

5.3 Weitere relevante stoffbezogene Informationen

Neben der Einstufung und Kennzeichnung sowie Informationen zu sonstigen Gefahren können für die Gefährdungsbeurteilung folgende stoffbezogene Informationen relevant sein:

1. das Freisetzungsvermögen des Gefahrstoffes (Dampfdruck, Siedepunkt, Staubungsverhalten) gemäß Abschnitt 9 des Sicherheitsdatenblattes,
2. die hautresorptiven Eigenschaften von Gefahrstoffen (TRGS 900, TRGS 905, TRGS 910, TRGS 401, „MAK-Liste"),
3. belästigende Eigenschaften, die bei der Maßnahmenfestlegung zu berücksichtigen sind, z. B. starke Geruchsbildung,
4. bestehende Kontaminationen, z. B. Informationen des Bauherrn oder des Auftraggebers bei Tätigkeiten auf Grundstücken, in Gebäuden oder an Maschinen oder Anlagen,

5. Informationen über sicherheitstechnische Kenngrößen gemäß Abschnitt 9 des Sicherheitsdatenblattes, z. B. Flammpunkt, Zündtemperatur, Explosionsgrenzen, Mindestzündenergie, Zersetzungstemperatur, Selbstentzündungstemperatur,
6. Hinweise auf Nanomaterialien (BekGS 527 „Hergestellte Nanomaterialien").

5.4 Tätigkeitsbezogene Informationen

(1) Bei den Tätigkeiten sind alle Arbeitsvorgänge und Betriebszustände zu berücksichtigen, insbesondere auch An- und Abfahrvorgänge von Prozessen, Wiederinbetriebnahme nach längerem Stillstand, Reinigungs-, Wartungs-, Inspektions-, Instandsetzungs-, Aufräum- und Abbrucharbeiten, Lagerung, innerbetriebliche Beförderung, Entsorgung sowie die Beseitigung von vorhersehbaren Betriebsstörungen. Bedien- und Überwachungstätigkeiten sind ebenfalls zu berücksichtigen, sofern sie zu einer Gefährdung von Beschäftigten durch Gefahrstoffe bei der Arbeit führen können.

(2) Folgende Informationen sind zu berücksichtigen:

1. Erkenntnisse aus der Begehung des Arbeitsplatzes und Hinweise von Beschäftigten bzw. des Betriebs- oder Personalrates,
2. angewendete Verfahren, Arbeitsmittel, Arbeitstechniken sowie Arbeitsumfeld und -bedingungen, z. B. Raumgröße, Lüftungsverhältnisse, Temperatur, Luftfeuchtigkeit, Lärm, schwere körperliche Arbeit, belastende persönliche Schutzausrüstung,
3. Menge der am Arbeitsplatz vorhandenen Gefahrstoffe,
4. Art, Ausmaß, Dauer und Verlauf der Exposition gegenüber Gefahrstoffen durch Einatmen oder Hautkontakt, ggf. auch zur unbewussten oralen Aufnahme bei mangelnder Hygiene,
5. vorhandene Schutzmaßnahmen:
   a. technische Schutzeinrichtungen wie z. B. Kapselung, Quellenabsaugung, Lüftungseinrichtungen,
   b. organisatorische Schutzmaßnahmen z. B. Zutrittsbeschränkungen, Begrenzung der Expositionszeiten,
   c. persönliche Schutzausrüstung wie z. B. Atemschutz, Chemikalienschutzhandschuhe, Schutzbrille.
6. vorhersehbare Betriebsstörungen und deren Beseitigung, die zu erhöhten Expositionen gegenüber Gefahrstoffen oder Brand- und Explosionsgefährdungen führen können.

(3) Treten bei Tätigkeiten mehrere Gefahrstoffe gleichzeitig auf, so sind anhand der Informationsquellen nach Nummer 5.1 bekannte

Wechsel- oder Kombinationswirkungen mit Einfluss auf die Gesundheit und Sicherheit der Beschäftigten bei der Arbeit in der Gefährdungsbeurteilung zu berücksichtigen. Beispiele für bekannte Wechsel- und Kombinationswirkungen sind:

1. Lösemittelgemische, die zu Erkrankungen des Nervensystems führen können,
2. Asbest und polyzyklische aromatische Kohlenwasserstoffe (PAK) (Verstärkung der krebserzeugenden Wirkung),
3. Asbest und Rauchen (Verstärkung der krebserzeugenden Wirkung),
4. Stoffe, z. B. bestimmte Lösemittel, die die Aufnahme anderer Gefahrstoffe über die Haut erhöhen (Carrier-Effekt).

Wechsel- und Kombinationswirkungen können auch andere Gefährdungen betreffen, z. B. bei gleichzeitiger Belastung von Lärm und Stoffen, die ototoxisch wirken (siehe auch TRLV Lärm Teil 1 Beurteilung der Gefährdung durch Lärm).

5.5 Informationen über Substitutionsmöglichkeiten

Der Arbeitgeber muss ermitteln, ob Stoffe oder Verfahren mit einer insgesamt geringeren Gefährdung als die von ihm verwendeten oder in Aussicht genommenen verfügbar sind (siehe Nummer 6 und TRGS 600 „Substitution").

5.6 Erkenntnisse über die Wirksamkeit von Schutzmaßnahmen

Erkenntnisse zu bereits vorhandenen Schutzmaßnahmen sowie Informationen zu möglichen weiteren Schutzmaßnahmen sind bei der Gefährdungsbeurteilung zu berücksichtigen. Sie können gewonnen werden aus:

1. Arbeitsplatzmessungen oder anderen Methoden zur Wirksamkeitsprüfung nach Nummer 7 (innerbetrieblich durchgeführt oder veröffentlichte Beispiele vergleichbarer Arbeitsplätze),
2. Aufzeichnungen über Unfälle, Störungen des Betriebsablaufes und „Beinahe-Unfälle" (innerbetrieblich oder aus einschlägigen Veröffentlichungen),
3. Informationen über den Stand der Technik (siehe auch TRGS 460 „Handlungsempfehlung zur Ermittlung des Standes der Technik").

5.7 Erkenntnisse aus arbeitsmedizinischer Vorsorge

(1) Erkenntnisse aus der arbeitsmedizinischen Vorsorge sind nach § 6 GefStoffV bei der Gefährdungsbeurteilung ebenfalls zu berücksichtigen; sie können wertvolle Hinweise für die Festlegung von Maßnahmen und

ggf. deren Wirksamkeitsüberprüfung im Rahmen der Gefährdungsbeurteilung liefern. Erkenntnisse können sich ergeben aus:

1. Hinweisen aus der betriebsärztlichen Tätigkeit, die auf eine erhöhte Gefahrstoffbelastung schließen lassen oder
2. Hinweisen über unzureichende Schutzmaßnahmen, die dem Arbeitgeber vom Arzt oder der Ärztin als Ergebnis z. B. der Arbeitsmedizinischen Vorsorge oder des Biomonitorings unter Berücksichtigung der ärztlichen Schweigepflicht zusammen mit Vorschlägen für Schutzmaßnahmen übermittelt werden.

(2) Wird ein Biologischer Grenzwert (BGW) gemäß TRGS 903 oder ein stoffspezifischer Äquivalenzwert im biologischen Material zur Akzeptanz- und Toleranzkonzentration nach TRGS 910 Anlage 1 Tabelle 2 überschritten, kann dies ein wichtiger Hinweis auf unzureichende Schutzmaßnahmen bei Tätigkeiten mit Gefahrstoffen sein. Der Biologische Grenzwert gemäß TRGS 903 bzw. der stoffspezifische Äquivalenzwert nach TRGS 910 kann auch überschritten sein, obwohl bei Tätigkeiten mit einem Gefahrstoff der Arbeitsplatzgrenzwert gemäß TRGS 900 bzw. die Akzeptanz-/Toleranzkonzentration nach TRGS 910 eingehalten ist; dies kann auf erhebliche dermale (oder orale) Belastungen oder eine erhöhte körperliche Belastung hindeuten.

5.8 Gefahrstoffverzeichnis

(1) Über die ermittelten Gefahrstoffe ist ein Verzeichnis zu führen. Es soll einen Überblick über die im Betrieb verwendeten Gefahrstoffe geben. Ergibt die Gefährdungsbeurteilung, dass bestimmte Tätigkeiten mit Gefahrstoffen nur zu einer geringen Gefährdung der Beschäftigten führen (siehe Nummer 6.2), müssen diese Gefahrstoffe nicht in das Gefahrstoffverzeichnis aufgenommen werden.

(2) Das Gefahrstoffverzeichnis ist auf dem aktuellen Stand zu halten. Es empfiehlt sich, das Verzeichnis nach der betriebsspezifischen Organisationsstruktur aufzugliedern. Das Gefahrstoffverzeichnis kann in Papierform oder elektronisch geführt werden.

(3) Das Gefahrstoffverzeichnis muss mindestens folgende Angaben enthalten:

1. Bezeichnung des Gefahrstoffes (z. B. Produkt- oder Handelsname aus dem Sicherheitsdatenblatt),
2. Einstufung des Gefahrstoffes nach CLP-VO (Gefahrenklasse, -kategorie und Gefahrenhinweise (H-Sätze) und ggfs. ergänzende Gefahrenmerkmale und ergänzende Kennzeichnungselemente (EUH-Sätze)) oder sonstige Eigenschaften, die den Stoff zu einem Gefahrstoff machen,

3. Angaben zu den im Betrieb verwendeten Mengenbereichen,
4. Bezeichnung der Arbeitsbereiche, in denen Beschäftigte dem Gefahrstoff ausgesetzt sein können, sowie
5. einen Verweis auf die entsprechenden Sicherheitsdatenblätter.

Die Angaben nach Ziffer 1, 2 und 4 sowie die Sicherheitsdatenblätter müssen allen betroffenen Beschäftigten und ihren Vertretern zugänglich sein.[3)]

(4) Solange noch Stoffe oder Gemische mit einer Kennzeichnung nach der Stoff- bzw. der Zubereitungsrichtlinie im Betrieb vorhanden sind, kann im Gefahrstoffverzeichnis die Einstufung nach diesen Richtlinien beibehalten werden.

(5) Das Gefahrstoffverzeichnis kann als Bestandteil der Dokumentation nach Nummer 8 dienen.

6 Gefährdungsbeurteilung

6.1 Vorgehen

(1) Die mit den Tätigkeiten verbundenen inhalativen (Einatmen), dermalen (Hautkontakt), physikalisch-chemischen (z. B. Brandgefährdung und Explosionsgefährdung) und sonstigen durch den Gefahrstoff bedingten Gefährdungen, wie z. B. durch Temperatur oder Druck sind zu beurteilen.

(2) Bei der Beurteilung der Gefährdung sind auch Gefährdungen durch das Verschlucken von Gefahrstoffen (orale Aufnahme) zu berücksichtigen, wenn die Möglichkeit dieser Gefährdung bei den zu beurteilenden Tätigkeiten nicht ausgeschlossen werden kann. Dies kann z. B. der Fall sein, wenn mit verschmutzten Händen oder Schutzhandschuhen in das Gesicht gegriffen wird. Zu berücksichtigen ist auch eine mögliche Kontamination von Pausenverpflegung und verwendeten Arbeitsmitteln durch unzureichende Hygiene.

(3) Die Gefährdungsbeurteilung ist Grundlage für die Festlegung von Schutzmaßnahmen, welche die Gesundheit und Sicherheit der Beschäftigten und anderer Personen bei allen Tätigkeiten mit Gefahrstoffen gewährleisten müssen. Die Allgemeinen Schutzmaßnahmen nach § 8 GefStoffV sind dabei immer zu berücksichtigen.

---

3) Gemäß REACH-VO Art. 35 müssen Arbeitnehmern und ihren Vertretern auch zu bestimmten Stoffen bzw. Gemischen, für die kein Sicherheitsdatenblatt erforderlich ist, Informationen zur Verfügung gestellt werden. Werden diese in REACH-VO Art. 32 beschriebenen Information mit in das Gefahrstoffverzeichnis aufgenommen, dann kann dies auch zur gemeinsamen Erfüllung der Anforderungen gemäß REACH-VO Art. 35 genutzt werden.

(4) Die Beurteilung muss so durchgeführt und dokumentiert werden, dass die getroffenen Entscheidungen nachvollziehbar sind. Ein Vorschlag für eine systematische Vorgehensweise ist in Anhang 1 dargestellt.

(5) Zur Unterstützung bei der Gefährdungsbeurteilung einschließlich Festlegung der Maßnahmen können Handlungsempfehlungen oder Hilfestellungen Dritter oder gleichwertige Dokumente und Berichte verwendet werden. Dies können z. B. sein:

1. stoff- oder tätigkeitsbezogene TRGS,
2. verfahrens- und stoffspezifische Kriterien nach TRGS 420 „Verfahrens- und stoffspezifische Kriterien (VSK) für die Ermittlung und Beurteilung der inhalativen Exposition",
3. branchen- oder tätigkeitspezifische Handlungsempfehlungen oder
4. vorhandene Gefährdungsbeurteilungen Dritter (oder Teile davon).

(6) Stoff- oder tätigkeitsbezogene TRGS sowie VSK, die in einer TRGS bekannt gemacht werden, kann der Arbeitgeber unter den Maßgaben der entsprechenden TRGS oder VSK unmittelbar anwenden, wenn die zu beurteilenden Tätigkeiten und Gefährdungen dort beschrieben sind. In diesem Fall kann der Arbeitgeber bei den beschriebenen Tätigkeiten von einer Einhaltung der GefStoffV ausgehen, wenn er die dort beschriebenen Maßnahmen umsetzt. Wird von den Vorgaben einer TRGS abgewichen, so ist dies in der Gefährdungsbeurteilung zu begründen und zu dokumentieren. Die vorgenommenen Maßnahmen müssen in vergleichbarer Weise den Schutz und die Sicherheit der Beschäftigten gewährleisten. Treten neben den in einer TRGS oder einem VSK beschriebenen Gefährdungen noch weitere auf, ist die Gefährdungsbeurteilung zu ergänzen. Der Anwendungsbereich der VSK oder TRGS ist zu beachten.

(7) Werden branchen- oder tätigkeitsbezogene Handlungsempfehlungen oder vorhandene Gefährdungsbeurteilungen herangezogen, ist ihre Anwendbarkeit anhand der Kriterien aus Anhang 2 zu prüfen. Hierbei hat der Arbeitgeber:

1. ggf. fehlende einzelne Angaben eigenständig zu ermitteln und bei der Festlegung der Maßnahmen zu berücksichtigen (siehe auch Anhang 2),
2. die Gefährdungsbeurteilung im Hinblick auf ggf. nicht beschriebene Betriebszustände nach Nummer 5.4 Absatz 1 zu ergänzen.

(8) Wird die Gefährdungsbeurteilung unter Verwendung von Handlungsempfehlungen erstellt, entbindet dies nicht:

1. vom Vorhalten aktueller Sicherheitsdatenblätter,
2. vom Führen des Gefahrstoffverzeichnisses,

3. von der Erstellung von Betriebsanweisungen, der Unterweisung und der arbeitsmedizinisch-toxikologischen Beratung (TRGS 555 „Betriebsanweisung und Information der Beschäftigten"),
4. von den erforderlichen Vorkehrungen für Betriebsstörungen, Unfälle, und Notfälle,
5. von erforderlichen Maßnahmen der arbeitsmedizinischen Vorsorge,
6. von der Festlegung und Kontrolle, dass die Schutzmaßnahmen vorhanden, funktionsfähig und wirksam sind (siehe auch Nummer 7) und
7. von der Dokumentation.

Ausnahmen gelten für Tätigkeiten mit geringer Gefährdung nach Nummer 6.2.

(9) Bedingungen zur sicheren Verwendung für „Besonders besorgniserregende Stoffe" (SVHC), die sich aus der REACH-Verordnung Anhang XIV (Zulassungsverfahren) sowie für Stoffe aus Anhang XVII (Verwendungsbeschränkungen) ergeben, sind in der Gefährdungsbeurteilung zu berücksichtigen. Informationen dazu sind in Abschnitt 15 des Sicherheitsdatenblattes zu finden.

(10) Bei der Verwendung von Biozidprodukten sind die in der Zulassung genannten Auflagen zu beachten. Hinweise des Herstellers sind im Rahmen der Gefährdungsbeurteilung zu berücksichtigen. Dabei sind insbesondere die betrieblichen Besonderheiten (Zeitdauern, Arbeitsumgebungen, usw.), die bei der abstrakten Bewertung im Zulassungsverfahren nicht berücksichtigt wurden, zu beurteilen.

6.2 Tätigkeiten mit geringer Gefährdung

(1) Tätigkeiten mit geringer Gefährdung sind Tätigkeiten, bei denen aufgrund der Eigenschaften des Gefahrstoffs, der Arbeitsbedingungen, einer nur geringen verwendeten Stoffmenge und einer nach Höhe und Dauer niedrigen Exposition einzelne ausgewählte Maßnahmen nach § 8 GefStoffV zum Schutz der Beschäftigten ausreichen.

(2) Ein eindeutiger Maßstab für „geringe Menge" lässt sich allgemeingültig nicht angeben, da hierzu auch die gefährlichen Eigenschaften, das Freisetzungsvermögen des Gefahrstoffes und die konkreten Arbeitsbedingungen zu berücksichtigen sind.

(3) Bei der Beurteilung der Höhe und Dauer der Exposition sind inhalative und dermale Beiträge sowie physikalisch-chemische Eigenschaften zu berücksichtigen. Eine niedrige inhalative Exposition kann z. B. bei Feststoffen unter Einsatz emissionsarmer Verwendungsformen wie Pasten, Wachse, Granulate, Pellets oder Masterbatches vorliegen.

(4) Beispiele für Tätigkeiten mit geringer Gefährdung sind:

1. Verwendung von Gefahrstoffen, die für den privaten Endverbraucher im Einzelhandel in Selbstbedienung erhältlich sind („Haushaltsprodukte"), unter haushaltsüblichen Bedingungen (geringe Menge und kurze Expositionsdauer), wie z. B.
   - Ausbesserung kleiner Lackschäden mit Lackstiften,
   - Klebearbeiten mit haushaltsüblichen Mengen von Klebstoffen,
   - Einlegen von Spülmaschinentabs,
2. Verwendung geringer Mengen von Gefahrstoffen für bestimmte analytische Zwecke, z. B.
   - bei der Chromat- oder Permanganattitration,
   - bei spektroskopischen oder chromatographischen Verfahren,
3. Reinigen von optischen Bauelementen mit Spiritus und Aceton während der Montage unter Zuhilfenahme eines getränkten Wattestäbchens (50 ml-Lösemittel-Spender am Arbeitsplatz).

(5) Tätigkeiten mit geringer Gefährdung können nicht sein:

1. gemäß TRGS 401 Tätigkeiten mit Gefahrstoffen, die mit „Ätz-/Reizwirkung auf die Haut Kategorie 1/1A/1B/1C; H314" gekennzeichnet sind, wenn ein Hautkontakt nicht ausgeschlossen werden kann,
2. Tätigkeiten mit Gefahrstoffen in engen Räumen und Behältern[4)],
3. Tätigkeiten mit Flüssigkeiten, bei denen eine gefährliche explosionsfähige Atmosphäre entstehen kann. Dies kann schon bei geringen Flüssigkeitsmengen (im ml-Bereich) der Fall sein.

(6) Bei Tätigkeiten mit geringer Gefährdung sind nicht erforderlich: Substitution, technische und organisatorische Schutzmaßnahmen, persönliche Schutzausrüstung, weitere Expositionsermittlungen, Begrenzung der Zahl der Beschäftigten, Zutrittsverbote sowie eine Betriebsanweisung nach TRGS 555. Die bei Tätigkeiten mit geringer Gefährdung im Einzelfall ggf. erforderlichen Maßnahmen sind vom Arbeitgeber jedoch festzulegen, z. B. Sauberkeit am Arbeitsplatz.

(7) Liegt eine Tätigkeit mit geringer Gefährdung vor, kann auf eine detaillierte Dokumentation der Gefährdungsbeurteilung verzichtet werden (siehe hierzu Nummer 8 Absatz 6 dieser TRGS).

6.3 Gefährdung durch Hautkontakt mit Gefahrstoffen

(1) Gefährdung durch Hautkontakt liegt vor, wenn bei Feuchtarbeit oder Tätigkeiten mit hautgefährdenden oder hautresorptiven Stoffen eine Gesundheitsgefährdung der Beschäftigten nicht auszuschließen ist.

[4)] Beispiele hierzu finden sich in der DGUV Regel 113-004 „Behälter, Silos und enge Räume: Teil 1: Arbeiten in Behältern, Silos und engen Räumen".

(2) Die Vorgehensweise zur Beurteilung der dermalen Gefährdung bei Tätigkeiten mit Gefahrstoffen und zur Auswahl geeigneter Schutzmaßnahmen beschreibt die TRGS 401.

6.4 Gefährdung durch Einatmen von Gefahrstoffen

(1) Gefährdungen durch inhalative Aufnahme von Stoffen können entstehen, wenn gefährliche Stoffe in Form von Gasen, Dämpfen, Nebel oder Stäuben in der Luft im Atembereich der Beschäftigten vorhanden sind. Das Ausmaß der Gefährdung hängt u. a. von den toxischen Eigenschaften der Stoffe ab und wird durch die Konzentration und die Dauer ihres Auftretens (Exposition) beschrieben. Der Arbeitgeber hat die Höhe und Dauer der inhalativen Exposition zu ermitteln.

(2) Methoden und Vorgehensweisen zur Beurteilung der inhalativen Gefährdung bei Tätigkeiten mit Gefahrstoffen und zur Kontrolle der Wirksamkeit von Schutzmaßnahmen durch messtechnische („Arbeitsplatzmessungen") oder nichtmesstechnische Ermittlungen (z.B. Übertragung der Ergebnisse vergleichbarer Tätigkeiten oder Berechnungen) beschreibt die TRGS 402. Die Ermittlungen werden mit einem Befund abgeschlossen, der eine Aussage darüber beinhaltet, ob die getroffenen Schutzmaßnahmen ausreichend sind oder nicht sowie ob die Beurteilungsmaßstäbe nach Nummer 5.3 der TRGS 402 eingehalten werden. Der Befund enthält auch Festlegungen zu den Methoden und zu den Fristen zur Überprüfung der Wirksamkeit der Schutzmaßnahmen.

(3) Für die Beurteilung der Gefährdungen durch inhalative Exposition sind zu berücksichtigen:

1. die in der TRGS 900 bekannt gemachten Arbeitsplatzgrenzwerte (AGW). Sie geben an, bei welcher Konzentration eines Stoffes akute oder chronische schädliche Auswirkungen auf die Gesundheit im Allgemeinen nicht zu erwarten sind. Arbeitsplatzgrenzwerte beziehen sich auf einen Zeitraum von acht Stunden, wobei zusätzlich Expositionsspitzen mit einer festgelegten Dauer von Kurzzeitwertphasen zu beachten sind,
2. die in der TRGS 910 bekannt gemachten Akzeptanz- und Toleranzkonzentrationen für krebserzeugende Gefahrstoffe. Ein Vergleich der Expositionshöhe, der die Beschäftigten ausgesetzt sind, mit den Akzeptanz- und Toleranzkonzentrationen entscheidet über die Notwendigkeit und Dringlichkeit von Schutzmaßnahmen nach dem gestuften Maßnahmenkonzept (siehe Nummer 6.7 Absatz 7). Für krebserzeugende Stoffe der Kategorien 1A oder 1B ohne Akzeptanz- oder Toleranzkonzentration oder ohne verbindlichen Grenzwert gelten das Minimierungsgebot nach dem Stand der Technik sowie Ziffer 4 oder 5 dieser Auflistung sowie Absatz 4,

3. verbindliche Grenzwerte der EU gemäß § 7 Absatz 11 GefStoffV, sofern keine anderen Beurteilungsmaßstäbe vom BMAS bekannt gegeben wurden,
4. stoffspezifische TRGS (z. B. TRGS 554 „Abgase von Dieselmotoren"), um die Gefährdung an Hand der stoffspezifischen TRGS zu beurteilen,
5. Beurteilungsmaßstäbe, die vom BMAS bekannt gegeben werden, z. B. für Quarz-Feinstaub.

(4) Ist für einen Gefahrstoff kein verbindlicher Beurteilungsmaßstab nach Absatz 3 vorhanden, hat der Arbeitgeber andere geeignete Beurteilungsmaßstäbe in eigener Verantwortung heranzuziehen. Eine Auflistung anderer geeigneter Beurteilungsmaßstäbe enthält die Nummer 5.4.2 der TRGS 402.

(5) Bei Gefahrstoffen, die zu einer Sensibilisierung beim Einatmen führen können, gibt die TRBA/TRGS 406 Hinweise zur Gefährdungsbeurteilung und die Festlegung von Schutzmaßnahmen.

6.5 Physikalisch-chemische Gefährdungen

(1) Tätigkeiten mit Gefahrstoffen, die aufgrund einer physikalischen Gefahr nach CLP-VO (siehe dazu GefStoffV § 3) eingestuft sind, und Tätigkeiten mit anderen Gefahrstoffen mit einer physikalisch-chemischen Gefährdung gemäß Nummer 5.2 Absatz 3 Ziffer 2 sind bezüglich physikalisch-chemischer Gefährdungen und insbesondere bezüglich Brand- und Explosionsgefährdungen zu beurteilen.

(2) Bei den Brand- und Explosionsgefährdungen ist zu unterscheiden zwischen:

1. Reaktionen explosionsfähiger Gemische in der Gasphase: Eine Gefährdung besteht, wenn sich explosionsfähige Gemische aus brennbaren Gasen, Dämpfen, Nebeln oder aufgewirbelten Stäuben mit Luft oder einem anderen Oxidationsmittel bilden. Chemisch instabile Gase, bei denen auch ohne Oxidationsmittel gefährliche Reaktionen auftreten können, stehen explosionsfähigen Gemischen gleich. Siehe dazu Nummer 6.5.1.
2. Reaktionen energiereicher Stoffe oder Gemische in der kondensierten Phase: Eine Gefährdung resultiert aus dem Vermögen fester, flüssiger, pastöser oder gelatinöser Stoffe und Gemische, sich auch ohne Beteiligung von Luftsauerstoff mit sprunghaftem Druck- und/oder Temperaturanstieg umzusetzen (Detonation, Deflagration oder thermische Explosion). Siehe dazu Nummer 6.5.2.

Reaktionen in der Gasphase nach Ziffer 1 und Reaktionen in der kondensierten Phase nach Ziffer 2 sind von der Art der Gefährdung her unterschiedlich und erfordern dementsprechend auch unterschiedliche Schutzmaßnahmen.[5)]

(3) Brand- und Explosionsgefährdungen können auch von den in Nummer 6.5.3 aufgeführten Stoffen und Gemischen ausgehen.

(4) Brandgefährdungen werden insbesondere in der TRGS 800 behandelt. Die TRGS 800 benennt die entsprechenden Stoffe und Gemische, beschreibt die Informationsermittlung, die Beurteilung der Brandgefährdung sowie die Schutzmaßnahmen.

(5) Die Gefährdungsbeurteilung für Tätigkeiten mit Gasen ist umfassend in der TRGS 407 geregelt.

6.5.1 Explosionsfähige Gemische

(1) Explosionsfähige Gemische gemäß § 2 Absatz 10 GefStoffV, bei denen Luft das Oxidationsmittel ist und die unter atmosphärischen Bedingungen vorliegen (Umgebungstemperatur von -20 °C bis +60 °C und Druck von 0,8 bar bis 1,1 bar), werden explosionsfähige Atmosphäre genannt. Die Beurteilung der Gefährdung durch gefährliche explosionsfähige Atmosphäre ist in TRGS 720, 721 und 722 beschrieben. Für detaillierte Hinweise zur Einteilung explosionsgefährdeter Bereiche in Zonen siehe auch TRGS 509, 751 oder DGUV Regel 113-001 Anlage 4 (Beispielsammlung).

(2) Für explosionsfähige Gemische gilt GefStoffV Anhang I Nummer 1.6. Für chemisch instabile Gase sind die dort beschriebenen Prinzipien des Explosionsschutzes ebenfalls zu beachten und soweit zutreffend anzuwenden. Die Beurteilung, ob ein gefährliches explosionsfähiges Gemisch vorliegt, welche Maßnahmen zur Zündquellenvermeidung und welche Maßnahmen des konstruktiven Explosionsschutzes zu treffen sind, erfordert spezifische Informationen über die relevanten sicherheitstechnischen Kenngrößen des entsprechenden Gemischs bzw. chemisch instabilen Gases bei den entsprechenden Betriebsbedingungen.

(3) Sicherheitstechnische Kenngrößen, die für die Bewertung explosionsfähiger Gemische gemäß Absatz 2 benötigt werden, wie z. B. Explosionsgrenzen, Sauerstoffgrenzkonzentration, Zündenergien, Zündtemperaturen und Explosionsdrücke hängen von der Zusammensetzung und den Betriebsbedingungen (insbesondere von Temperatur und Druck) ab und müssen daher individuell beschafft und bewertet werden, um die Schutzmaßnahmen entsprechend festzulegen.

[5)] Die Entstehung gefährlicher explosionsfähiger Atmosphäre kann beispielsweise durch angemessene Lüftungsmaßnahmen vermieden werden, wohingegen die Reaktion energiereicher Stoffe so nicht unterbunden werden kann.

6.5.2 Energiereiche Stoffe und Gemische

(1) Zu den energiereichen Stoffen und Gemischen zählen insbesondere Stoffe und Gemische aus den Gefahrenklassen „Explosive Stoffe und Gemische und Erzeugnisse mit Explosivstoff", „Selbstzersetzliche Stoffe und Gemische" und „Organische Peroxide" sowie einige oxidierende Stoffe und Gemische (wie z. B. Perchlorate und Chlorate). Zu den energiereichen Stoffen gehören auch einige explosionsgefährliche Stoffe und Gemische gemäß Methode A. 14[6], die nach CLP-VO nicht notwendigerweise mit GHS01 (Explodierende Bombe) gekennzeichnet sind.

(2) Die Gefährdungsbeurteilung für Tätigkeiten mit energiereichen Stoffen und Gemischen sowie die entsprechend zu treffenden Schutzmaßnahmen erfordern spezielles Expertenwissen.

(3) Erforderlichenfalls sind die sprengstoffrechtlichen Regelungen gemäß SprengG, 1. SprengV und 2. SprengV zu beachten.

(4) Informationen zur Gefährdungsbeurteilung bei Tätigkeiten mit energiereichen Stoffen und Gemischen gibt es in folgenden Regelungen und Leitfäden:

1. Für Explosivstoffe und pyrotechnische Gegenstände:
   Kapitel 5.3 von „Ratgeber zur Gefährdungsbeurteilung, Handbuch für Arbeitsschutzfachleute", Herausgeber Bundesanstalt für Arbeitsschutz und Arbeitsmedizin, *www.baua.de/de/Publikationen/Fachbuchreihe/Gefaehrdungsbeurteilung.html* sowie die DGUV Regel 113-017 „Tätigkeiten mit Explosivstoffen" und die DGUV Regel 113-003 „Regeln für Sicherheit und Gesundheitsschutz beim Zerlegen von Gegenständen mit Explosivstoff oder beim Vernichten von Explosivstoff oder Gegenständen mit Explosivstoff (Explosivstoff-Zerlege- oder Vernichterregel)"
2. Für organische Peroxide:
   DGUV Vorschrift 13 „Organische Peroxide" (bisher BGV B4)
3. Für Ammoniumnitrat:
   TRGS 511 „Ammoniumnitrat"

(5) Bei der Gefährdungsbeurteilung von Tätigkeiten, bei denen oxidierende Stoffe und Gemische mit brennbaren Stoffen und Gemischen oder Metallpulvern zusammen verarbeitet werden bzw. eine Kontamination mit diesen Stoffen und Gemischen (z. B. beim Zusammenlagern) nicht auszuschließen ist, sind Brand- und Explosionsgefährdungen gemäß Nummer 6.5 Absatz 2 Ziffer 2 zu berücksichtigen.

---

[6] Explosionsgefährliche Stoffe und Gemische gemäß Methode A. 14 nach Prüfmethodenverordnung (Verordnung (EG) Nr. 440/2008) sind nicht notwendigerweise einer Gefahrenklasse gemäß CLP-VO zugeordnet.

6.5.3 Weitere Brand- und Explosionsgefährdungen

Brand und Explosionsgefährdungen können auch von Stoffen und Gemischen ausgehen, die in folgende Gefahrenklassen eingestuft sind:

1. Pyrophore Flüssigkeiten und Feststoffe, wenn diese mit Luftsauerstoff in Kontakt kommen, z. B. beim Öffnen von Behältern oder dem Fehlen von Inertgas.
2. Selbsterhitzungsfähige Stoffe und Gemische, wenn diese über einen längeren Zeitraum in großen Volumina unter Luftzutritt gelagert werden, z. B. Holzpellets, Holzspäne oder Kohle für Heizungsanlagen und Kraftwerke.
3. Stoffe und Gemische, die in Berührung mit Wasser entzündbare Gase entwickeln, wenn diese feucht werden, z. B. in geschlossenen Räumen und Apparaturen; Sie sind bezüglich der Reaktion mit Wasser (benötigte Menge, ggf. Reaktion bereits mit Luftfeuchtigkeit etc.) und der ggf. dabei freigesetzten Reaktionswärme zu beurteilen. Außerdem ist das bei der Reaktion entstehende entzündbare Gas im Hinblick auf die Bildung von explosionsfähigen Gemischen/explosionsfähiger Atmosphäre zu beurteilen. Brandbekämpfung und erforderliche Löschmittel sind besonders zu berücksichtigen.

6.6 Sonstige Gefährdungen

(1) Sonstige durch Gefahrstoffe bedingte Gefährdungen können z. B. entstehen bei:

1. Tätigkeiten mit erstickenden oder narkotisierenden Gasen, insbesondere beim Befahren von Behältern, Gärkellern („Kohlendioxidsee"),
2. Verdrängung des Luftsauerstoffes durch Austritt von inerten Gasen aus Druckgasbehältern,
3. Tätigkeiten mit kalten, tiefkalten oder heißen Flüssigkeiten, Dämpfen und Gasen, z. B. Metallschmelzen, Flüssigstickstoff, Trockeneis,
4. Tätigkeiten mit Klebstoffen (z. B. Zusammenkleben der Finger durch „Sekundenkleber").

Zu berücksichtigen ist auch die ggf. mögliche erhöhte Aufnahme von Gefahrstoffen als Folge von Stich- oder Schnittverletzungen an kontaminierten Apparateteilen (z. B. Nadeln oder Kanülen an Laborautomaten) durch Verletzung der Haut. Erforderlichenfalls sind die Gefährdungen im Einzelfall mit Hilfe der Informationen nach Nummer 5 fachkundig zu beurteilen.

(2) Gefährdungen durch Gefahrstoffe können außerdem entstehen bei:

1. Abweichungen vom bestimmungsgemäßen Betrieb, z. B. Änderung bei Druck, Temperatur, Verweilzeit, pH-Wert,
2. Verlust des geschlossenen Systems, z. B. durch Korrosion, Erosion, mechanische Beschädigung, Alterung,
3. unzureichenden Vermischungen, die zu ungewollten Reaktionen, z. B. Schäumen, führen,
4. Fehlern beim Dosieren, Lenkungen der Stoffströme, Abweichungen der Ausgangsstoffe,
5. Rutschgefahr durch ausgetretene oder niedergeschlagene Arbeitsstoffe.

6.7 Festlegung von Schutzmaßnahmen

(1) Als Ergebnis der Gefährdungsbeurteilung hat der Arbeitgeber die erforderlichen Schutzmaßnahmen bei den beurteilten Tätigkeiten mit Gefahrstoffen festzulegen.

(2) Bei der Auswahl der erforderlichen Schutzmaßnahmen sind immer die allgemeinen Schutzmaßnahmen gemäß § 8 GefStoffV zu berücksichtigen. Darüber hinaus sind erforderlichenfalls zusätzliche Schutzmaßnahmen gemäß §§ 9, 10, 11 und 15 in Abhängigkeit von den Eigenschaften der Gefahrstoffe festzulegen (siehe dazu die folgenden Absätze 3 bis 11). Die in dem Technischen Regelwerk beschriebenen Schutzmaßnahmen, z. B. die TRGS 500 sowie die besonderen Vorschriften für bestimmte Gefahrstoffe und Tätigkeiten im Anhang I der GefStoffV sind zu beachten.

(3) Erforderliche Notfallmaßnahmen bei Betriebsstörungen, Unfällen und Notfällen sind gemäß § 13 GefStoffV festzulegen.

(4) Bei der Festlegung von Schutzmaßnahmen ist die Rangfolge der Schutzmaßnahmen zu beachten: Vorrang der Substitution gemäß § 6 vor technischen und organisatorischen Maßnahmen und vor der Anwendung von Persönlicher Schutzausrüstung.

(5) Die Schutzmaßnahmen haben das Ziel, die Gefährdung der Beschäftigten zu minimieren. Das Minimierungsgebot ist unter anderem erfüllt, wenn

1. bei Stoffen mit AGW der Befund bei der Ermittlung der Exposition lautet, dass die Schutzmaßnahmen ausreichend sind, sowie bei krebserzeugenden Stoffen mit einer Exposition-Risiko-Beziehung die Akzeptanzkonzentration unterschritten ist,
2. eine stoff- oder tätigkeitsspezifische TRGS oder ein VSK angewendet wird,

3. bei Stoffen ohne AGW oder gesundheitsbasierte Beurteilungsmaßstäbe der Stand der Technik eingehalten ist (siehe TRGS 460),
4. bei hautgefährdenden Gefahrstoffen Hautkontakt ausgeschlossen ist,
5. bei physikalisch-chemischen Gefährdungen, für die eine spezifische TRGS existiert und diese angewendet wird; dabei handelt es sich insbesondere um die TRGS 720 „Gefährliche explosionsfähige Atmosphäre – Allgemeines" sowie die weiteren Technischen Regeln für Gefahrstoffe der 700er-Reihe,
6. bei Stoffen ohne AGW, aber mit anderen gesundheitsbasierten Beurteilungsmaßstäben, z. B. MAK-Werten, der Befund nach der Ermittlung der Exposition darauf schließen lässt, dass die Maßnahmen ausreichend sind.

(6) Ergibt die Gefährdungsbeurteilung nach Nummer 6.3 und 6.4, dass die Allgemeinen Schutzmaßnahmen nicht ausreichen, so sind zusätzliche Schutzmaßnahmen nach § 9 GefStoffV festzulegen.

(7) Für Tätigkeiten mit krebserzeugenden, keimzellmutagenen und reproduktionstoxischen Gefahrstoffen der Kategorien 1A und 1B sind die besonderen Schutzmaßnahmen nach § 10 GefStoffV festzulegen. Für krebserzeugende Gefahrstoffe sind die Schutzmaßnahmen unter Beachtung des gestuften Maßnahmenkonzeptes der TRGS 910 festzulegen, wenn die Akzeptanzkonzentration oder ggf. der Arbeitsplatzgrenzwert (AGW) nicht unterschritten ist oder nicht nach verfahrens- und stoffspezifischen Kriterien (VSK) gearbeitet wird. Für bestimmte krebserzeugende, keimzellmutagene und reproduktionstoxische Gefahrstoffe gibt es in Technischen Regeln konkrete Vorgaben zur Gefährdungsbeurteilung und zur Festlegung von Maßnahmen.

(8) Bei Tätigkeiten mit einer Gefährdung durch Hautkontakt sind zusätzliche, in der TRGS 401 beschriebene Schutzmaßnahmen erforderlich.

(9) Bei physikalisch-chemischen Gefährdungen, insbesondere bei Brand- und Explosionsgefährdungen sind zusätzliche Schutzmaßnahmen nach § 11 und Anhang I Nummer 1 GefStoffV festzulegen. Spezielle Anforderungen bei Tätigkeiten mit Ammoniumnitrat und ammoniumnitrathaltigen Gemischen sind in Anhang I Nummer 5 GefStoffV, bei Tätigkeiten mit organischen Peroxiden in Anhang III GefStoffV festgelegt. Für Tätigkeiten, bei denen gefährliche explosionsfähige Atmosphäre auftreten kann, sind TRGS 722, TRBS 2152 Teil 3 und 4, TRGS 725 sowie TRGS 727 zu berücksichtigen. Detaillierte Hinweise zur Einteilung

explosionsgefährdeter Bereiche in Zonen enthält DGUV Regel 113-001 Anlage 4 (Beispielsammlung).

(10) Die persönliche Schutzausrüstung ist auf Eignung für den jeweiligen Gefahrstoff und die Tätigkeiten zu überprüfen. Sind im Sicherheitsdatenblatt oder anderen Informationsquellen keine konkreten Angaben für die notwendige Persönliche Schutzausrüstung genannt, so müssen diese selbst ermittelt werden, z. B. durch Anfrage beim Hersteller. Hinweise zu Schutzhandschuhen finden sich in der TRGS 401.

7 Überprüfung der Wirksamkeit von Schutzmaßnahmen

(1) Als Ergebnis der Gefährdungsbeurteilung sind auch Methoden und Fristen zur Überprüfung der Wirksamkeit bestehender und zu treffender Schutzmaßnahmen festzulegen. Grundsätze hierzu sind umfassend in der TRGS 500 beschrieben.

(2) Technische Schutzmaßnahmen, z. B. Lüftungs- und Absaugeinrichtungen, müssen erstmals bei der Inbetriebnahme und dann regelmäßig auf ihre Funktion und ausreichende Wirksamkeit überprüft werden. Für technische Einrichtungen zum Schutz vor einatembaren Stäuben gilt nach Anhang I Nr. 2.3 Absatz 7 GefStoffV eine Höchstfrist von einem Jahr. Der Arbeitgeber hat innerhalb dieser Vorgaben (bei Arbeitsmitteln unter Berücksichtigung der Betriebssicherheitsverordnung) Art, Umfang und Prüffristen eigenverantwortlich festzulegen. Die Ergebnisse der Prüfungen und die oben genannten Festlegungen sind zu dokumentieren und aufzubewahren.

(3) Auch die Wirksamkeit persönlicher Schutzausrüstungen ist zu prüfen.

(4) Bei der Anwendung verfahrens- und stoffspezifischer Kriterien (VSK) nach TRGS 420 muss der Arbeitgeber die dort festgelegten Maßnahmen zur Überprüfung der Wirksamkeit der Schutzmaßnahmen anwenden.

(5) Liegt für inhalative Stoffexpositionen ein Befund nach TRGS 402 vor, sind für die Überprüfung der Wirksamkeit der getroffenen Schutzmaßnahmen die in der TRGS 402 beschriebenen Methoden anzuwenden. Die Ergebnisse sind aufzuzeichnen, aufzubewahren und den Beschäftigten und ihren Vertretern zugänglich zu machen.

(6) Führt die Wirksamkeitsprüfung zum Ergebnis, dass die getroffenen Schutzmaßnahmen nicht ausreichend sind, ist die Gefährdungsbeurteilung erneut durchzuführen und es sind zusätzliche Maßnahmen zu ergreifen.

8 Dokumentation

(1) Bei Tätigkeiten mit Gefahrstoffen muss der Arbeitgeber die Gefährdungsbeurteilung nach § 6 GefStoffV unabhängig von der Anzahl der Beschäftigten dokumentieren.

(2) Die Form der Dokumentation ist dem Arbeitgeber freigestellt. Es können vorhandene betriebliche Unterlagen als Bestandteil genutzt werden, z. B. Gefahrstoffverzeichnis, Messprotokolle von Arbeitsplatzmessungen, Betriebs- und Herstellvorschriften, Betriebsanweisungen, Bestätigung der erfolgten Unterweisung.

(3) Diese Dokumentation muss mindestens folgende Angaben enthalten:

1. Zeitpunkt und Personen, die die Gefährdungsbeurteilung durchgeführt haben oder daran beteiligt waren,
2. Arbeitsbereiche und die Tätigkeiten mit Gefahrstoffen,
3. am Arbeitsplatz auftretende inhalative, dermale oder physikalisch-chemische Gefährdungen,
4. Häufigkeit der Tätigkeiten, Dauer der Exposition sowie zusätzliche Belastungsfaktoren, die relevant für eine erhöhte Aufnahme von Gefahrstoffen in den Körper sind (schwere körperliche Arbeit, hohe Temperatur, …),
5. erforderliche technische, organisatorische und personenbezogene Maßnahmen zur Beseitigung oder Verringerung der Gefährdungen und deren Wirksamkeitsprüfung,
6. zusätzlich ergriffene Maßnahmen bei Überschreitung eines Arbeitsplatzgrenzwertes sowie geplante weitere Maßnahmen, die zukünftig die Einhaltung des Arbeitsplatzgrenzwertes garantieren sollen,
7. Abweichungen von den nach § 20 GefStoffV bekannt gegebenen Regeln und Erkenntnissen und deren Begründung,
8. Ermittlungsergebnisse, die belegen, dass die Beurteilungsmaßstäbe nach Nummer 6.4 Absatz 3 dieser TRGS eingehalten werden oder bei Tätigkeiten ohne Beurteilungsmaßstab die ergriffenen Schutzmaßnahmen wirksam sind,
9. Sofern gefährliche explosionsfähige Gemische auftreten können, sind Angaben gemäß GefStoffV § 6 Absatz 9 zu Gefährdungen durch diese Gemische sowie die Bewertung der Gefährdungen und die getroffenen Maßnahmen (Explosionsschutzdokument, siehe TRGS 720 ff.) erforderlich,
10. das Ergebnis der Substitutionsprüfung nach TRGS 600,
11. Begründung für den Verzicht auf technisch mögliche Substitution bei Tätigkeiten mit Stoffen, für die ergänzende Schutzmaßnahmen nach §§ 9 und 10 GefStoffV ergriffen werden müssen.

(4) Darüber hinaus können Informationen zu den bei den Tätigkeiten verwendeten Stoffmengen sinnvoll sein. Ferner wird auch die Dokumentation der Umsetzungs- und Überprüfungsfristen sowie der für die Umsetzung der Maßnahmen zuständigen Personen empfohlen.

(5) Wird bei Tätigkeiten mit krebserzeugenden Gefahrstoffen die Gefährdungsbeurteilung auf Grundlage der TRGS 910 durchgeführt und die Akzeptanzkonzentration überschritten, ist der Dokumentation ein Maßnahmenplan nach TRGS 910 hinzuzufügen. Im Maßnahmenplan ist anzugeben, in welchen Zeiträumen und auf Grund welcher zusätzlichen Maßnahmen welche Expositionsminderung erreicht werden soll.

(6) Eine detaillierte Dokumentation mit allen Angaben nach Absatz 2 ist nicht erforderlich, wenn Tätigkeiten mit geringer Gefährdung nach Nummer 6.2 durchgeführt werden. Auf die Angaben nach Absatz 1 Ziffer 3 bis 10 kann in diesen Fällen verzichtet werden. Es ist zu dokumentieren, dass eine geringe Gefährdung festgestellt wurde. Dies ist zu begründen durch Angabe der geringen Menge, der geringen Häufigkeit, der niedrigen Exposition sowie der Eigenschaften der verwendeten oder frei gesetzten Gefahrstoffe.

(7) Sind Handlungsempfehlungen nach Nummer 6.1 Absatz 5 Bestandteil der Gefährdungsbeurteilung, müssen die Angaben nach Absatz 3, die aus den Handlungsempfehlungen hervorgehen, nicht erneut aufgeführt werden. Es genügt ein Verweis auf die Handlungsempfehlungen.

(8) Es wird empfohlen, die Dokumentation der Gefährdungsbeurteilung langfristig[7)] aufzubewahren. Bei Tätigkeiten mit krebserzeugenden oder keimzellmutagen Gefahrstoffen der Kategorien 1A und 1B nach CLP-VO müssen Aufzeichnungen über Dauer und Höhe der Exposition, der die Beschäftigten bei Tätigkeiten mit diesen Stoffen ausgesetzt waren, 40 Jahre aufbewahrt werden (§ 14 Absatz 3 Nr. 4 GefStoffV).

Literatur und Datenbanken

(siehe auch TRGS 201, Anhang 1)

[1] MAK- und BAT-Werte-Listen, Senatskommission zur Prüfung gesundheitsschädlicher Arbeitsstoffe der Deutschen Forschungsgemeinschaft, Wiley-VCH-Verlag

[2] Einfaches Maßnahmenkonzept Gefahrstoffe (EMKG), Bundesanstalt für Arbeitsschutz und Arbeitsmedizin (BAuA)
(http://www.baua.de/emkg)

7) Es wird darauf hingewiesen, dass Sicherheitsdatenblätter nach REACH-VO Art. 36 Absatz 1 in Verbindung mit Art. 35 auch bei den Verwendern (nachgeschalteten Anwendern) mindestens zehn Jahre nach der letzten Verwendung der Stoffe oder Gemische zur Verfügung gehalten werden müssen.

[3] GESTIS-Datenbanken des Instituts für Arbeitsschutz (IFA) der DGUV (u. a. Gefahrstoffinformationssysteme, Stoffmanager, DNEL, Internationale Grenzwerte). *http://www.dguv.de/ifa/gestis/index.jsp.*

[4] GISBAU – Gefahrstoff-Informationssystem der Berufsgenossenschaft der Bauwirtschaft (*http://www.gisbau.de*)

[5] GisChem – Gefahrstoffinformationssystem Chemie, geführt von der BG RCI und der BG HM *(http://www.gischem.de/)*

[6] Gefahrstoffdatenbank der Länder (GDL) (*http://www.gefahrstoff-info.de*)

[7] Informationssystem gefährliche Stoffe (IGS) des Landesamts für Natur, Umwelt und Verbraucherschutz Nordrhein-Westfalen (LANUV) (*https://igsvtu.lanuv.nrw.de/igs_portal/*)

Anhang 1 zu TRGS 400

Vorschlag für eine Vorgehensweise bei der Gefährdungsbeurteilung für Tätigkeiten mit Gefahrstoffen

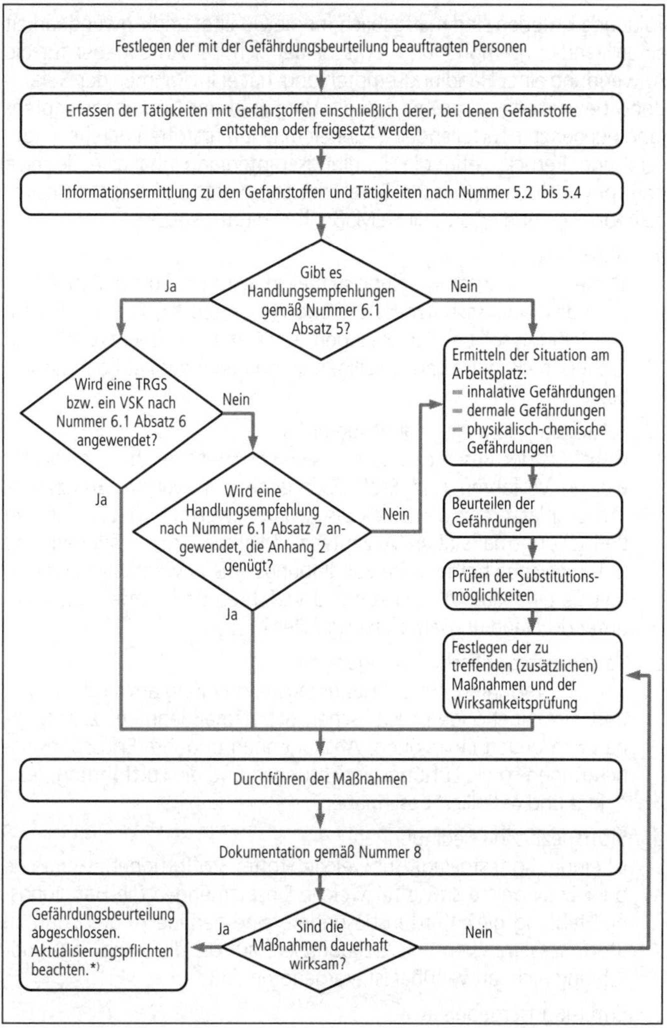

*) Gemäß Nummer 4 Absatz 4 der TRGS 400 muss die Gefährdungsbeurteilung in regelmäßigen Abständen und bei gegebenem Anlass überprüft und ggf. aktualisiert werden; das Überprüfungsintervall ist vom Arbeitgeber festzulegen.

Anhang 2 zur TRGS 400

Kriterien zur Überprüfung der Eignung von Handlungsempfehlungen nach Nummer 6.1

Folgende Kriterien sind maßgeblich für die Qualität und Anwendbarkeit einer Handlungsempfehlung. Entscheidet sich der Arbeitgeber für die Anwendung einer Handlungsempfehlung, hat er im Rahmen der Gefährdungsbeurteilung zu prüfen, ob die Vorgaben der Handlungsempfehlung bei der zu beurteilenden Tätigkeit mit Gefahrstoffen bereits umgesetzt sind. Berücksichtigt die Handlungsempfehlung inhalative, dermale oder physikalisch-chemische Gefährdungen nicht, sind diese zusätzlich zu beurteilen und erforderliche Maßnahmen umzusetzen.

a. Aktualität
Ist die Handlungsempfehlung aktuell in Bezug auf die geltende Fassung des Arbeitsschutzgesetzes und der GefStoffV? Die Handlungsempfehlung soll bei allen Bezügen zum Gefahrstoffrecht (GefStoffV, Technische Regeln) den jeweiligen Stand benennen, auf den sie sich bezieht.

b. Festlegung des Anwendungsbereichs
Geht aus der Beschreibung des Anwendungsbereiches hervor, für welche Verfahren und Stoffe/Gemische, für welche Grenzwerte (Arbeitsplatzgrenzwerte/biologische Grenzwerte) und ggf. anderen Beurteilungsmaßstäben (Akzeptanz-, Toleranzkonzentrationen) und unter welchen betrieblichen Bedingungen sie anwendbar sind? Enthält sie eine klare Abgrenzung zu Verfahren und Stoffen, die nicht unter die Handlungsempfehlung fallen?

c. Verfahrensspezifische Bedingungen
Sind die Verfahren, für die Handlungsempfehlung anwendbar sind, und die zugehörigen technischen Schutzmaßnahmen, z. B. Maßnahmen gegen Emissionen, Absaugungen und ihre Erfassungseinrichtungen sowie Lüftungseinrichtungen und die Luftführung, festgelegt und detailliert beschrieben?

d. Stoffspezifische Bedingungen
Ist eindeutig festgelegt, für welche Stoffe, Stoffgruppen, Gemische oder Erzeugnisse sowie für welche Einsatzmengen die Handlungsempfehlung gilt? Wird insbesondere eine genaue Abgrenzung zu Stoffen, Gemischen und Erzeugnissen, auf die die Handlungsempfehlung nicht anwendbar ist, vorgenommen?

e. Ermittlungsergebnisse
Dokumentiert die Handlungsempfehlung die Ergebnisse durchgeführter Ermittlungen, die ihr zu Grunde liegen, z. B. Gefährdungsbeurteilungen, Expositionsbeschreibungen, Messberichte, ggf. ergänzt

durch Modellrechnungen gemäß den Technischen Regeln für Gefahrstoffe „Ermittlung und Beurteilung der Konzentrationen gefährlicher Stoffe in der Luft in Arbeitsbereichen" (TRGS 402)? Enthält sie eine statistische Auswertung der Ermittlungsergebnisse mit einer zusammenfassenden Bewertung?

f. Anwendungshinweise
Enthält die Handlungsempfehlung Anwendungshinweise für den Arbeitgeber?

Dazu zählen:

- Empfehlungen für zeitliche Abstände, in denen der Arbeitgeber überprüfen muss, ob die Handlungsempfehlung unverändert gültig ist und ob in seinen Arbeitsbereichen unverändert die betrieblichen Voraussetzungen zur Anwendung der Handlungsempfehlung gegeben sind.
- Empfehlungen zur regelmäßigen Überprüfung, ob die festgelegten verfahrenstechnischen und stoffspezifischen Bedingungen eingehalten und beachtet werden. Dies gilt insbesondere bei Verfahrensänderungen und hinsichtlich der technischen Schutzeinrichtungen, deren Funktion Voraussetzung für die Anwendung der Handlungsempfehlung ist. Insbesondere sind die Intervalle der Funktionsprüfung der Schutzeinrichtungen festzulegen. Auch sind Hinweise über die Art der Prüfung erforderlich.
- Es muss eine regelmäßige Überprüfung der Wirksamkeit der getroffenen Schutzmaßnahmen erfolgen.

TRGS 402 – Ermitteln und Beurteilen der Gefährdungen bei Tätigkeiten mit Gefahrstoffen: Inhalative Exposition

Ausgabe Februar 2010/Letzte Änderung Oktober 2016

Inhalt

1 Anwendungsbereich

(1) Gemäß § 7 der Gefahrstoffverordnung hat der Arbeitgeber die Pflicht, Ausmaß, Art und Dauer der inhalativen Exposition zu ermitteln und zu beurteilen. Entsprechend der TRGS 400 „Gefährdungsbeurteilung für Tätigkeiten mit Gefahrstoffen" ist diese TRGS bei der Ermittlung und Beurteilung der inhalativen Exposition anzuwenden, wenn

1. bei der Anwendung standardisierter Arbeitsverfahren (siehe Nummer 1 Abs. 3) Arbeitsplatzmessungen zur Wirksamkeitsüberprüfung vorgesehen sind oder
2. bei Tätigkeiten mit Gefahrstoffen keine standardisierten Arbeitsverfahren angewendet werden.

(2) Diese TRGS ist nicht anzuwenden, wenn Tätigkeiten mit geringer Gefährdung nach Nummer 6.2 der TRGS 400 durchgeführt werden.

(3) Standardisierte Arbeitsverfahren und die Bedingungen ihrer Anwendung sind in Nummer 5.1 der TRGS 400 aufgeführt. Hierzu gehören

1. eine mitgelieferte Gefährdungsbeurteilung,
2. eine stoff- oder tätigkeitsspezifische TRGS, insbesondere VSK nach der TRGS 420 „Verfahrens- und stoffspezifische Kriterien (VSK) für die Gefährdungsbeurteilung",
3. konkrete Maßnahmen oder Verfahren einer branchen- oder tätigkeitsspezifischen Hilfestellung,

soweit diese unmittelbar auf die zu beurteilenden Tätigkeiten übertragbar sind.

(4) Die beschriebenen Methoden und Verfahren dienen der Feststellung, ob die getroffenen Schutzmaßnahmen hinsichtlich der inhalativen Exposition ausreichen oder ob weitere Maßnahmen nach GefStoffV und Teil I des Anhangs der Verordnung zur arbeitsmedizinischen Vorsorge zu ergreifen sind.

2 Begriffsbestimmungen

(1) In dieser TRGS sind die Begriffe so verwendet, wie sie im „Begriffsglossar zu den Regelwerken der Betriebssicherheitsverordnung (BetrSichV), Biostoffverordnung (BioStoffV) und der Gefahrstoffverordnung (GefStoffV)" [1] des ABAS, ABS und AGS bestimmt sind. Dies gilt insbesondere für die Begriffe: Arbeitsbedingungen, Arbeitsstoff, Branchen- oder tätigkeitsspezifische Hilfestellungen, chemische Arbeitsstoffe, Exposition, Arbeitsplatzgrenzwert, Fachkundige für die Durchführung der Gefährdungsbeurteilung, Gefährdung, Gefährdungsbeurteilung, Gefahrstoffverzeichnis, Hautkontakt, mitgelieferte Gefährdungsbeurteilung, physikalisch-chemische Einwirkung, Schutzmaßnahmen, Wirksamkeit von Schutzmaßnahmen.

(2) Aus Gründen der Ermittlungsstrategie kann es erforderlich sein, Tätigkeiten durch Festlegung eines Arbeitsbereiches zusammenzufassen. Der Arbeitsbereich ist der räumlich oder organisatorisch begrenzte Teil eines Betriebes, in dem Tätigkeiten mit Gefahrstoffen von einem oder mehreren Beschäftigten ausgeführt und in einer Gefährdungsbeurteilung zusammengefasst werden können. Er kann einen oder mehrere Arbeitsplätze bzw. Arbeitsverfahren umfassen.

(3) Eine inhalative Exposition liegt vor, wenn gefährliche Stoffe in der Luft im Atembereich der Beschäftigten vorhanden sind. Ihr Ausmaß wird beschrieben durch ihre Konzentration und die Dauer ihres Auftretens

(zeitlicher Bezug). Zum Vergleich der inhalativen Exposition mit Arbeitsplatzgrenzwerten nach TRGS 900 „Arbeitsplatzgrenzwerte" ist sie auf einen Zeitraum von acht Stunden zu beziehen. Bei Expositionsspitzen gilt als zeitlicher Bezug die Dauer von Kurzzeitwertphasen gemäß TRGS 900.

(4) Eine Arbeitsplatzmessung ist die messtechnische Ermittlung der inhalativen Exposition der Beschäftigten.

(5) Eine Leitkomponente eines Stoffgemisches in der Luft ist ein Stoff, der stellvertretend für alle Stoffe oder eine Gruppe von Stoffen erfasst und beurteilt wird. Die Expositionsbeurteilung an Hand einer Leitkomponente ist möglich, wenn die Konzentrationsverhältnisse der Komponenten in der Luft untereinander langfristig gleichbleibend sind. Die Festlegung der Leitkomponenten erfolgt im Rahmen der Ermittlung der inhalativen Exposition.

(6) Die Mittelungsdauer ist die Zeitspanne, für die das verwendete Messverfahren einen Messwert liefert. Sie ist durch das Zeitverhalten des Messverfahrens bestimmt und entspricht in der Regel der Probenahmedauer.

(7) Relevante Randbedingungen sind alle Einflussparameter, die das Ausmaß der zu beurteilenden inhalativen Exposition beeinflussen. Hierzu gehören u. a. Dauer der Exposition, Tätigkeiten, Arbeitsschwere, Temperatur etc. Sie ergeben sich aus den Informationen zu den Tätigkeiten mit Gefahrstoffen entsprechend Nummer 4.2[1)].

(8) Der ungünstige Fall („Worst Case") bezeichnet in dieser TRGS eine Situation, in der die Randbedingungen in dem zu beurteilenden Arbeitsbereich bzw. bei den zu beurteilenden Tätigkeiten unter ungünstigen aber realistischen Betriebsbedingungen eine Obergrenze für die Exposition ergeben. Randbedingungen, die Einfluss auf die Exposition haben, sind z. B. hohe Auslastung, großer Materialverbrauch, kurze Taktzeiten, schlechte Lüftungsbedingungen oder eine ungünstige ergonomische Situation.

(9) Der Befund ist das Ergebnis der Überprüfung der Wirksamkeit von Schutzmaßnahmen.

(10) Durch Befundsicherung wird die Wirksamkeit der Schutzmaßnahmen in regelmäßigen oder speziell festgelegten Abständen überprüft. Dies erfolgt entweder durch Messung technischer Parameter oder durch Kontrollmessungen.

(11) Durch Messungen technischer Parameter wird im Rahmen der Befundsicherung nach Abschluss der Gefährdungsbeurteilung unter den im Befund festgelegten Bedingungen und Zeitabständen geprüft, ob der

1) Relevante Randbedingungen entsprechen den „Exposure Determinants" (Expositionsdeterminanten) in der englischsprachigen Fachliteratur.

Befund unverändert gültig ist. Hierzu gehören vorzugsweise technische Leistungskriterien, die durch Messungen mit einfachen Mitteln überprüft werden können (siehe auch TRGS 500 „Schutzmaßnahmen").

(12) Kontrollmessungen sind Arbeitsplatzmessungen in festgelegten Abständen, die erforderlich werden können, wenn Messungen nach Absatz 11 nicht möglich oder nicht zielführend sind.

(13) Das Ermittlungsergebnis (als Schichtmittelwert) ist das Ergebnis

1. der nichtmesstechnischen oder
2. der messtechnischen (Messergebnis)

Ermittlungen zur inhalativen Exposition. Um alle ermittelten Konzentrationswerte in gleicher Weise bewerten zu können, werden diese so aufbereitet, dass daraus ein Ermittlungsergebnis entsteht, welches als zeitlichen Bezug eine Dauer von acht Stunden hat (Beispiele für die Umrechnung finden sich in der DIN EN 689) [2]. In gleicher Weise werden Kurzzeitwerte nach TRGS 900 mit einem zeitlichen Bezug von 15 Minuten ermittelt.

(14) Geeignete Beurteilungsmethoden zur Überprüfung der Wirksamkeit der getroffenen Schutzmaßnahmen bei Tätigkeiten mit Gefahrstoffen umfassen messtechnische und nichtmesstechnische Ermittlungsmethoden sowie die Beurteilung.

(15) Nichtmesstechnische Ermittlungsmethoden erlauben alternativ zu Arbeitsplatzmessungen eine Wirksamkeitsüberprüfung mit Hilfe von

1. Berechnungen der Gefahrstoffkonzentration (qualifizierte Expositionsabschätzung) oder Messungen, die einen indirekten Schluss auf die Gefahrstoffbelastung ermöglichen, z. B. mit Hilfe von Leitkomponenten,
2. technischen und organisatorischen Prüfvorgaben, die sich auf die festgelegten Maßnahmen beziehen (s. TRGS 500) oder
3. Übertragung von Ergebnissen vergleichbarer Arbeitsplätze.

(16) Beurteilungsmaßstäbe sind:

1. verbindliche Grenzwerte,
2. in einer TRGS genannte Konzentrationswerte zur Auslösung von Maßnahmen oder Begrenzungen der Exposition (z. B. Stand der Technik) sowie
3. andere Maßstäbe zur Beurteilung der Exposition Nummern 5.3, 5.4.2 und 5.4.3.

(17) Verbindliche Grenzwerte sind Arbeitsplatzgrenzwerte AGW nach der TRGS 900 sowie vom Bundesministerium für Arbeit und Soziales gemäß GefStoffV bekanntgemachte verbindliche Grenzwerte der EU.

(18) Außerbetriebliche Messstellen sind nicht betriebseigene Messstellen, die im Auftrag von Arbeitgebern eine Ermittlung, Messung und Beurteilung der Konzentrationen an gefährlichen Stoffen in der Luft in Arbeitsbereichen vornehmen.

(19) Innerbetriebliche Messstellen sind Messstellen, die von ihrem Arbeitgeber zur Ermittlung, Messung und Beurteilung der Konzentrationen an gefährlichen Stoffen in der Luft in Arbeitsbereichen im eigenen Unternehmen beauftragt sind.

3 Hinweise zur Gefährdungsbeurteilung

(1) Tätigkeiten mit Gefahrstoffen können zur Aufnahme von Gefahrstoffen über die Atmung (inhalative Exposition durch Gase, Dämpfe, Aerosole), durch Verschlucken (orale Aufnahme) und bei Hautkontakt (dermale Exposition) führen. Die erforderlichen Ermittlungen und Dokumentationen zur Beurteilung hieraus ggf. resultierender Gefährdungen behandelt die TRGS 400. Bei dermaler Exposition und inhalativer Exposition können zusätzliche Ermittlungen und Beurteilungen erforderlich sein, die durch die TRGS 401 „Gefährdung durch Hautkontakt: Ermittlung – Beurteilung – Maßnahmen", die TRGS 406 „Sensibilisierende Stoffe für die Atemwege" bzw. diese TRGS behandelt werden.

(2) Ermittlungen und Beurteilungen zur inhalativen Exposition müssen für alle in der Arbeitsplatzluft auftretenden Gefahrstoffe vorgenommen werden. Dabei dienen für eine Reihe von Gefahrstoffen die in der TRGS 900 festgelegten Arbeitsplatzgrenzwerte als Beurteilungsmaßstab. Für Stoffe ohne einen Arbeitsplatzgrenzwert sind andere geeignete Beurteilungsmaßstäbe oder ein anderes Beurteilungsverfahren heranzuziehen.

(3) Für die Ermittlung der inhalativen Exposition stehen vielfältige Möglichkeiten zur Verfügung. In manchen Fällen lassen sich Expositionen auf einfache Weise abschätzen, z. B. aus der Menge eingesetzter Stoffe und dem Luftvolumen am Arbeitsplatz. Insbesondere bei geringen Stoffmengen und großem Luftdurchsatz sind dann häufig keine weitergehenden Ermittlungen erforderlich. Auch anspruchsvollere Berechnungsansätze oder die Übertragung der Ermittlungsergebnisse vergleichbarer Arbeitsplätze können helfen, den Ermittlungsaufwand zu verringern. Bei verbleibender Unsicherheit über das Ermittlungsergebnis und seine Bewertung sind Arbeitsplatzmessungen erforderlich. Dabei ist jedoch zu berücksichtigen, dass unter bestimmten Randbedingungen Arbeitsplatzmessungen nicht möglich oder nicht sinnvoll sind, weil sie z. B. keine verwertbaren oder keine repräsentativen Ergebnisse liefern (s. Nummer 4.4 Abs. 5 und 6).

(4) Zu empfehlen sind Ermittlungen unter Worst Case-Bedingungen, da diese eine größere Sicherheit bieten, dass unter den üblichen Bedingun-

gen der Arbeitsplatzgrenzwert oder ein anderer Beurteilungsmaßstab eingehalten sind.

(5) Die Ermittlungen und Beurteilungen zur inhalativen Exposition können je nach Lage des Falles spezielle Fachkenntnisse und Erfahrungen erfordern. Hierzu zählen insbesondere Arbeitsplatzmessungen. Diese TRGS gibt dem Arbeitgeber Hinweise, wann er die Grenzen seiner eigenen fachlichen Qualifikation erreicht und wo er weitergehende Unterstützung erhalten kann. Durch Anregungen für pragmatische Lösungen wird jedoch versucht, dem Arbeitgeber Möglichkeiten für eine angemessene Einschränkung des Ermittlungsaufwandes aufzuzeigen.

4 Vorgehensweise zur Ermittlung der inhalativen Exposition

4.1 Allgemeines

(1) Zur Ermittlung der inhalativen Exposition und der daraus resultierenden Gefährdung werden die relevanten Randbedingungen der Tätigkeiten mit Gefahrstoffen sowie die Konzentrationen der Gefahrstoffe in der Luft am Arbeitsplatz bestimmt. Dazu wird ein Befund erhoben, der Aussagen zur Wirksamkeit der vorhandenen Schutzmaßnahmen sowie Festlegungen über ggf. weitere zu treffende Maßnahmen einschließlich der Überprüfung ihrer Wirksamkeit enthält (Bild 1).

(2) Die Ermittlung der inhalativen Exposition gliedert sich in folgende Schritte:

1. Erfassung und Beschreibung der Tätigkeiten und Festlegung des Arbeitsbereichs, für den die Beurteilung der inhalativen Exposition gelten soll,
2. Erfassung der Gefahrstoffe und
3. Ermittlung der Exposition.

(3) Anhand der Ergebnisse der Ermittlung der inhalativen Exposition wird im Rahmen eines Befundes eine Beurteilung der Wirksamkeit der Schutzmaßnahmen vorgenommen. Zur Sicherung des Befundes sind regelmäßige Wirksamkeitsüberprüfungen der Schutzmaßnahmen erforderlich. Die Art der vorzunehmenden Wirksamkeitsüberprüfungen wird im Befund festgelegt.

4.2 Erfassung und Beschreibung der Tätigkeiten und Festlegung des Arbeitsbereichs

(1) Die Erfassung der Tätigkeiten und der möglichen Gefährdungen ist Voraussetzung zur Festlegung des Arbeitsbereiches. Hierzu kann der Arbeitsbereich örtlich oder organisatorisch festgelegt werden durch Angabe z. B.

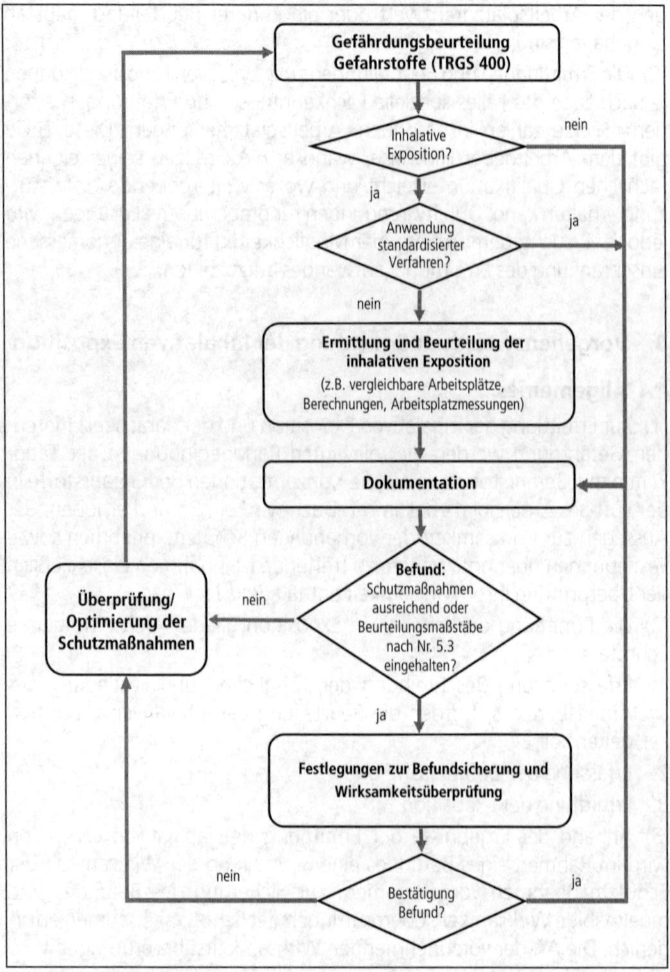

Bild 1: Ermittlung und Beurteilung der inhalativen Exposition (schematisch)

1. der räumlichen Abgrenzung,
2. der Tätigkeiten oder der Verfahrensweise(n),
3. der Anlagenart oder der Arbeitsmittel.

(2) Auf der Grundlage der betriebsspezifischen Informationen sind die Tätigkeiten einschließlich aller technischen und organisatorischen Einzel-

heiten, die für die Exposition relevant sein können (relevante Randbedingungen), zu beschreiben. In der Regel ist es zweckmäßig, die Ermittlungsergebnisse gemäß Nummer 4 der TRGS 400 zu übernehmen und diese um die Bedingungen, die die inhalative Exposition beeinflussen, zu erweitern.

(3) Zu den relevanten Randbedingungen können zählen:

1. Aufgabe und Ziel der Tätigkeiten (z. B. Erzeugnisse, Produkte, Dienstleistung),
2. die Arbeitsmittel (z. B. Schweißbrenner, Pinsel, Gabelstapler),
3. die Verfahrensweise (z. B. offen, geschlossen, unter Staubentwicklung),
4. die Arbeitsleistung (z. B. Durchsatz, Flächenleistung),
5. die Arbeitsorganisation (z. B. Aufenthaltsdauer/Expositionsdauer, parallele Belastungen, Position der Beschäftigten zur Stoffquelle),
6. Art und Menge der eingesetzten Stoffe und Produkte (z. B. Bezeichnung, Aggregatzustand, staubend, aerosolbildend, Konzentrationen der Substanzen),
7. Emissionsorte,
8. Technische Schutzeinrichtungen (z. B. Art und Leistung der Absaugung, Einhausung),
9. Betriebliche Maßnahmen des Brand- und Explosionsschutzes,
10. räumliche Bedingungen (z. B. Grundfläche, Raumhöhe, räumliche Gliederung, Raumausfüllung),
11. die Lüftungsbedingungen (z. B. Art der Lüftung, Lüftungseinrichtungen, Luftführung, Lüftungsintensität) und
12. Persönliche Schutzmaßnahmen.

4.3 Erfassung der Gefahrstoffe

Auf der Grundlage des Gefahrstoffverzeichnisses (siehe Nummer 4.7 der TRGS 400) sind die für die inhalative Exposition relevanten Stoffe auszuwählen. Die für die Beurteilung der inhalativen Exposition maßgeblichen Informationen über gefährliche Stoffe in den Einsatzstoffen, Zwischenprodukten, Endprodukten, Reaktionsprodukten und Hilfsstoffen sowie deren Verunreinigungen sind zu ermitteln. Sofern noch nicht im Gefahrstoffverzeichnis enthalten, sind auch freiwerdende gefährliche Stoffe zu erfassen (z. B. Dieselmotoremissionen, Schweißrauche, Stäube). Es ist zu berücksichtigen, dass bei der analytischen Probenauswertung weitere Stoffe identifiziert werden können, die für die inhalative Exposition relevant sind. Für die gefährlichen Stoffe sind die verbindlichen Grenzwerte (siehe Nummer 5.2) mit zugehörigen Kurzzeitwerten und die Einstufung anzugeben. Weiterhin sind Angaben zum Freisetzungsvermögen der

Stoffe (z. B. Staubungsverhalten, Flüchtigkeit) sinnvoll. Sind Grenzwerte nicht vorhanden, sind andere Kriterien zur Gefährdungsbeurteilung aufzuführen (siehe Nummer 5.3, 5.4.2 und 5.4.3).

4.4 Ermittlung der inhalativen Exposition

(1) Der Arbeitgeber hat Art, Ausmaß und Dauer der inhalativen Exposition zu ermitteln.

(2) Soweit aufgrund der Ermittlungsergebnisse nach der TRGS 400 verfahrens- und/oder stoffbedingt nur geringe oder vernachlässigbare Expositionen zu erwarten sind, sind keine weiteren Ermittlungen nach dieser TRGS erforderlich. Dies kann unter Beachtung der toxikologischen Stoffeigenschaften der Fall sein, wenn

1. ein niedriges Freisetzungsvermögen auf Grund der Arbeitsbedingungen und der Stoffeigenschaften (z. B. niedriger Dampfdruck, hoher Siedepunkt bei geringer Verarbeitungstemperatur, geringes Staubungsverhalten) vorliegt,
2. durch das Verfahren keine Aerosolbildung erfolgen kann,
3. nur geringe Mengen verwendet werden oder
4. nur geringe Emissionen, z. B. aufgrund kleiner Quellflächen oder kurzer Tätigkeitsdauer (< 15 min), möglich sind oder
5. eine Freisetzung von Stoffen in die Luft am Arbeitsplatz nicht möglich ist (z. B. Chloridbestimmung nach Mohr in chemischen Laboratorien).

(3) Zur Ermittlung der inhalativen Exposition bestehen vielfältige Möglichkeiten, die entsprechend den unterschiedlichen Anforderungen und Bedingungen der Praxis anzuwenden sind. Vorzugsweise sind nichtmesstechnische Ermittlungsmethoden wie die Übertragung von Ergebnissen vergleichbarer Arbeitsplätze oder Berechnungen (Anlage 2) anzuwenden. Bei verbleibender Unsicherheit über die Höhe der Exposition und bei Tätigkeiten mit CMR-Stoffen sind messtechnische Ermittlungsmethoden (Anlage 3) unter Berücksichtigung der Absätze 5 und 6 einzusetzen. Hinweise zur Ermittlung finden sich z. B. in DIN EN 689 [2].

(4) Messtechnische und nichtmesstechnische Ermittlungsmethoden können sich wechselseitig ergänzend eingesetzt werden. So können z. B. die Ergebnisse von Berechnungen dazu dienen, Arbeitsplatzmessungen gezielt einzusetzen („Berechnungen als Grundlage der Messplanung"). Auch nichtmesstechnische Ermittlungsmethoden können auf Messungen beruhen, z. B. die Übertragung von Ergebnissen vergleichbarer Arbeitsplätze. Anlage 5 nennt anhand von Beispielen Einsatzmöglichkeiten jeweils geeigneter Ermittlungsmethoden.

(5) Unter bestimmten Randbedingungen ist die Durchführung von Arbeitsplatzmessungen nicht möglich oder liefert keine verwertbaren oder keine repräsentativen Ergebnisse. Dazu gehören

1. zu kurze Expositionsdauern,
2. es existiert kein geeignetes Messverfahren (Querempfindlichkeit),
3. ungünstige klimatische Bedingungen (z. B. hohe Windgeschwindigkeiten oder Temperaturen, Feuchtarbeitsplätze (Einsatz von Hochdruckreinigern)),
4. bestimmte Arbeiten im Freien.

(6) Messverfahren für die Durchführung von Arbeitsplatzmessungen sind geeignet, wenn sie die Leistungsanforderungen der DIN EN 482 [3] erfüllen.

4.5 Anforderungen an Personen bzw. Stellen, die Ermittlungen und Beurteilungen der inhalativen Exposition nach GefStoffV durchführen

(1) Mit der Ermittlung und der Beurteilung der inhalativen Exposition darf der Arbeitgeber gemäß GefStoffV nur fachkundige Personen und Stellen beauftragen. Die Fachkunde geht über die allgemeinen Anforderungen nach TRGS 400 hinaus und umfasst je nach Umfang und Komplexität der Aufgabenstellung gefahrstoffbezogene und ermittlungsmethodische Kenntnisse.

(2) Arbeitgeber, die innerbetrieblich nicht über die notwendige Fachkunde und die notwendigen Voraussetzungen verfügen, müssen fachkundige, externe Stellen mit der Ermittlung und Beurteilung der inhalativen Exposition beauftragen. Fachkundig sind insbesondere akkreditierte Messstellen. Es wird dem Arbeitgeber empfohlen, Stellen zu beauftragen, die darüber hinaus eine sicherheitstechnische Beratung durchführen.

(3) Wenn für eine Tätigkeit die Ermittlung der inhalativen Exposition mittels messtechnischer Ermittlungsmethoden erfolgt, muss die Messstelle die in Anlage 1 gestellten Anforderungen erfüllen. Beauftragt der Arbeitgeber eine für Arbeitsplatzmessungen akkreditierte Messstelle, kann er davon ausgehen, dass die Messstelle die Anforderungen nach Anlage 1 erfüllt und dass die von dieser Stelle ermittelten Erkenntnisse zutreffend sind[2)]. Sollen Messungen von einer für Arbeitsplatzmessungen nicht akkreditierten Messstelle durchgeführt werden, so muss der Arbeitgeber prüfen, ob die Messstelle die Anforderungen gemäß Anlage 1 erfüllt.

2) Liste akkreditierter Messstellen:
https://www.bua-verband.de/gefahrstoffmessungen

(4) Wenn für eine Tätigkeit die Ermittlung der inhalativen Exposition mittels nichtmesstechnischer Ermittlungsmethoden nach Anlage 2 erfolgen soll, können die Anforderungen hinsichtlich der Fachkunde und Berichterstattung nach Anlage 1 sinngemäß herangezogen werden.

(5) Die Anforderungen nach Absatz 2 können für innerbetriebliche Messstellen eingeschränkt und an die tatsächlich im betrieblichen Rahmen durchzuführenden Ermittlungen und Beurteilungen angepasst werden. Diese Regelung kann z. B. angewendet werden, wenn für eine Tätigkeit in Abhängigkeit von den betriebsspezifischen Verhältnissen die Ermittlung der inhalativen Exposition mittels einfacher Messmethoden möglich ist. In diesen Fällen ist im Rahmen der Gefährdungsbeurteilung festzulegen, welche Anforderungen zu erfüllen sind. Die Qualität der Ermittlungen und Beurteilungen muss aber auf alle Fälle gewährleistet sein.

4.6 Ermittlungen der Exposition krebserzeugender, keimzellmutagener und reproduktionstoxischer Gefahrstoffe gemäß GefStoffV

(1) Bei krebserzeugenden, keimzellmutagenen und reproduktionstoxischen Stoffen sind im Rahmen der Gefährdungsbeurteilung Expositionen gemäß den Anforderungen dieser TRGS zu ermitteln, wobei unter Beachtung von TRGS 400 Nummer 3.2 Abs. 3 auch die Möglichkeit zur Übertragung von Ergebnissen bei gleichartigen Arbeitsbedingungen besteht.

(2) Wegen der besonderen Bedeutung der Exposition gegenüber diesen Stoffen sind nach GefStoffV darüber hinaus die Expositionen infolge eines unvorhersehbaren Ereignisses (siehe Anlage 5 Nr. 9) oder eines Unfalles zu ermitteln. Es kann sich hierbei z. B. um Messungen technischer Parameter oder Messungen im Rahmen einer Dauerüberwachung handeln.

5 Beurteilung der Exposition und der Wirksamkeit der Schutzmaßnahmen

5.1 Allgemeines

(1) Die nach Nummer 4.4 ermittelte Exposition ist im Hinblick auf eine Gefährdung der Beschäftigten und die Wirksamkeit der Schutzmaßnahmen zu beurteilen. Das Ergebnis der Beurteilung ist der Befund. Der Befund ist zu begründen und zu dokumentieren. Zum Befund gehören auch Festlegungen zur Befundsicherung nach Nummer 6.

(2) Der Befund kann lauten:

1. Schutzmaßnahmen ausreichend,
2. Schutzmaßnahmen nicht ausreichend.

Bei krebserzeugenden Gefahrstoffen nach Nummer 5.3 können die Befunde lauten:

a) Toleranz- bzw. Akzeptanzkonzentration eingehalten oder

b) Toleranzkonzentration überschritten.

Die Maßnahmen gemäß Maßnahmenkonzept nach TRGS 910 sind entsprechend dem Befund zu ergreifen.

(3) Bei Stoffen mit einem verbindlichen Grenzwert oder einem Beurteilungsmaßstab nach Nummer 5.3 kann der Befund nach Nummer 5.2.2 Absatz 3 fachkundig begründet oder, falls das nicht möglich ist, mit Hilfe des in Nummer 5.2.2 Absatz 4 beschriebenen formalen Verfahrens getroffen werden. Bei Stoffen ohne verbindlichen Grenzwert können die in Nummer 5.4 genannten Beurteilungskriterien herangezogen werden.

(4) Tragen mehrere Stoffe gleichzeitig oder nacheinander während einer Schicht zur Exposition im Arbeitsbereich bei, so ist eine Beurteilung der Gemischexposition vorzunehmen. Dabei ist bei Stoffen mit einem Arbeitsplatzgrenzwert das Verfahren nach Nummer 5.2.1 anzuwenden. Sofern für definierte Stoffgemische verbindliche Grenzwerte oder Beurteilungsmaßstäbe nach Nummer 5.4 vorliegen, ist die Nummer 5.2 sinngemäß anzuwenden.

(5) Bei Stoffgemischen mit Stoffen ohne einen Arbeitsplatzgrenzwert sind die Kriterien nach Nummer 5.3 oder 5.4 anzuwenden.

(6) Die messtechnische Überwachung von Stoffgemischen kann ggf. mit Hilfe von Leitkomponenten durchgeführt werden. Die Leitkomponenten und ein Beurteilungsmaßstab sind im Rahmen der Ermittlung und Beurteilung der inhalativen Exposition festzulegen. Kriterien für die Auswahl von Leitkomponenten und die Anwendbarkeit des Verfahrens sind:

1. die Toxizität der Einzelstoffe, ihre Konzentrationsanteile in der Luft sowie ihre analytische Erfassbarkeit,
2. gleich bleibende Konzentrationsverhältnisse der Komponenten in der Luft untereinander und
3. der Beurteilungsmaßstab gewährleistet, dass mindestens der Bewertungsindex nach Nummer 5.2.1 eingehalten ist.

(7) Bei Stoffen, die unter den Geltungsbereich des allgemeinen Staubgrenzwerts fallen, sind die Regelungen der TRGS 900 zur Beurteilung von Stäuben heranzuziehen.

(8) Ist das Messverfahren nicht spezifisch, so ist der Summenmesswert für die Beurteilung heranzuziehen. Kommen in diesem Fall für die Beurteilung mehrere Arbeitsplatzgrenzwerte in Frage, ist der jeweils niedrigste Grenzwert zu Grunde zu legen (z. B. bei Arbeitsplatzgrenzwerten für unterschiedliche Spezies wie Zinn(II) und Zinn(IV)).

(9) Die unter Nummer 5.2, 5.3 und Nummer 5.4.2 Absatz 1 genannten Beurteilungsmaßstäbe sind als Schichtmittelwerte festgelegt. Wird stoffspezifisch ein abweichender Beurteilungszeitraum festgelegt, z. B. Woche, Monat oder Jahr, wird besonders darauf hingewiesen. Darüber hinaus müssen zur Begrenzung von Expositionsspitzen die Kurzzeitwerte zusätzlich eingehalten werden.

5.2 Stoffe mit einem verbindlichen Grenzwert

(1) Arbeitsplatzgrenzwerte nach GefStoffV sind in der TRGS 900 aufgeführt.

(2) Neben Arbeitsplatzgrenzwerten sind verbindliche Grenzwerte der EU zu beachten, die durch Bekanntmachungen des BMAS gemäß GefStoffV in nationales Recht umgesetzt wurden, sofern das BMAS keine anderen Beurteilungsmaßstäbe bekannt gegeben hat (z. B. in einer TRGS).

5.2.1 Stoff- und Bewertungsindex

(1) Zur Vergleichbarkeit von Ermittlungsergebnissen wird aus dem Ergebnis (Schichtmittelwert) der Einzelstoffe durch Division mit dem jeweiligen verbindlichen Grenzwert nach Nr. 5.2 der Stoffindex I erhalten:

$$I = \frac{C}{GW}$$

Darin sind C der Schichtmittelwert und GW der Grenzwert des Stoffes nach Nr. 5.2. Als Grenzwert für den Einzelstoff gilt der Stoffindex I = 1.

(2) Sofern mehrere Stoffe gleichzeitig oder nacheinander während einer Schicht zur Exposition im Arbeitsbereich beitragen, wird für die Stoffe mit einem AGW aus den Stoffindizes der Einzelstoffe durch Addition der Bewertungsindex BI berechnet:

$$BI_{AGW} = \sum I_i = \frac{C_1}{AGW_1} + \frac{C_2}{AGW_2} + \ldots \frac{C_n}{AGW_n}$$

Als Grenzwert gilt der Bewertungsindex BI = 1. Von diesem Bewertungsverfahren kann im Einzelfall abgewichen werden, wenn dies arbeitsmedizinisch oder toxikologisch begründet werden kann. Für Kurzzeitwerte wird kein Bewertungsindex ermittelt.

(3) Liegen neben Stoffen mit einem AGW weitere Stoffe vor, für die der Arbeitgeber andere Beurteilungsmaßstäbe herangezogen oder eigene Beurteilungsmaßstäbe festgelegt hat, dann sind der Bewertungsindex (für Stoffe mit AGW) und zusätzlich die anderen Beurteilungsmaßstäbe nach Nummer 5.3 oder 5.4 zur Beurteilung heranzuziehen.

5.2.2 Erhebung des Befundes

(1) Bei Stoffen mit einem verbindlichen Grenzwert werden die Stoff- und Bewertungsindizes zur Erhebung des Befundes herangezogen.

(2) Der Befund „Schutzmaßnahmen nicht ausreichend" liegt vor, wenn der Grenzwert nicht eingehalten wird, der Bewertungsindex BI größer 1 ist oder die Kurzzeitwertanforderungen nicht erfüllt sind (Grenzwert überschritten). In diesem Fall sind unverzüglich expositionsmindernde Maßnahmen und dann eine erneute Ermittlung der inhalativen Exposition vorzunehmen.

(3) Sind die Stoff- bzw. Bewertungsindizes kleiner oder gleich 1 und die Kurzzeitwertanforderungen erfüllt (Grenzwert eingehalten), kann jedoch wegen der zeitlichen und räumlichen Schwankungen der inhalativen Exposition bei Tätigkeiten mit Gefahrstoffen allein damit der Befund „Schutzmaßnahmen ausreichend" nicht begründet werden. Es muss vielmehr begründet werden, warum auch künftig die Erfüllung der Voraussetzungen für den Befund „Schutzmaßnahmen ausreichend" erwartet wird. Begründungen sind z. B.

1. Ermittlungen für den ungünstigen Fall („Worst Case")
   Die Ermittlungen wurden für ungünstige Bedingungen durchgeführt, so dass im Normalfall niedrigere Belastungen zu erwarten sind.
2. Relevante Randbedingungen sind langfristig stabil
   Es ist sichergestellt, dass sich die relevanten Randbedingungen langfristig nur unwesentlich ändern, so dass vergleichsweise geringe Schwankungen der Exposition zu erwarten sind. Dies kann z. B. durch Ergebnisse von Kontrollmessungen aus früheren Jahren belegt werden.
3. Dauerüberwachung
   Durch Dauerüberwachung werden bei Überschreiten einer vorgegebenen Konzentration geeignete Schutzmaßnahmen ausgelöst (siehe Anlage 4).
4. Fortlaufende Wirksamkeitskontrolle
   Durch ständige oder regelmäßige Kontrolle der Wirksamkeit der Schutzmaßnahmen wird gewährleistet, dass abhängig von vorgegebenen Kriterien geeignete Schutzmaßnahmen ausgelöst werden.
5. Erfahrung von vergleichbaren Arbeitsplätzen
   Erfahrungen von vergleichbaren Arbeitsplätzen haben gezeigt, dass langfristig die Erfüllung der Voraussetzungen für den Befund „Schutzmaßnahmen ausreichend" zu erwarten ist.

(4) Ist eine Begründung nach Absatz 3 nicht möglich, kann alternativ auch ein statistisch begründetes formales Verfahren angewendet werden: Bei Einhaltung der Kurzzeitwertanforderungen kann nach DIN EN

689 (Anhang D) [2] der Befund „Schutzmaßnahmen ausreichend" getroffen werden, wenn

1. der Bewertungsindex BI bzw. die Stoffindizes bei einer Schicht kleiner oder gleich 0,1 sind oder
2. Ermittlungsergebnisse für mindestens drei verschiedene Schichten vorliegen und alle Bewertungsindizes bzw. die Stoffindizes kleiner oder gleich 0,25 sind.

Bei Anwendung des formalen Verfahrens muss gewährleistet sein, dass die vorliegenden Ergebnisse die Verhältnisse am Arbeitsplatz repräsentativ widerspiegeln.

5.3 Krebserzeugende Gefahrstoffe mit risikobezogenen Beurteilungsmaßstäben nach TRGS 910

(1) Bei Tätigkeiten mit krebserzeugenden Gefahrstoffen der Kategorien 1 oder 2 bzw. 1A oder 1B, für die in der Regel kein AGW in der TRGS 900 bekannt gegeben wird, hat der Arbeitgeber ein geeignetes, risikobezogenes Maßnahmenkonzept anzuwenden. Hierbei ist die vom AGS erarbeitete TRGS 910 zu berücksichtigen. Diese beschreibt ein Konzept zur Beurteilung von Tätigkeiten mit krebserzeugenden Stoffen mittels Exposition-Risiko-Beziehungen (ERB). Für bestimmte krebserzeugende Stoffe werden Risikobereiche über stoffspezifische Akzeptanz- und Toleranzkonzentrationen beschrieben. Ein Vergleich der Expositionshöhe, der die Beschäftigten ausgesetzt sind, mit der jeweiligen Akzeptanz- bzw. Toleranzkonzentration entscheidet über die Notwendigkeit und Dringlichkeit von Schutzmaßnahmen nach dem gestuften Maßnahmenkonzept der TRGS 910.

(2) Der Befund „Akzeptanzkonzentration eingehalten" gilt, wenn ein nach Anlage 3 Nummer 3.1 Absatz 9 oder 10 geeignetes bzw. nach Absatz 11 bedingt geeignetes Messverfahren zur Überwachung der Akzeptanzkonzentration eingesetzt wurde und das Messergebnis kleiner oder gleich der Akzeptanzkonzentration ist.

(3) Der Befund „Toleranzkonzentration eingehalten" gilt, wenn ein nach Anlage 3 Nummer 3.1 Absatz 9 geeignetes Messverfahren zur Überwachung der Toleranzkonzentration eingesetzt wurde und das Messergebnis kleiner oder gleich der Toleranzkonzentration ist und die Kurzzeitwertanforderungen nach TRGS 910 erfüllt sind.

(4) In der Dokumentation des Befundes ist zu begründen, dass auch künftig die Toleranz- bzw. Akzeptanzkonzentration eingehalten wird, siehe Nummer 5.2.2 Absatz 3 und 4.

(5) Sofern eine Exposition gegenüber mehreren Kanzerogenen vorliegt, werden diese als Einzelstoffe bewertet. Ein Bewertungsindex nach Nummer 5.2.1 Absatz 2 ist nicht zu berechnen.

(6) Die Hintergrundkonzentration kann nach TRGS 910 vom Arbeitgeber im Rahmen der Gefährdungsbeurteilung berücksichtigt werden. Die arbeitsplatzbedingte inhalative Exposition ergibt sich aus der Differenz zwischen der am Arbeitsplatz ermittelten Stoffkonzentration und der Hintergrundkonzentration (siehe auch Nummer 6 Absatz 5).

(7) Steht für die messtechnische Ermittlung der Expositionshöhe nach Absatz 1 kein geeignetes oder bedingt geeignetes Messverfahren nach Anlage 3 Nummer 3.1 Absatz 9 bis 11 zur Verfügung, ist dies in der Gefährdungsbeurteilung zu dokumentieren.

5.4 Stoffe ohne einen verbindlichen Grenzwert

5.4.1 Allgemeines

(1) Bei Stoffen ohne einen verbindlichen Grenzwert müssen zur Bewertung der Exposition und zur Überprüfung der Wirksamkeit der Schutzmaßnahmen andere Beurteilungsmaßstäbe herangezogen werden. Diese können mögliche akute und chronische Schäden der Gesundheit berücksichtigen oder Informationen zum Stand der Technik liefern. Derartige Beurteilungsmaßstäbe sind keine Arbeitsplatzgrenzwerte im Sinne von § 2 Absatz 8 der Gefahrstoffverordnung. Der Arbeitgeber hat diese anderen Beurteilungsmaßstäbe in eigener Verantwortung festzulegen.

(2) Sofern für Stoffe andere Beurteilungsmaßstäbe der inhalativen Exposition am Arbeitsplatz vorliegen, die vom Ausschuss für Gefahrstoffe (AGS) in aktuellen TRGS beschrieben sind (z.B. mit dem Stand der Technik verknüpfte Expositionshöhen und -dauern), sind diese zu berücksichtigen.

(3) Bei Stoffen ohne einen verbindlichen Grenzwert kann kein allgemeingültiges Beurteilungsschema im Sinne von Nummer 5.2.1 angegeben werden.

5.4.2 Weitere Beurteilungsmaßstäbe der inhalativen Exposition

(1) Ist kein verbindlicher Grenzwert oder sind keine Beurteilungsmaßstäbe nach Nummer 5.3 bzw. 5.4.1 Absatz 2 vorhanden, kann der Arbeitgeber nach entsprechend fachkundiger Bewertung u. a. folgende Beurteilungsmaßstäbe zur Bewertung der Exposition heranziehen:

1. Grenzwertvorschläge der DFG-Senatskommission zur Prüfung gesundheitsschädlicher Arbeitsstoffe („MAK-Kommission"),
2. Arbeitsplatz-Richtgrenzwerte nach Richtlinie 98/24/EG (Indicative Occupational Exposure Limit Values), soweit sie noch nicht in der TRGS 900 umgesetzt sind,
3. Grenzwertvorschläge für chemische Belastungen am Arbeitsplatz anderer wissenschaftlicher Expertenkommissionen (z. B. ausländische Grenzwerte). Eine Zusammenstellung internationaler Grenz-

werte enthält die Datenbank „GESTIS-Internationale Grenzwerte für chemische Substanzen" des IFA [4],

4. „Derived no-effect-levels" (DNEL) nach der REACH-VO oder
5. Vorläufige Zielwerte, die der Unternehmer im Rahmen seiner Gefährdungsbeurteilung selbst festlegt (z.B. nach dem Konzept zur Ableitung von Arbeitsplatzrichtwerten (ARW) gemäß TRGS 901 „Begründungen und Erläuterungen zu Grenzwerten in der Luft am Arbeitsplatz").

(2) Bei Verwendung der Beurteilungsmaßstäbe nach Absatz 1 wird empfohlen, Nummer 5.2.1 und 5.2.2 sinngemäß anzuwenden.

5.4.3 Weitere Hilfen für die Erhebung eines Befundes

(1) Beispiele und Hilfen für die Gefährdungsbeurteilung bei unterschiedlichen Tätigkeiten und Verfahren enthält Anlage 5.

(2) Auch für Tätigkeiten mit Gefahrstoffen, für die kein verbindlicher Grenzwert nach Nummer 5.2 sowie kein Beurteilungsmaßstab nach Nummer 5.3 oder Nummer 5.4.1 Absatz 2 oder 5.4.2 vorliegt, muss der Arbeitgeber Schutzmaßnahmen durchführen, deren Wirksamkeit überprüft werden muss. Dazu kann der Arbeitgeber durch Messungen geeigneter technischer Parameter die Wirksamkeit der getroffenen Schutzmaßnahmen nachweisen (siehe Nummer 6). Beispiele sind die Messung der Strömungsgeschwindigkeit an einer Absaugung, die Kontrolle der Druckverhältnisse durch automatische Druckanzeigeinstrumente in frischluftbelüfteten Kabinen oder der Nachweis der Wirksamkeit einer Lüftungsanlage durch Strömungssensoren. Auch Arbeitsplatzmessungen können in diesen Fällen zur Wirksamkeitskontrolle eingesetzt werden (Absenkung des Expositionsniveaus durch die getroffene Schutzmaßnahme: „Vorher-Nachher-Messung").

(3) Als Hilfestellung für die Beurteilung, ob die getroffenen Schutzmaßnahmen ausreichend sind, können für Gefahrstoffe ohne verbindliche Grenzwerte oder Beurteilungsmaßstäbe nach Nummer 5.3, 5.4.1 Absatz 2 und 5.4.2 folgende Angaben aus dem erweiterten Sicherheitsdatenblatt nach der REACH-VO dienen:

1. Umsetzung der Risikomanagementmaßnahmen, die im Expositionsszenario des erweiterten Sicherheitsdatenblattes für dort genannte Verwendungen beschrieben sind, sofern sie die Anforderungen an eine mitgelieferte Gefährdungsbeurteilung erfüllen (TRGS 400 Nummer 5.3).
2. Falls der Arbeitgeber von den im Expositionsszenario beschriebenen Risikomanagementmaßnahmen abweicht oder die Anforderungen an eine mitgelieferte Gefährdungsbeurteilung nach TRGS 400 nicht erfüllt sind, kann die Exposition anhand der im erweiterten Sicher-

heitsdatenblatt genannten DNEL beurteilt werden, sofern geeignete messtechnische oder nicht messtechnische Ermittlungsmethoden zur Verfügung stehen. Die weiteren Pflichten der REACH-VO bleiben hiervon unberührt.

(4) Insbesondere bei Stoffen ohne Grenzwert oder stoffspezifischer TRGS sind z. B. die folgenden Arbeitshilfen nützlich:

1. Stand der Technik, z. B. beschrieben in Merkblättern der Unfallversicherungsträger, Positivlisten von Geräten (DGUV Test: *http://www.dguv.de/dguv-test/index.jsp*),
2. Maßstäbe zur Beurteilung von chemischen Belastungen am Arbeitsplatz aus branchen- oder tätigkeitsspezifischen Hilfestellungen (z. B. Expositionsbeschreibungen, Empfehlungen Gefährdungsermittlung der Unfallversicherungsträger (EGU), Branchenregelungen, Handlungsanleitungen zur guten Arbeitspraxis, Einfaches Maßnahmenkonzept Gefahrstoffe (EMKG) der BAuA).

6 Befundsicherung

(1) In regelmäßigen Abständen oder aus gegebenem Anlass ist zu überprüfen, ob der abgeleitete Befund unverändert gültig ist (Wirksamkeitsüberprüfung). Die Abstände für die Überprüfung sind abhängig von den betrieblichen Bedingungen im Befund festzulegen; empfohlen wird ein Jahresabstand, wobei nach Möglichkeit jahreszeitliche Einflüsse auf die Höhe der Exposition mit berücksichtigt werden sollten. Gegebene Anlässe für die Überprüfung können z. B. sein

1. die Änderung relevanter Randbedingungen,
2. eine Änderung des einschlägigen Standes der Ermittlungsverfahren (Messverfahren, Berechnungsmodell, ...),
3. eine Änderung der Beurteilungsmaßstäbe nach Nummer 5, z. B. Grenzwertänderungen oder
4. andere Faktoren, die für die Befunderhebung von Bedeutung waren.

Sind die Änderungen von Bedeutung für die inhalative Exposition, ist der Befund zu aktualisieren.

(2) Die Methoden, der Zeitpunkt und die Häufigkeit der Wirksamkeitsüberprüfung werden im Rahmen der Ermittlung und Beurteilung der inhalativen Exposition festgelegt. Dabei ist es dem fachkundigen Anwender überlassen, die Einzelheiten der jeweils erforderlichen Wirksamkeitsüberprüfung festzulegen. Vorzugsweise sind einfache technische Methoden der Wirksamkeitsüberprüfung wie z. B.

1. die Funktionsprüfung der Lüftungsanlage oder
2. die Prüfung des Ansprechverhaltens von Warn- oder Steuereinrichtungen (Sensoren)

vorzusehen.

(3) Sind einfache Methoden der Wirksamkeitsüberprüfung nicht verfügbar oder nicht ausreichend, müssen die Überprüfungen durch regelmäßige Kontrollmessungen nach einem im Rahmen der Ermittlung und Beurteilung der inhalativen Exposition festgelegten Messverfahren erfolgen. In der Regel ist es zweckmäßig, den zeitlichen Abstand zwischen den Kontrollmessungen von der Höhe des jeweils zuletzt erhaltenen Messergebnisses abhängig zu machen. Hinweise zur Durchführung und zum Verzicht auf Kontrollmessungen enthält DIN EN 689 [2].

(4) Wirksamkeitsüberprüfungen können auch mit fest installierten Messeinrichtungen (Dauerüberwachung, siehe Anlage 4) durchgeführt werden, wenn die Messeinrichtungen so ausgelegt sind, dass sie eine Expositionsbeurteilung ermöglichen und die Messergebnisse aufgezeichnet werden. Die Eignung der Messeinrichtungen ist im Rahmen der Ermittlung und Beurteilung der inhalativen Exposition zu prüfen. Hierbei ist auch die Einhaltung der Kurzzeitwertanforderungen zu beachten. Die Dauerüberwachung ist besonders sinnvoll einzusetzen, wenn akute Gefährdungen oder besonders hohe Schwankungen der Exposition nicht auszuschließen sind und durch Alarmierung Maßnahmen zum Schutz der Beschäftigten ausgelöst werden müssen.

(5) Von weiteren Kontrollmessungen kann ferner abgesehen werden, wenn durch eine ausreichende Zahl von Messergebnissen belegt wird, dass auf Grund der Höhe und der Streuung der Stoff- und Bewertungsindizes sowie der Höhe und Dauer der Expositionsspitzen die Schutzmaßnahmen ausreichend sind. Dies kann beispielsweise der Fall sein, wenn

1. alle vorangehenden Messergebnisse nach dieser TRGS kleiner waren als die Bestimmungsgrenze des Messverfahrens. Kann die Bestimmungsgrenze des Verfahrens aufgrund einer längeren Probenahmedauer während der zu beurteilenden Tätigkeit abgesenkt werden, so ist vor einem Verzicht auf weitere Messungen von dieser Möglichkeit Gebrauch zu machen.
2. die Ergebnisse der Arbeitsplatzmessungen in vergleichbarer Höhe liegen wie Ermittlungsergebnisse (z. B. eigene Messungen, Informationen aus Umweltmessnetzen) zur Hintergrundkonzentration[3].

[3] Die Hintergrundkonzentration ist ein vorgefundener Standortfaktor und ist im Rahmen der Gefährdungsbeurteilung als Konzentration in der Umgebungsluft zu verstehen. Sie kann vom Unternehmen nicht beeinflusst werden und sowohl örtlich auch als zeitlich variieren. Im Rahmen der Gefährdungsbeurteilung kann die Hintergrundkonzentration vom Arbeitgeber ermittelt und berücksichtigt werden. Messungen haben nach den Kriterien der TRGS 402 oder vergleichbarer Verfahren zu erfolgen. Bei der Wahl des Probenahmeortes muss sichergestellt sein, dass das Messergebnis nicht durch Emissionen des Unternehmens oder der Unternehmen, wenn verschiedene Arbeitgeber zusammenarbeiten (z. B. Baustellen), beeinflusst wird.

Es ist sicherzustellen, dass die Bedingungen auch in Zukunft konstant sind bzw. Änderungen erkannt werden.

7 Dokumentation

(1) Die Ergebnisse der Ermittlung und Beurteilung der inhalativen Exposition sind zu dokumentieren. Die Dokumentation ist so anzulegen, dass sämtliche Entscheidungswege bis zum Befund nachvollziehbar sind. Die Dokumentation ist für die Bewertung der Ergebnisse von Expositionsermittlungen von entscheidender Bedeutung. Ohne eine vollständige Dokumentation ist die Expositionsermittlung nicht abgeschlossen.

(2) Die Dokumentation muss mindestens Informationen zu folgenden Punkten enthalten:

1. Anlass und Umfang der Aufgabe,
2. Festlegung des Arbeitsbereichs einschließlich seiner räumlichen und organisatorischen Beschreibung,
3. Beschreibung der Tätigkeiten mit Gefahrstoffen,
4. Art und Menge der Gefahrstoffe,
5. Relevante Randbedingungen (Nummer 4.2. Abs. 3),
6. Ermittlungsmethode der Exposition,
7. Ermittlungsergebnisse,
8. Befund und
9. Vorgaben für die Befundsicherung.

Darüber hinaus kann die Dokumentation auch Hinweise und Vorschläge für durchzuführende Maßnahmen enthalten. Anforderungen an die Berichterstattung enthält Anlage 1. Diese Anforderungen sind bei messtechnischen Ermittlungen und Beurteilungen und sinngemäß bei nichtmesstechnischen Ermittlungen und Beurteilungen heranzuziehen.

(3) Der Arbeitgeber hat Regelungen zur Aufbewahrung der Dokumentation zu treffen. Es wird empfohlen, die Dokumentation der Gefährdungsbeurteilung langfristig aufzubewahren, insbesondere bei Tätigkeiten mit krebserzeugenden, keimzellmutagenen oder reproduktionstoxischen Gefahrstoffen der Kategorie 1A oder 1B.

8 Literatur

[1] Begriffsglossar: *www.baua.de/nn_57220/de/Themen-von-A-Z/Gefahrstoffe/Glossar/Begriffsglossar.pdf*

[2] DIN EN 689: Arbeitsplatzatmosphäre – Anleitung zur Ermittlung der inhalativen Exposition gegenüber chemischen Stoffen zum Vergleich mit Grenzwerten und Messstrategie, April 1995

[3] DIN EN 482: Arbeitsplatzatmosphäre – Allgemeine Anforderungen an die Leistungsfähigkeit von Verfahren zur Messung chemischer Arbeitsstoffe, Oktober 2006

[4] Institut für Arbeitsschutz der DGUV – IFA: GESTIS – Internationale Grenzwerte für chemische Substanzen: *http://www.dguv.de/ifa/*

Anlagen zur TRGS 402

Anlage 1: Anforderungen an Messstellen, die Ermittlungen und Beurteilungen der Exposition durchführen, einschließlich Anforderungen an die Berichterstattung

Anlage 2: Nichtmesstechnische Ermittlungsmethoden der Exposition

Anlage 3: Messtechnische Ermittlungsmethoden

Anlage 4: Verfahren zur Wirksamkeitsprüfung mit Hilfe kontinuierlich messender Messeinrichtungen (Dauerüberwachung und Alarmvorrichtungen)

Anlage 5: Arbeitsplatzbeispiele und weitere Hinweise zur Anwendung der TRGS 402

Im Folgenden sind die Anlagen 2 und 3 abgedruckt. (Die TRGS 402 ist mit allen Anlagen unter *www.baua.de/trgs* abrufbar.)

Anlage 2 zu TRGS 402
Nichtmesstechnische Ermittlungsmethoden der Exposition

1 Allgemeines

(1) Unter nichtmesstechnischen Ermittlungsmethoden werden insbesondere verstanden:

1. die Übertragung von Ergebnissen vergleichbarer Arbeitsplätze und
2. der Einsatz geeigneter Rechenmodelle.

(2) Bei der Anwendung nichtmesstechnischer Ermittlungsmethoden muss der Einfluss der relevanten Randbedingungen auf das Ermittlungsergebnis beurteilt und dokumentiert werden. Fallweise ist dazu die Quantifizierung des Einflusses einzelner oder aller Randbedingungen erforderlich.

2 Messergebnisse von Arbeitsplätzen mit gleichartigen Arbeitsbedingungen

(1) Messergebnisse von Arbeitsplätzen können auf andere Arbeitsplätze übertragen werden, sofern die Expositionsbedingungen vergleichbar sind. Die Entscheidung über die Vergleichbarkeit wird vom Arbeitgeber gemäß TRGS 400 Nr. 3.2 getroffen und dokumentiert.

(2) Vergleichbare Expositionsbedingungen an Arbeitsplätzen liegen vor, wenn bei vergleichbaren Tätigkeiten mit Gefahrstoffen die detaillierte Beurteilung des Einflusses der relevanten Randbedingungen entsprechend Nummer 4.2 Abs. 3 dieser TRGS ergibt, dass keine Abweichung gegenüber dem zu übertragenden Ermittlungsergebnis zu erwarten ist.

(3) Messergebnisse von vergleichbaren Arbeitsplätzen können aus

1. demselben Betrieb,
2. anderen Betrieben (Messberichte),
3. Messdatenbanken oder
4. Expositionsbeschreibungen in der Fachliteratur

stammen.

(4) Für die Übertragungen von Messergebnissen besonders geeignet sind die Ergebnisse so genannter Worst Case-Messungen. Nummer 1 und 4 der Anlage 5 dieser TRGS enthalten Beispiele für die Beurteilung von Expositionen bei Vorliegen vergleichbarer Arbeitsplätze.

3 Berechnung der Exposition

(1) Konzentrationen lassen sich rechnerisch abschätzen, wenn die relevanten Randbedingungen durch ein geeignetes Modell miteinander verknüpft werden können und diese für den konkreten Anwendungsfall

bekannt sind. Dies betrifft sowohl die kurzzeitigen (Kurzzeitwerte) als auch länger andauernde Expositionen (Schichtmittelwerte).

(2) Expositionsmodelle bauen in der Regel auf drei wesentlichen Elementen auf:

1. der Beschreibung der Gefahrstoffemission,
2. der räumlichen und zeitlichen Ausbreitung und Verteilung der Gefahrstoffe und
3. der Berücksichtigung der arbeitsorganisatorischen Rahmenbedingungen.

(3) Die Ergebnisse von Modellrechnungen müssen plausibel sein. Daher ist bei jeder Anwendung zu begründen, warum die Modellrechnung im konkreten Fall geeignet ist,

1. die Gefahrstoffemission,
2. die Ausbreitung und Verteilung der Gefahrstoffe im Raum und
3. die arbeitsorganisatorischen Rahmenbedingungen

zu beschreiben.

(4) Durch die Variation der relevanten Randbedingungen können ihr Einfluss auf die Höhe der Exposition abgeschätzt und somit kritische Randbedingungen erkannt werden. Dazu ist es notwendig, ihre Spannweite am zu beurteilenden Arbeitsplatz zu beschreiben und ggf. durch weitere Ermittlungen genauer zu bestimmen.

(5) Das Berechnungsverfahren ist so darzustellen, dass die Berechnungen nachvollzogen werden können. Ergebnisse und Erkenntnisse, die durch eine Variation von Randbedingungen abgeleitet wurden, sind darzustellen.

(6) In bestimmten Fällen ist eine Überprüfung von Berechnungen durch Expositionsmessungen zu empfehlen. Wenn beim Vergleich gemessener und berechneter Expositionen

1. die gemessene Luftkonzentration oberhalb der Ergebnisse einer Worst Case-Berechnung liegt oder
2. die Ergebnisse der Expositionsmessungen oberhalb der berechneten Expositions-Bandbreite liegen,

ist die Überprüfung des Rechenmodells und der Messung erforderlich.

4 Befund

Die Berechnung endet mit einem Befund. Die Anforderungen an die Beurteilung der Exposition und der Wirksamkeit von Schutzmaßnahmen (Nummer 5 dieser TRGS) sowie an die Befundsicherung (Nummer 6 dieser TRGS) gelten, soweit anwendbar, auch für nichtmesstechnische Ermittlungsmethoden.

5 Berechnungsbeispiele

5.1 Offset-Druck

Aufgrund vergleichbarer Betriebsbedingungen und sich wiederholender Betriebszustände ist der Offset-Druck für eine Berechnung der Gefahrstoffkonzentration gut geeignet. Für die Anwendung in der Praxis wurde durch die BG Druck und Papierverarbeitung ein einfaches und anschauliches Verfahren entwickelt, um die Luftkonzentrationen der wichtigsten Druckhilfsstoffe, insbesondere 2-Propanol annähernd zu berechnen. Die Zuverlässigkeit des Rechenmodells konnte durch die systematische Durchführung vergleichender Messungen und Berechnungen nachgewiesen werden. Die erhaltenen Ergebnisse zeigen für 2-Propanol eine gute Übereinstimmung zwischen dem praxisnahen Modell und den gemäß dieser TRGS durchgeführten Arbeitsplatzmessungen. Die durchschnittliche Abweichung der berechneten von den gemessenen Ergebnissen beträgt 21 Prozent [1].

Tabelle 1: Beispiele für Berechnungsmethoden und Berechnungsanwendungen zur Ermittlung von Expositionen an Arbeitsplätzen

Nr.	Thema	Quelle
1	Methodenbeschreibung	1, 2, 3
2	Entfettung von Metallen	1, 5
3	Anästhesiearbeitsplätze	1
4	Anwendung von Sprays	6, 7, 8
5	Konsumenten-Belastungen	7
6	Xylol-Exposition im Labor	2
7	Anwendung von motorbetriebenen Geräten in Innenräumen	2
8	Flächendesinfektion	1
9	Expositionen in einem Chemielabor (Uni)	4
10	Vergleich inhalativer und dermaler Belastung (z. B. Xylol)	2
11	Abschätzung der inhalativen Belastung in einem Labor (Xylol)	2
12	CO_2-Belastung in Innenräumen	2
13	Gefahrstoffe in Staub	1
14	Dieselmotoremissionen	1

5.2 Weitere Beispiele für Expositionsberechnungen

Hinweise auf geeignete Berechnungsverfahren zur Expositionsermittlung finden sich in der Literatur. Tabelle 1 führt Beispiele aus der Literatur auf, bei denen verschiedene Berechnungsmethoden an diversen Arbeitsplätzen eingesetzt wurden. Bezüglich der Details wird auf die Literaturstellen verwiesen:

6 Literatur

[1] BIA-Report 3/2001: Berechnungsverfahren und Modellbildung in der Arbeitsbereichsanalyse, *http://www.dguv.de/ifa/publikationen/reports-download/index.jsp*

[2] Eickmann, U.: Methoden der Ermittlung und Bewertung chemischer Expositionen an Arbeitsplätzen. ecomed-Verlag, 2008

[3] Keil, C.B.: A tiered approach to deterministic models for indoor air exposures. Applied Occupational and Environmental Hygiene, 15 (2000) 1, 145 – 151

[4] Keil, C.B.; Murphy, R.: An application of exposure modeling in exposure assessments for an university teaching laboratory. Journal of Occupational and Environmental Hygiene. Jg. 2006, H.3, S. 99 –106

[5] Keil, C.B.: The development and evaluation of an emission factor for a toluene parts-washing process. AIHA Journal 59 (1998) January, 14 –19

[6] Eickmann, U.; Eickmann, J.; Tischer, M.: Exposure to Sprays – Comparison of the available exposure models. Gefahrstoffe – Reinhaltung der Luft, 67 (2007) 7/8, S. 305 – 318

[7] Delmaar, J.E.; Park, M.V.D.Z.; van Engelen, J.G.M.: ConsExpo 4.0 – Consumer Exposure and Uptake Models. Program Manual. RIVM Report 320104004/2005 Bilthoven, NL, 2005

[8] Koch, W.: Arbeitsplatzbelastungen bei der Verwendung von Biozid-Produkten – Transformation und Erweiterung eines DV-gestützten Modells zur Abschätzung der inhalativen und dermalen Exposition bei Sprayprozessen. Bundesanstalt für Arbeitsschutz und Arbeitsmedizin (BAuA). Forschungsbericht F2022, Dortmund, 2004

Anlage 3 zu TRGS 402
Messtechnische Ermittlungsmethoden

1 Allgemeine Anforderungen

(1) Wer im Rahmen der Gefährdungsbeurteilung nach GefStoffV Messungen durchführen will, muss diese mit Hilfe der Messstrategie gemäß dieser TRGS planen und über die erforderliche Ausrüstung und die Fachkunde für die betriebsspezifisch anfallenden Messungen verfügen (siehe Anlage 1).

(2) Die Messstrategie für Arbeitsplatzmessungen umfasst

1. die Festlegung der Messaufgabe,
2. die Auswahl des Messverfahrens und
3. die Festlegung der Probenahmeorte sowie der Probenahmezeiten und -dauer.

(3) Die Messstrategie muss den Bedingungen am Arbeitsplatz, insbesondere der zu erwartenden Expositionshöhe, angepasst werden, um den unterschiedlichen Expositionssituationen Rechnung zu tragen.

(4) Grundsätzlich werden bei der Planung von Messungen der inhalativen Exposition alle relevanten Stoffe berücksichtigt (siehe Nummer 4.3 dieser TRGS). Es ist nicht immer notwendig, alle relevanten Stoffe messtechnisch zu erfassen, sondern man kann sich auf eine repräsentative Auswahl oder auf Leitkomponenten beschränken. Kriterien für die Auswahl der messtechnisch zu bestimmenden Stoffe sind insbesondere das Freisetzungsverhalten, die Stoffmengen und die Toxizität.

2 Messaufgaben

Auf Grund des vorgegebenen Ziels der Messung oder aus strategischen Gründen wird zwischen folgenden Messaufgaben unterschieden:

1. Arbeitsplatzmessungen,
2. Messungen technischer Parameter zur Befundsicherung,
3. Kontrollmessungen zur Befundsicherung,
4. Übersichtsmessungen,
5. Messungen für den ungünstigen Fall (Worst Case),
6. Messungen in der Nähe der Emissionsquelle,
7. Dauerüberwachung und
8. Sondermessungen.

2.1 Arbeitsplatzmessungen

(1) Arbeitsplatzmessungen liefern als Messergebnis die zeitlich gewichtete mittlere Konzentration eines Gefahrstoffes in der Luft am Arbeitsplatz als Schichtmittelwert oder als Kurzzeitwert gemäß Kurzzeitwertkonzept.

(2) Das Ziel von Arbeitsplatzmessungen ist die quantitative Ermittlung der Exposition von Beschäftigten bei den betrachteten Tätigkeiten im Arbeitsbereich. Gelegentlich können zuvor auch qualitative Ermittlungen der Exposition erforderlich sein, wenn z. B. Informationen über auftretende Stoffe fehlen. Die Ergebnisse von Arbeitsplatzmessungen müssen die Exposition während einer Schicht zutreffend und repräsentativ beschreiben, und zwar als Schichtmittelwerte (Messergebnis) sowie als Kurzzeitwerte.

2.2 Messungen technischer Parameter zur Befundsicherung

Messungen technischer Parameter zur Befundsicherung sind erforderlich, um zu überprüfen, ob der abgeleitete Befund unverändert gültig ist. Dazu werden einfache Parameter wie technische Leistungskriterien (z. B. Abluft- oder Absaugvolumenstrom) durch Messungen unter den im Befund festgelegten Bedingungen überprüft.

2.3 Kontrollmessungen zur Befundsicherung

Wenn Messungen zur Befundsicherung nach Nummer 2.2 nicht möglich oder nicht zielführend sind, sind Kontrollmessungen erforderlich. Kontrollmessungen sind Arbeitsplatzmessungen gemäß Nummer 2.1 unter den im Befund festgelegten Bedingungen (siehe Nummer 6 Abs. 3 dieser TRGS). Hinweise zur Durchführung der Kontrollmessungen finden sich in DIN EN 689.

2.4 Übersichtsmessungen (orientierende Messungen)

Übersichtsmessungen liefern relativ grobe Informationen über die Höhe der Exposition und dienen als Entscheidungsgrundlage für weitere Schritte. Übersichtsmessungen der zeitlichen oder räumlichen Konzentrationsverteilung liefern u.a. Informationen zu:

1. Orten und Zeiten erhöhter Exposition,
2. Dauer und der Häufigkeit der Probenahme bei Arbeitsplatzmessungen,
3. Emissionsquellen oder
4. der Wirksamkeit von Lüftungs- oder anderer technischer Schutzmaßnahmen.

2.5 Messungen für den ungünstigen Fall (Worst Case)

Worst Case-Messungen (siehe Nummer 2.8) werden durchgeführt, wenn in Folge besonderer Expositionsbedingungen (z. B. stark staubende Stoffe, Auslastung an der Kapazitätsgrenze, besondere klimatische Bedingungen) deutlich höhere Belastungen zu erwarten sind. Wird unter diesen Bedingungen eine Einhaltung des Arbeitsplatzgrenzwertes nachgewiesen, so kann auch davon ausgegangen werden, dass unter üblichen Bedingungen der Arbeitsplatzgrenzwert eingehalten wird. In der Praxis können solche Betriebsbedingungen auch gezielt eingestellt werden.

2.6 Messungen in der Nähe einer Emissionsquelle

Messungen in der Nähe einer Emissionsquelle können Informationen über Emissionsraten (Quellstärken) von Quellen liefern, die z. B. bei Berechnungsverfahren für die Exposition benötigt werden. Im Einzelfall können sie auch als Worst Case-Messungen dienen oder Hinweise geben, ob bestimmte Stoffe prozessbedingt entstehen oder freigesetzt werden.

2.7 Dauerüberwachung

(1) Eine Dauerüberwachung (siehe Anlage 4) kann eingesetzt werden, wenn die Messeinrichtungen und das Messkonzept gemäß der speziellen Messaufgabe so ausgelegt sind, dass sie eine Expositionsbeurteilung ermöglichen und die Messergebnisse aufgezeichnet werden. Die Eignung ist im Rahmen der Ermittlung und Beurteilung der inhalativen Exposition zu prüfen. Hierbei ist auch die Einhaltung der Kurzzeitwertanforderungen zu beachten.

(2) Die Dauerüberwachung ist besonders sinnvoll einzusetzen, wenn z. B. akute Gefährdungen oder besonders hohe Schwankungen der Exposition nicht auszuschließen sind und durch Alarmierung Maßnahmen zum Schutz der Beschäftigten ausgelöst werden müssen.

2.8 Sondermessungen

Bei Messungen aus besonderem Anlass, z. B. im Rahmen von Ermittlungen zu Berufskrankheitenverfahren oder epidemiologischen Untersuchungen, wird empfohlen, entsprechend dieser TRGS zu verfahren.

3 Messverfahren

(1) Messverfahren für Arbeitsplatzmessungen umfassen

1. die Messplanung (siehe Nummer 1),
2. das Probenahmeverfahren,

3. den Probentransport (falls erforderlich),
4. die Lagerung der Proben (falls erforderlich),
5. das Analysenverfahren sowie
6. die rechnerische Ermittlung des Messwertes aus dem Analysenwert und den Probenahmeparametern.

(2) Dabei gehören zum Probenahmeverfahren der technische Vorgang der Probenahme beziehungsweise die Anwendung direktanzeigender Messverfahren vor Ort. Zum Analysenverfahren gehören die Probenaufbereitung, die analytische Bestimmung und die rechnerische Ermittlung des Analysenwertes.

3.1 Anforderungen an Messverfahren

(1) Das Messverfahren muss dem zu messenden Stoff, seinem Grenzwert, der zu erwartenden Konzentration und den Randbedingungen angepasst sein. Das Verfahren muss den Messwert in der durch den Grenzwert vorgegebenen Dimension direkt oder indirekt (z. B. durch Umrechnung) liefern.

(2) Die allgemeinen Leistungsanforderungen an Messverfahren für Arbeitsplatzmessungen, sind in der DIN EN 482 [2] festgelegt. Dort werden in Tabelle 1 die Anforderungen an die erweiterte Messunsicherheit, den Mindestmessbereich (Bestimmungsgrenze) und die Mittelungsdauer in Abhängigkeit von der Messaufgabe genannt.

(3) Die Eignung eines Messverfahrens ist zu prüfen. Bei der Prüfung von Messverfahren sind die Anforderungen der einschlägigen Normen, insbesondere der EN 482, für Gase und Dämpfe der DIN EN 1076 oder DIN EN 838 sowie für Metalle der DIN EN 13890, zu erfüllen. Sollte ein Stoff gleichzeitig als Partikel und als Dampf vorliegen können (z. B. PAK, aromatische Amine), sind darüber hinaus die Anforderungen nach EN 13936 zu berücksichtigen. Die Richtigkeit des Messverfahrens soll durch qualitätssichernde Maßnahmen, wie z. B. Vergleichsversuche mit Referenzverfahren, Referenzmaterialien, Ringversuche oder durch Mischversuche (z. B. Prüfgase) sichergestellt werden.

(4) Die eingesetzte gerätetechnische Ausstattung muss für den jeweiligen Anwendungsfall geeignet sein. Besonderheiten der Probenahme – wie z. B. Messungen in explosionsgefährdeten Bereichen oder komplexe Messaufgaben – sind bei der Auswahl zu berücksichtigen. Vorzugsweise sind Geräte einzusetzen, deren Übereinstimmung mit den einschlägigen Normen, z. B. der DIN EN 481, 482, DIN EN ISO 17621, DIN EN ISO 13137, DIN ISO 15767, DIN EN 45544 nachgewiesen ist.

(5) Da häufig die analytische Bestimmung zeitlich getrennt von der Probenahme erfolgt, ist sicherzustellen, dass der Transport und die Lagerung der Probe (Art und Dauer) so ausgeführt wird, dass ihr physikalischer und chemischer Zustand nicht verändert wird.

(6) Es ist zu prüfen, ob das Ergebnis eines Messverfahrens durch andere Komponenten oder Umgebungsbedingungen beeinflusst wird. Im Falle nicht korrigierbarer, messwerterhöhender Störeinflüsse ist der volle Messwert heranzuziehen. Das Ergebnis ist entsprechend kenntlich zu machen. Im Falle nicht korrigierbarer, messwerterniedrigender Störeinflüsse darf das Messverfahren nicht eingesetzt werden.

(7) Für Arbeitsplatzmessungen empfohlene Messverfahren werden durch die Arbeitsgruppe „Luftanalysen" der ständigen Senatskommission zur Prüfung gesundheitlicher Arbeitsstoffe der Deutschen Forschungsgemeinschaft (DFG) [3], durch die Arbeitsgruppe „Analytik" des Fachbereiches Rohstoffe und chemische Industrie der DGUV [4], durch die Bundesanstalt für Arbeitsschutz und Arbeitsmedizin (BAuA) [5] und das IFA – Institut für Arbeitsschutz [6] veröffentlicht. Weitere Messverfahren enthält z. B. die Datenbank GESTIS – Analysenverfahren für chemische Substanzen [7].

(8) Bei krebserzeugenden Stoffen der Kategorien 1A oder 1B, für die Akzeptanz- und Toleranzkonzentrationen bekannt gegeben worden sind, muss das angewandte Messverfahren zur Ermittlung der Akzeptanz- und Toleranzkonzentration geeignet sein. Vorzugsweise sind Messverfahren nach Absatz 7 einzusetzen.

(9) Im Sinne dieser TRGS ist das Messverfahren für die Überwachung der Akzeptanz- und Toleranzkonzentrationen geeignet, wenn die in Tabelle 1 in Zeile 1 aufgeführten Anforderungen bezüglich Mindestmessbereich und erweiterter Messunsicherheit erfüllt sind.

10) Steht kein geeignetes Messverfahren nach Absatz 9 zur gleichzeitigen Überwachung von Akzeptanz- und Toleranzkonzentration zur Verfügung, sind die in der Tabelle 1 genannten geeigneten Verfahren für die Überwachung der Akzeptanzkonzentration (2a) und der Toleranzkonzentration (2b) in Kombination einzusetzen.

(11) Steht keine geeignetes Messverfahren nach Absatz 10 zur Überwachung der Akzeptanzkonzentration zur Verfügung, muss ein bedingt geeignetes Verfahren nach Tabelle 1 Zeile 3a eingesetzt werden.

(12) Steht kein geeignetes Messverfahren nach Absatz 10 zur Überwachung der Toleranzkonzentration zur Verfügung, muss ein bedingt geeignetes Verfahren nach Tabelle 1 Zeile 3b eingesetzt werden.

(13) Ein Messverfahren mit einer Bestimmungsgrenze oberhalb der Akzeptanzkonzentration ist nicht geeignet für die Überwachung der Akzeptanzkonzentration.

(14) Ein Messverfahren mit einer Bestimmungsgrenze oberhalb der Toleranzkonzentration ist nicht geeignet für die Überwachung der Toleranzkonzentration.

(15) Kommen Messverfahren zur Kontrolle von Akzeptanz- und Toleranzkonzentrationen zur Anwendung, muss die Eignung des Messverfahrens gemäß Tabelle 1 zusammen mit dem Messergebnis angegeben werden.

Tabelle 1: Von der DIN EN 482 abweichende Mindestanforderungen für Messverfahren zur Überwachung von Akzeptanz- und Toleranzkonzentration

	Eignung	Bedingung für BG	Mindestmessbereich	Relative erweiterte Messunsicherheit*
1	geeignet für die Überwachung der AK und der TK	BG ≤ 0,2 AK	0,2 AK bis 2 TK	0,2 AK bis ≤ AK ≤ 50 % AK bis 2 TK ≤ 30 %
2a	geeignet für die Überwachung der AK	BG ≤ 0,2 AK	0,2 AK bis 2 AK	0,2 AK bis ≤ AK ≤ 50 % AK bis 2 AK ≤ 30 %
2b	geeignet für die Überwachung der TK	BG ≤ AK	AK bis 2 TK	AK bis ≤ 0,5 TK ≤ 50 % 0,5 TK bis 2 TK ≤ 30 %
3a	bedingt geeignet für die Überwachung der AK	0,2 AK < BG ≤ AK	BG bis 2 AK	≤ 50 %
3b	bedingt geeignet für die Überwachung der TK	AK < BG ≤ TK	BG bis 2 TK	≤ 50 %

* Für Gefahrstoffe, die als Mischung von Partikeln und Dampf vorliegen, gilt im gesamten Mindestmessbereich eine relative erweiterte Messunsicherheit von 50 %.

AK: Akzeptanzkonzentration
BG: Bestimmungsgrenze
TK: Toleranzkonzentration

3.2 Anforderungen an die Messung von Kurzzeitwerten

(1) Die kurzzeitigen Expositionen sind nach Höhe, Dauer und Häufigkeit über den Verlauf einer Schicht zu ermitteln, wenn relevante Konzentrationsschwankungen nicht auszuschließen sind.

(2) Grundsätzlich soll zur Gewährleistung einer einheitlichen Vorgehensweise die Überwachung von Kurzzeitwerten durch die Bestimmung

des 15-Minuten-Mittelwertes erfolgen. Das gilt auch für Stoffe ohne einen Arbeitsplatzgrenzwert.

(3) Bei Stoffen, für die ein Momentanwert festgelegt wurde, der zu keinem Zeitpunkt überschritten werden darf (=x=), soll nach den Vorgaben der TRGS 900 eine möglichst kurze Mittelungsdauer entsprechend den messtechnischen Möglichkeiten gewählt werden. Die Mittelungsdauer soll jedoch nicht unter einer Minute betragen. Grundsätzlich ist dabei sicher zu stellen, dass auch für die kürzest mögliche Mittelungsdauer alle Qualitätsanforderungen dieser TRGS erfüllt sind.

(4) Für Stoffe ohne Kurzzeitwert dürfen Expositionen, die kürzer als eine Stunde sind, den Zahlenwert des jeweiligen Grenzwertes höchstens um den Faktor 8 übersteigen.

(5) Für die messtechnische Ermittlung der Kurzzeitwerte haben sich in vielen Fällen direkt anzeigende Geräte bewährt. Sie erlauben insbesondere die Aufnahme von zeitlichen Expositionsprofilen, aus denen dann mit geeigneten rechnerischen Verfahren die einschlägigen Kurzzeitexpositionen ermittelt werden können [7].

(6) Im Übrigen ist TRGS 900 Nummer 2.3 zu beachten.

4 Probenahmeorte, -zeiten und Probenahmedauer

(1) Grundlage der Festlegung der Probenahmeorte und -zeiten ist das Ergebnis der Festlegung des Arbeitsbereiches und der Tätigkeiten der Beschäftigten mit Gefahrstoffen. Dabei sind insbesondere die Informationen über das Arbeitsverfahren, die Arbeitsabläufe, sowie die Arbeits- und Umgebungsbedingungen (relevante Randbedingungen nach Nummer 4.2) zu beachten. Die gewählten Probenahmeorte und -zeiten sollen geeignet sein, die wesentlichen Einflussfaktoren auf die Exposition repräsentativ abzubilden.

(2) Für die Probenahme sind insbesondere die folgenden Parameter festzulegen:

1. der oder die Probenahmeorte,
2. der Zeitpunkt und die Dauer der Probenahme bzw. der Messung,
3. die zeitliche Abfolge der Probenahmen bzw. Messungen sowie die Zeitspanne dazwischen,
4. weitere Anweisungen zur Durchführung der Probenahmen/Messungen (z. B. Erfassung besonderer Parameter wie die Leistung technischer Absaugungen) sowie

5. die für die rechnerische Ermittlung der Messwerte erforderlichen Probenahmeparameter.

Die Entscheidung für die gewählten Probenahmeparameter ist zu dokumentieren.

(3) Grundsätzlich sollen Arbeitsplatzmessungen personenbezogen mit an der Person getragenen oder mobil im Atembereich der Beschäftigten mitgeführten Systemen erfolgen. Ausnahmsweise können auch stationäre Messsysteme eingesetzt werden, wenn die Messergebnisse eine Beurteilung der Exposition erlauben. Die Probenahme soll bei stationären Messungen in Atemhöhe und in unmittelbarer Nähe des Arbeitnehmers erfolgen. In Zweifelsfällen ist dann als Messort der Ort höheren Risikos zu wählen. Die Entscheidung für stationäre Messungen ist im Einzelfall zu begründen.

(4) Zur Feststellung des Schichtmittelwertes besonders geeignet ist die messtechnische Mittelung über die gesamte Expositionsdauer während einer Schicht. Ist die Mittelungsdauer des Messverfahrens kürzer, so ist die Mindestanzahl der über die Schichtlänge verteilt erforderlichen Messungen an Tabelle 2 zu orientieren. In das Messergebnis geht der arithmetische Mittelwert der Messwerte ein. Bei unterschiedlichen Mittelungsdauern ist der zeitgewichtete arithmetische Mittelwert zu bilden.

Tabelle 2: Mindestprobenanzahl zur Ermittlung des Schichtmittelwertes

Mittelungsdauer (Probenahmedauer)	Probenanzahl
10 Sek.	≥ 30
1 Min.	≥ 20
5 Min.	≥ 12
15 Min.	≥ 4
30 Min.	≥ 3
1 Std.	≥ 2
≥ 2 Std.	≥ 1

5 Ergebnisse der Arbeitsplatzmessungen

(1) Bei Arbeitsplatzmessungen über die gesamte Schichtlänge entspricht der Messwert dem Messergebnis.

(2) Bei von der Schichtlänge abweichenden Probenahmedauern sind gesonderte Betrachtungen erforderlich. Im einfachsten Fall, bei gleichförmiger Exposition über die gesamte Schicht, wird der während eines bestimmten Teils der Schicht gemäß Nummer 2 Abs. 6 „Mittelungsdauer" festgestellte Messwert dem Messergebnis gleichgesetzt.

(3) Kommen während einer Schicht mehrere voneinander unterscheidbare Expositionszeiträume vor, sind für diese jeweils einzeln die mittleren Konzentrationshöhen der untersuchten Gefahrstoffe zu ermitteln. Aus diesen Einzelwerten wird bezogen auf die Summe der Einzelzeiträume ein zeitgewichteter arithmetischer Mittelwert errechnet, der das schichtbezogene Messergebnis darstellt. Wenn einer oder mehrere dieser Expositionszeiträume ohne Gefahrstoffexposition vorliegen, darf hierfür auch die Konzentration „Null" in die Berechnung eingehen (verkürzte Exposition).

(4) Wenn in Arbeitsbereichen die Expositionsdauer von Beschäftigten variieren kann (z. B. bei Gleitzeitregelungen oder durch Überstunden), so ist im Sinne einer Worst Case-Betrachtung die maximal mögliche Expositionsdauer zur Beurteilung heranzuziehen.

(5) Sind Beurteilungsmaßstäbe nach Nummer 5.2, Nummer 5.3 und Nummer 5.4.2 Absatz 1 für eine Expositionsdauer von acht Stunden festgelegt, ist bei davon abweichenden Expositionsdauern eine entsprechende Umrechnung vorzunehmen.

6 Befund

Arbeitsplatzmessungen dienen zur Erhebung des Befundes. Die Anforderungen an die Beurteilung der Exposition und der Wirksamkeit von Schutzmaßnahmen (Nummer 6 dieser TRGS) sowie an die Befundsicherung (Nummer 6 dieser TRGS) gelten, soweit anwendbar.

7 Literatur

[1] DIN 32645: Chemische Analytik – Nachweis-, Erfassungs- und Bestimmungsgrenze unter Wiederholbedingungen – Begriffe, Verfahren, Auswertung, November 2008.

[2] DIN EN 482: Arbeitsplatzatmosphäre – Allgemeine Anforderungen an die Leistungsfähigkeit von Verfahren zur Messung chemischer Arbeitsstoffe, Juni 2012+A1:2015.

[3] Deutsche Forschungsgemeinschaft – Analytische Methoden zur Prüfung gesundheitsschädlicher Arbeitsstoffe, Luftanalysen; Hrsg: H. Greim, Wiley-VCH-Verlag, Weinheim, aktuelle Fassung

darin: Hebisch, R., Fricke, H.-H., Hahn, J.-U., Lahaniatis, M., Maschmeier, C.-P., Mattenklott, M.: Probenahme und Bestimmung von Aerosolen und deren Inhaltsstoffen (14. Lieferung (2005) S. 1–40).

darin: Hebisch, R., Breuer, D., Krämer, W. Maschmeier, C.-P., Tschickardt, M.: Probenahme und analytische Bestimmung von Gasen und Dämpfen (15. Lieferung (2007) S. 1–37).

[4] Von den Unfallversicherungsträgern anerkannte Analysenverfahren zur Feststellung der Konzentrationen krebserzeugender, erbgutverändernder oder fortpflanzungsgefährdender Stoffe in der Luft in Arbeitsbereichen, DGUV Information 213-5xx (früher BGI/GUV-I 505), AG Analytik der Deutschen Gesetzlichen Unfallversicherung (DGUV, Federführung BG RCI) (aktuelle Fassung unter *http://www.bgrci.de/fachwissen-portal/themenspektrum/gefahrstoffe/gefahrstoffanalytik/inhalte/dguv-informationen-213-5xx/*).

[5] Hebisch, R. Poppek, U.: Empfohlene Analysenverfahren für Arbeitsplatzmessungen, Dokumentation, 19. Auflage. Bremerhaven: Wirtschaftsverlag NW Verlag für neue Wissenschaft GmbH 2008. (Schriftenreihe der Bundesanstalt für Arbeitsschutz und Arbeitsmedizin).

[6] IFA-Arbeitsmappe „Messung von Gefahrstoffen", Erich Schmidt Verlag Bielefeld, aktuelle Fassung.

[7] Datenbank GESTIS – Analysenverfahren für chemische Substanzen, aktuelle Fassung unter *http://amcaw.ifa.dguv.de/WForm09.aspx*.

[8] Dahmann, D., C. Monz „Arbeitsplatzexpositionsprofile (AEP)" „Gefahrstoffe – Reinhaltung der Luft" 60 (2000), 397–401.

Informationspflichten

TRGS 555 – Betriebsanweisung und Information der Beschäftigten

Ausgabe Februar 2017*)

Inhalt

1 Anwendungsbereich

(1) Diese TRGS ist anzuwenden für die Information der Beschäftigten bei Tätigkeiten mit Gefahrstoffen gemäß § 14 Gefahrstoffverordnung (GefStoffV).

---

*) Hinweis: Die TRGS wurde redaktionell an EU-Recht und die GefStoffV angepasst. Inhaltliche Änderungen sind u. a.

- im Abschnitt 3 Betriebsanweisung der Hinweis, dass die Betriebsanweisungen in einer für die Beschäftigten verständlichen Sprache abzufassen sind, jedoch nicht zwangsläufig in deren Muttersprache; die Klarstellung, dass sofern noch Gebinde mit „alter" Kennzeichnung verwendet werden (im Einklang mit TRGS 201) Betriebsanweisungen mit den entsprechenden Gefahrenhinweisen und Symbolen weiter verwendet werden können; der Hinweis, dass bei der Übernahme von Informationen für eine Betriebsanweisungen aus einem Sicherheitsdatenblatt, dieses zuvor auf unvollständige, widersprüchliche oder fehlerhafte Angaben überprüft werden muss,
- im Abschnitt 5 Unterweisung der Hinweis, dass beratende Ärzte oder Ärztinnen die Voraussetzungen nach § 7 der Verordnung zur arbeitsmedizinischen Vorsorge (ArbMedVV) erfüllen müssen; die Ergänzungen zur Wunschvorsorge, speziell bei Tätigkeiten mit krebserzeugenden oder keimzellmutagenen Gefahrstoffen der Kategorie 1A oder 1B wenn eine arbeitsmedizinische Vorsorge nicht veranlasst bzw. angeboten werden muss,
- im Abschnitt 6 Zusätzliche Informationspflichten (krebserzeugenden Gefahrstoffen) die Streichung der Ausführungen zur Führung des Verzeichnisses, dafür Verweis auf die TRGS 410.

(2) Diese TRGS findet keine Anwendung wenn sich nach § 6 Absatz 13 GefStoffV aus der Gefährdungsbeurteilung für eine bestimmte Tätigkeit insgesamt eine nur geringe Gefährdung[1)] der Beschäftigten ergibt und die nach § 8 ergriffenen Maßnahmen zum Schutz der Beschäftigten ausreichen.

(3) Die Unterweisungspflichten durch den Arbeitgeber nach § 12 Arbeitsschutzgesetz (ArbSchG) und die Unterrichtungs- und Erörterungspflichten gemäß § 81 Betriebsverfassungsgesetz (BetrVG) bleiben unberührt.

2 Begriffsbestimmungen

In dieser Bekanntmachung werden die Begriffe so verwendet, wie sie im Begriffsglossar zu den Regelwerken der Betriebssicherheitsverordnung (BetrSichV), Biostoffverordnung (BioStoffV) und der Gefahrstoffverordnung (GefStoffV) des Ausschusses für Betriebssicherheit (ABS), Ausschuss für biologische Arbeitsstoffe (ABAS) und Ausschuss für Gefahrstoffe (AGS) bestimmt sind.

3 Betriebsanweisung

3.1 Allgemeine Hinweise

(1) Der Arbeitgeber muss sicherstellen, dass den Beschäftigten vor Aufnahme der Tätigkeit eine schriftliche Betriebsanweisung zugänglich gemacht wird, die der Informationsermittlung und Gefährdungsbeurteilung nach § 6 GefStoffV Rechnung trägt. Die Betriebsanweisung ist in einer für die Beschäftigten verständlichen Form und Sprache abzufassen. Sie ist an geeigneter Stelle an der Arbeitsstätte – möglichst in Arbeitsplatznähe – zugänglich zu machen.

(2) Betriebsanweisungen sind arbeitsplatz-, tätigkeits- und stoffbezogene verbindliche schriftliche Anordnungen und Verhaltensregeln des Arbeitgebers an Beschäftigte. Sie dienen dem Schutz vor Unfallgefahren, Gesundheits-, Brand- und Explosionsgefährdungen sowie dem Schutz der Umwelt bei Tätigkeiten mit Gefahrstoffen. Für Tätigkeiten, bei denen Gefahrstoffe erst entstehen oder freigesetzt werden (z. B. Holzbearbeitung, Löten und Schweißen, Schneiden von Steinen) sind ebenfalls Betriebsanweisungen zu erstellen.

(3) Es kann zweckmäßig sein, Betriebsanweisungen in einen stoff- und tätigkeitsspezifischen Teil (Eigenschaften des Stoffes, Gefährdungen durch den Stoff, spezifische Schutzmaßnahmen usw.) sowie in einen

[1)] siehe hierzu Nummer 6.2 der TRGS 400 „Gefährdungsbeurteilung für Tätigkeiten mit Gefahrstoffen“

betriebsspezifischen Teil (Alarmplan, Notrufnummern, zu benachrichtigende Personen, Verhalten bei Betriebsstörungen usw.) aufzuteilen. Einem betriebsspezifischen Teil können mehrere stoffbezogene Teile zugeordnet werden.

(4) Die Beschäftigten haben Betriebsanweisungen zu beachten.

(5) Verantwortlich für die Erstellung von Betriebsanweisungen ist der Arbeitgeber. Er kann sich dabei von Fachkräften für Arbeitssicherheit, Betriebsärzten oder anderen Fachleuten (z. B. Arbeitsschutzbehörden, Unfallversicherungsträger, Beratungsfirmen) beraten lassen.

(6) Basis für die Erstellung von Betriebsanweisungen sind die Ergebnisse der Gefährdungsbeurteilung gemäß TRGS 400. Auch mögliche Betriebsstörungen sind zu berücksichtigen. In Bezug auf die Schutzmaßnahmen sind bei der Erstellung von Betriebsanweisungen insbesondere zu beachten:

1. Arbeitsplatzspezifische Gegebenheiten,
2. Vorschriften der Gefahrstoffverordnung einschließlich Anhänge,
3. Sicherheitsdatenblätter,
4. Technische Regeln für Gefahrstoffe und sonstige allgemein anerkannte Regeln bezüglich Sicherheitstechnik, Arbeitsmedizin und Arbeitsplatzhygiene.

Zusätzlich können auch weitere Informationen, wie z. B. Technische Merkblätter herangezogen werden.

(7) Betriebsanweisungen sind an neue Erkenntnisse anzupassen und müssen entsprechend dem Stand der Gefährdungsbeurteilung aktualisiert werden.

(8) Die Betriebsanweisungen sind sprachlich so zu gestalten[2)], dass die Beschäftigten die Inhalte verstehen und bei ihren betrieblichen Tätigkeiten anwenden können. Für Beschäftigte, die die deutsche Sprache nicht ausreichend verstehen, sind die Betriebsanweisungen in einer für sie verständlichen Sprache abzufassen. Daraus ergibt sich jedoch nicht zwangsläufig, dass eine Betriebsanweisung in der Muttersprache der Beschäftigten abgefasst sein muss.

(9) Es sind klare und eindeutige Angaben erforderlich, die in praktisches Verhalten oder Handeln umgesetzt werden können. Dementsprechend sind Sammelbegriffe wie z. B. „Atemschutz", „Schutzbrille" zu konkretisieren, wenn unterschiedliche Typen der Schutzausrüstung im Betrieb

[2)] Hilfestellung siehe z. B. Publikation des Bundesministerium für Arbeit und Soziales, 11017 Berlin, Leichte Sprache, April 2014, Best.-Nr.: A 752 (*http://www.bmas.de/SharedDocs/Downloads/DE/PDF-Publikationen/a752-ratgeber-leichte-sprache.pdf?__blob=publicationFile&v=2*)

zur Verfügung stehen. Unbestimmte Begriffe, wie z. B. „regelmäßig", „ausreichend", „gelegentlich" sollen nicht verwendet werden. Gebote sollten durch „müssen", Verbote durch „dürfen nicht" oder deren Umschreibungen ausgedrückt werden.

(10) Die äußere Form der Betriebsanweisung ist nicht festgelegt. Allerdings fördert die einheitliche Gestaltung von Betriebsanweisungen innerhalb einer Betriebsstätte den Wiedererkennungseffekt für die Beschäftigten. Durch eine logische und übersichtliche Darstellung kann die Akzeptanz und Verständlichkeit gefördert werden. Die Verwendung von Piktogrammen und Symbolschildern wird empfohlen, insbesondere nach der Arbeitsstättenregel ASR A1.3 „Sicherheits- und Gesundheitsschutzkennzeichnung".

(11) Sind neben der Betriebsanweisung nach GefStoffV weitere Anweisungen auf der Grundlage anderer Rechtsvorschriften erforderlich (z. B. BetrSichV, BioStoffV), so können diese unter Wahrung aller erforderlichen Schutzziele zu einer Betriebsanweisung zusammengefasst werden.

(12) Musterbetriebsanweisungen (z. B. Vorlagen für bestimmte Branchen) oder automatisch generierte Betriebsanweisungen sind an die betriebsspezifischen Gegebenheiten anzupassen und dementsprechend zu ergänzen.

(13) Sind viele Gefahrstoffe (z. B. in Lackiererbetrieben, Lagerbereichen oder Laboratorien[3]) vorhanden, ist es zulässig, nicht für jeden einzelnen Gefahrstoff eine eigenständige Betriebsanweisung, sondern Gruppen- bzw. Sammelbetriebsanweisungen zu erstellen. Voraussetzung ist, dass bei Tätigkeiten mit diesen Stoffen ähnliche Gefährdungen bestehen und vergleichbare Schutzmaßnahmen gelten.

3.2 Inhalte der Betriebsanweisung

3.2.1 Gliederung

Betriebsanweisungen umfassen folgende Inhalte:

1. Arbeitsbereiche, Arbeitsplatz, Tätigkeit,
2. Gefahrstoffe (Bezeichnung),
3. Gefahren für Mensch und Umwelt,
4. Schutzmaßnahmen, Verhaltensregeln,
5. Verhalten im Gefahrenfall,
6. Erste Hilfe und
7. Sachgerechte Entsorgung.

---

[3] unter Berücksichtigung der Einschränkungen der TRGS 526 „Laboratorien"

3.2.2 Arbeitsbereich, Arbeitsplatz, Tätigkeit

Der Anwendungsbereich der Betriebsanweisung ist durch Bezeichnung des Betriebes, des Arbeitsbereiches, des Arbeitsplatzes und der Tätigkeit festzulegen.

3.2.3 Gefahrstoffe (Bezeichnung)

(1) In Betriebsanweisungen sind Gefahrstoffe mit der den Beschäftigten bekannten Bezeichnung zu benennen. Bei Gemischen und Erzeugnissen sind dies in der Regel die Handelsnamen.

(2) Bei Gemischen wird empfohlen, die gefahrbestimmende(n) Komponente(n) zusätzlich zu benennen (z. B.: „enthält: Diphenylmethan-diisocyanat").

3.2.4 Gefahren für Mensch und Umwelt

(1) Es sind die bei den Tätigkeiten mit Gefahrstoffen möglichen Gefahren zu beschreiben, die sich aus der Gefährdungsbeurteilung ergeben haben. Dementsprechend sind die Gefahrenhinweise (H-Sätze) und ergänzenden Gefahrenhinweise (EUH-Sätze)[4] im Wortlaut oder sinnvoll umschrieben anzugeben.

(2) Falls für den Arbeitsplatz/die Tätigkeit relevant, sollen sonstige Gefährdungen aufgenommen werden, die zwar keine Einstufung bewirken, sich aber z. B. aus betrieblichen Erfahrungen oder dem Unterabschnitt 2.3 des entsprechenden Sicherheitsdatenblatts ergeben, wie Staubbelastung, Staubexplosions- und Brandgefährdung, Erstickungs-, Erfrierungs-, Verbrennungsgefahr und weitere Gefährdungen für Mensch und Umwelt.

(3) Gefahrenpiktogramme nach Verordnung (EG) Nr. 1272/2008 sollten ergänzend zum Text verwendet werden.

(4) Sofern Gebinde verwendet werden, die im Einklang mit TRGS 201 noch mit einer „alten" Kennzeichnung nach den EG-Richtlinien versehen sind, kann eine Betriebsanweisung mit den entsprechenden Gefahrenhinweisen und Symbolen weiter verwendet werden.

3.2.5 Schutzmaßnahmen und Verhaltensregeln

(1) Die notwendigen Schutzmaßnahmen und Verhaltensregeln, die der Beschäftigte zu seinem eigenen Schutz und zum Schutz der anderen

[4] Gefahrenhinweise und ergänzende Gefahrenhinweise („Hazard Statements" und „Supplemental Hazard Statements") nach Verordnung (EG) Nr. 1272/2008 (CLP-Verordnung)

Beschäftigten am Arbeitsplatz zu beachten hat, sind zu beschreiben. Sie sollten untergliedert werden in:

1. Technische Schutzmaßnahmen zur Verhütung einer Exposition oder eines Ereignisses wie z. B. Bildung einer gefährlichen explosionsfähigen Atmosphäre,
2. Organisatorische Schutzmaßnahmen,
3. Hygienevorschriften und notwendige Arbeitskleidung,
4. Persönliche Schutzausrüstung (Art, Typ und Benutzungshinweise).

(2) Es wird empfohlen, auch auf Beschäftigungsbeschränkungen und Einschränkungen bei der Verwendung hinzuweisen.

3.2.6 Verhalten im Gefahrenfall

(1) Soweit nicht anders geregelt sind die Maßnahmen anzugeben, die von Beschäftigten, insbesondere von Rettungsmannschaften im Gefahrenfall, bei Betriebsstörungen, Unfällen und Notfällen (z. B. ungewöhnlicher Druck- oder Temperaturanstieg, Leckage, Brand, Explosion) durchzuführen sind.

(2) Angegeben werden sollte hier insbesondere:

1. geeignete und ungeeignete Löschmittel,
2. Aufsaug- und Bindemittel, Neutralisationsmittel,
3. zusätzliche technische Schutzmaßnahmen (z. B. Not-Aus) und zusätzliche persönliche Schutzausrüstung und
4. notwendige Maßnahmen gegen Umweltgefährdungen.

(3) Auf bestehende Alarmpläne sowie Flucht- und Rettungspläne kann hingewiesen werden.

3.2.7 Erste Hilfe

(1) Die Beschreibung der Maßnahmen zur Ersten Hilfe sollte untergliedert werden nach:

1. Einatmen,
2. Haut- und Augenkontakt,
3. Verschlucken und
4. Verbrennungen und Erfrierungen.

(2) Anzugeben sind die vor Ort zu leistenden Maßnahmen. Es soll klar angegeben werden, wann ein Arzt hinzuzuziehen ist und welche Maßnahmen zu unterlassen sind.

(3) Innerbetriebliche Regelungen für den Fall der Ersten Hilfe sind zu berücksichtigen. Insbesondere sind Hinweise zu geben auf:

1. Erste-Hilfe-Einrichtungen,
2. Ersthelfer,
3. Notrufnummern und
4. besondere Erste-Hilfe-Maßnahmen (z. B. Bereitstellung spezieller Antidots).

3.2.8 Sachgerechte Entsorgung

(1) Die erforderlichen Schutzmaßnahmen und Verhaltensregeln für die sachgerechte Entsorgung von Abfällen, die betriebsmäßig entstehen (z. B. Produktionsreste, Abfälle aus Reinigungsvorgängen, Verpackungsabfälle) oder bei Störungen entstehen können (z. B. Fehlchargen, Leckagemengen) und Gefahrstoffe im Sinne der GefStoffV sind, sollten beschrieben werden. Dabei sind Hinweise zu geben auf geeignete:

1. persönliche Schutzausrüstung,
2. Entsorgungsbehälter und Sammelstellen,
3. Aufsaugmittel sowie
4. Reinigungsmittel und -möglichkeiten.

(2) Ist der Vorgang der Entsorgung die eigentliche Tätigkeit, kann es notwendig sein, dafür eine eigenständige Betriebsanweisung zu erstellen.

3.3 Schnittstelle zum Sicherheitsdatenblatt

Viele Informationen für die Erstellung von Betriebsanweisungen können dem Sicherheitsdatenblatt entnommen werden. Das Sicherheitsdatenblatt ist dabei gemäß TRGS 400 auf offensichtlich unvollständige, widersprüchliche oder fehlerhafte Angaben zu überprüfen. Der Arbeitgeber prüft im Rahmen der Gefährdungsbeurteilung, ob die entnommenen Informationen für die Tätigkeit mit dem Gefahrstoff in seinem Betrieb angemessen sind. Falls nicht, müssen die Angaben entsprechend angepasst oder ergänzt werden.

Das Schema im Anhang erläutert, welche Inhalte des Sicherheitsdatenblatts für die einzelnen Abschnitte der Betriebsanweisung verwendet werden können

4 Zugang zu den Sicherheitsdatenblättern und zum Gefahrstoffverzeichnis

(1) Der Arbeitgeber hat nach § 6 Absatz 12 GefStoffV ein Verzeichnis der im Betrieb verwendeten Gefahrstoffe zu führen, in dem auf die entsprechenden Sicherheitsdatenblätter verwiesen wird. Das Verzeichnis muss mit Ausnahme der Angaben zu den im Betrieb verwendeten

Mengenbereichen allen betroffenen Beschäftigten und ihrer Vertretung zugänglich sein.

(2) Ferner hat der Arbeitgeber nach § 14 Absatz 1 GefStoffV sicherzustellen, dass die Beschäftigten Zugang zu allen Sicherheitsdatenblättern über die Stoffe und Gemische erhalten, mit denen sie Tätigkeiten ausüben.[5)]

(3) Der Zugang zu den Sicherheitsdatenblättern kann den Beschäftigten in schriftlicher, digitaler Form oder mit anderen Informationssystemen ermöglicht werden. Über die Art und Weise des Zugangs sollte der Arbeitgeber die Beschäftigten im Rahmen der Unterweisung informieren.

5 Unterweisung

5.1 Allgemeines

(1) Der Arbeitgeber hat sicherzustellen, dass die Beschäftigten anhand der Betriebsanweisung über alle auftretenden Gefährdungen und entsprechenden Schutzmaßnahmen, vor Aufnahme der Beschäftigung und danach mindestens einmal jährlich arbeitsplatz- und tätigkeitsbezogen mündlich unterwiesen werden.

(2) Zusätzlich sind Unterweisungen erforderlich, wenn sich Betriebsanweisungen inhaltlich geändert haben. Dies ist z. B. der Fall, wenn

1. sich die Bedingungen der Tätigkeit ändern (z. B. Änderung des Verfahrens),
2. andere Gefahrstoffe zur Anwendung gelangen oder
3. sich für die Tätigkeit relevante Vorschriften ändern.

(3) Die Unterweisungen sollten von den betrieblichen Vorgesetzten durchgeführt werden.

(4) Es ist sicherzustellen, dass die Beschäftigten an den Unterweisungen teilnehmen.

(5) Der Ausbildungsstand und die Erfahrung der Beschäftigten sind bei der Unterweisung zu berücksichtigen. Unerfahrene Beschäftigte müssen besonders umfassend unterrichtet und angeleitet werden.

(6) Nach § 14 Absatz 2 der GefStoffV hat der Arbeitgeber im Rahmen der Unterweisung sicherzustellen, dass für alle Beschäftigten, die Tätigkeiten mit Gefahrstoffen durchführen, eine allgemeine arbeitsmedizinisch-toxikologische Beratung durchgeführt wird. Durch die Vermittlung von Hintergrundwissen über die toxische Wirkung von Stoffen soll die Sensibilität und die Eigenverantwortung der Beschäftigten für ihre Gesundheit gefördert werden. Soweit aus arbeitsmedizinischen Gründen notwendig, ist die Beratung unter Beteiligung einer Ärztin bzw. eines

[5)] Dies gilt nicht für solche Stoffe und Gemische, für die ein Sicherheitsdatenblatt nach Artikel 31 der REACH-Verordnung nicht erforderlich ist.

Arztes durchzuführen. Die Ärztin oder der Arzt muss hierzu die Voraussetzungen nach § 7 der Verordnung zur arbeitsmedizinischen Vorsorge (ArbMedVV) erfüllen.

(7) Unter Berücksichtigung der vorhandenen Gefahrstoffe und der Gefährdungsbeurteilung entscheidet der Arbeitgeber, ob eine Ärztin oder ein Arzt bei der Unterweisung zugegen ist bzw. die Beratung selbst vornimmt oder ein von ihm Beauftragter die Unterweisung durchführt.

5.2 Inhalte

(1) In den Unterweisungen sind die Beschäftigten über die spezifischen Gefährdungen bei Tätigkeiten mit oder bei Vorhandensein von Gefahrstoffen in ihrem Arbeitsbereich sowie über Schutzmaßnahmen und Verhaltensregeln zur Abwendung dieser Gefährdungen zu informieren. Inhalt der Unterweisung sind die Themen, die gemäß Nummer 3.2 Gegenstand der Betriebsanweisung sind. Darüber hinaus kann die Behandlung folgender Themen erforderlich sein:

1. Hinweise auf neue oder geänderte Betriebsanlagen, Arbeitsmittel, Arbeitsverfahren und Arbeitsschutzvorschriften,
2. Verwendungsbeschränkungen und -verbote sowie Beschäftigungsbeschränkungen und -verbote (insbesondere für besondere Personengruppen wie Frauen im gebärfähigen Alter, werdende und stillende Mütter oder Jugendliche) und
3. Schlussfolgerungen aus aktuellen Unfallereignissen mit Gefahrstoffen.

(2) Im Rahmen der Unterweisung stellt der Arbeitgeber sicher, dass die Beschäftigten in den Methoden und Verfahren unterrichtet werden, die im Hinblick auf die Sicherheit bei der Verwendung von Gefahrstoffen angewendet werden müssen. Es sind den Beschäftigten insbesondere Hinweise und Anweisungen zum sicheren technischen Ablauf des Arbeitsverfahrens (z. B. richtige Dosierung, Kontrolle von Füllstandsanzeigen, Beachtung der Warneinrichtungen) zu vermitteln.

(3) Ferner sollten die Beschäftigten auf die Zugangsmöglichkeiten zum Gefahrstoffverzeichnis und den relevanten Sicherheitsdatenblättern hingewiesen werden. Hierbei können grundlegende Hinweise zum Verständnis der sicherheits- und gesundheitsschutzbezogenen Inhalte von Sicherheitsdatenblättern gegeben werden.

(4) In Abhängigkeit von der Gefährdung können im Rahmen der arbeitsmedizinisch-toxikologischen Beratung folgende Aspekte behandelt werden:

1. Mögliche Aufnahmepfade der Gefahrstoffe (insbesondere dermal und inhalativ, in Einzelfällen auch oral),

2. Begrenzung der Exposition durch Schutz- und Hygienemaßnahmen sowie
3. Wirkungen und Symptome (akut, chronisch).

(5) Die toxikologisch bedeutsamen Aufnahmepfade sollen unter Berücksichtigung der betrieblichen Gegebenheiten und soweit möglich hinsichtlich ihrer Relevanz dargestellt werden. Hilfreich ist auch die Erläuterung von Faktoren, die eine Aufnahme von Gefahrstoffen in den Körper positiv oder negativ beeinflussen.

(6) Hierzu gehört insbesondere auch die Darstellung, wie durch persönliche Schutzmaßnahmen die Gefahrstoffaufnahme beeinflusst werden kann, und welche Fehler bei der Anwendung der persönlichen Schutzausrüstung deren Schutzwirkung verringern oder gar aufheben können. Sofern zutreffend ist darauf hinzuweisen, welche persönlichen Verhaltensmaßnahmen die Aufnahme von Gefahrstoffen fördern oder verhindern können (z. B. Unterlassen von Essen, Trinken, Schnupfen am Arbeitsplatz, keine Aufbewahrung von Lebensmitteln am Arbeitsplatz, Händereinigung vor dem Rauchen).

(7) Die Wirkungen und Symptome sind für die Beschäftigten verständlich darzustellen. Hierbei ist die von der Aufnahme (Dosis) zu erwartende Symptomatik nach Möglichkeit bevorzugt auf den am Arbeitsplatz zu erwartenden Dosisbereich zu beziehen. Erforderlichenfalls sollte auf mögliche Zielorgane und mögliche Wechsel- oder Kombinationswirkungen der Gefahrstoffe hingewiesen werden. Dies gilt auch für Wechselwirkungen mit nicht tätigkeitsbedingten Expositionen, z. B. Tabakrauch, Alkohol oder Drogen.

(8) Soweit für einen Betrieb zutreffend, ist den Beschäftigten bei der Beratung zu erklären, welchen Nutzen die arbeitsmedizinische Vorsorge nach der ArbMedVV für die Prävention von Gesundheitsstörungen bietet. Dabei ist den Beschäftigten der Unterschied zwischen der Pflicht- und der Angebotsvorsorge zu erklären. Die Beschäftigten sollen auch darauf hingewiesen werden, dass ihnen arbeitsmedizinische Vorsorge auch dann zu ermöglichen ist, wenn sie selbst einen Zusammenhang zwischen ihrer Tätigkeit und einer Gesundheitsstörung vermuten, es sei denn, aufgrund der Beurteilung der Arbeitsbedingungen und der getroffenen Schutzmaßnahmen ist nicht mit einer gesundheitlichen Beeinträchtigung zu rechnen (Wunschvorsorge).

(9) Sofern bei Tätigkeiten mit krebserzeugenden oder keimzellmutagenen Gefahrstoffen der Kategorie 1A oder 1B gemäß AMR Nummer 11.1 arbeitsmedizinische Vorsorge nicht veranlasst bzw. angeboten werden muss, ist in der Unterweisung auf die Möglichkeit der Wunschvorsorge ausdrücklich hinzuweisen.

(10) Werden viele Gefahrstoffe eingesetzt (z. B. in Laboratorien), ist es sinnvoll, wenn sich die arbeitsmedizinisch-toxikologische Beratung auf die Stoffe bzw. Stoffgruppen konzentriert, von denen die höchste gesundheitliche Gefährdung ausgeht.

5.3 Durchführung

(1) Die Unterweisungen sind mündlich, arbeitsplatz- und tätigkeitsbezogen durchzuführen. Dabei sollten die lernpsychologischen und arbeitspädagogischen Erkenntnisse beachtet werden (z. B. Durchführen praktischer Übungen). Elektronische Medien können zur Unterstützung und Vorbereitung der Beschäftigten auf die Unterweisung genutzt werden.

(2) Für Arbeitsplätze und Tätigkeiten mit vergleichbaren Gefährdungen können gemeinsame Unterweisungen durchgeführt werden.

(3) Bei den Unterweisungen sind die Vorkenntnisse und Fähigkeiten der zu Unterweisenden zu berücksichtigen.

(4) Die Unterweisungen haben in einer für den Beschäftigten verständlichen Form und Sprache zu erfolgen. Daraus ergibt sich nicht zwangsläufig, dass eine Unterweisung in der Muttersprache der Beschäftigten erfolgen muss.

(5) Im Rahmen seiner Aufsichtspflicht, hat sich der Arbeitgeber davon zu überzeugen, dass die Beschäftigten die Inhalte der Betriebsanweisung und Unterweisung verstanden haben und umsetzen.

(6) Themen, Inhalte, (z. B. durch Aufführen von Stichpunkten), Teilnehmer, Name des Unterweisenden und das Datum der Unterweisung sind schriftlich festzuhalten. Die Beschäftigten haben die Teilnahme an den Unterweisungen durch Unterschrift zu bestätigen. Die Dokumentation der Unterweisung kann formlos geschehen. Auf Wunsch ist dem Unterwiesenen eine Kopie auszuhändigen.

(7) Der Nachweis der Unterweisung ist mindestens zwei Jahre aufzubewahren.

6 Zusätzliche Informationspflichten bei Tätigkeiten mit krebserzeugenden, keimzellmutagenen oder reproduktionstoxischen Gefahrstoffen

(1) Bei Tätigkeiten mit krebserzeugenden, keimzellmutagenen oder reproduktionstoxischen Gefahrstoffen der Kategorien 1A oder 1B hat der Arbeitgeber weitere Informationspflichten wahrzunehmen und weitergehende Maßnahmen nach Absatz 2 bis 7 zu treffen.

(2) Der Arbeitgeber hat den Beschäftigten und ihrer Vertretung bei Tätigkeiten nach Absatz 1 die erforderlichen Informationen zur Verfügung zu stellen, so dass diese nachprüfen können, ob die Bestimmungen der GefStoffV Anwendung finden. Die Art und Weise, wie dies gewährleistet werden kann, sollte vom Arbeitgeber gemeinsam mit den Beschäftigten und ihrer Vertretung festgelegt werden. Dies kann z. B. im Rahmen einer betrieblichen Vereinbarung oder im Arbeitsschutzausschuss geschehen.

(3) Im Rahmen seiner Informationspflichten hat der Arbeitgeber ferner sicherzustellen, dass die betroffenen Beschäftigten und ihre Vertretung, die mit der Auswahl, dem Tragen und der Verwendung von Schutzkleidung und Schutzausrüstungen verbundenen Folgen für die Gesundheit und Sicherheit überprüfen können. Insbesondere hat er Zugang zu den Herstellerinformationen der verwendeten Schutzausrüstung zu gewähren. Aus diesen Informationen muss hervorgehen, dass die Schutzkleidung:

1. im Einklang mit den einschlägigen Vorschriften[6] steht,
2. wirksam ist und
3. unschädlich ist oder ggf. gesundheitsgefährdende Stoffe (z. B. Allergene in Schutzhandschuhen) enthält.

Auch hinsichtlich der Auswahl von Schutzkleidung und -ausrüstung hat der Arbeitgeber seine Überlegungen und Entscheidungen nachvollziehbar darzulegen.

(4) Bei Tätigkeiten mit einer erhöhten Exposition müssen die Beschäftigten und deren Vertretung nachprüfen können, ob Maßnahmen ergriffen wurden, um die Dauer der Exposition soweit wie möglich zu verkürzen und den Schutz der Beschäftigten während dieser Tätigkeiten zu gewährleisten. Zu diesen Tätigkeiten zählen insbesondere Abbruch-, Sanierungs- und Instandhaltungsarbeiten, bei denen die Möglichkeit einer beträchtlichen Erhöhung der Exposition der Beschäftigten vorherzusehen ist und bei denen jede Möglichkeit weiterer technischer Schutzmaßnahmen zur Begrenzung dieser Exposition bereits ausgeschöpft wurde.

Für Tätigkeiten mit einer erhöhten Exposition hat der Arbeitgeber darzulegen, welche organisatorischen Maßnahmen (z. B. Einsatzpläne der Beschäftigten) er trifft, um die Exposition der Beschäftigten zu verkürzen. Dabei sind beispielsweise auch das Gesetz zum Schutz von Müttern bei der Arbeit, in der Ausbildung und im Studium (Mutterschutzgesetz – MuSchG) oder das Jugendarbeitsschutzgesetz (JArbSchG) zu berücksichtigen.

---

[6] siehe auch Verordnung über Sicherheit und Gesundheitsschutz bei der Benutzung persönlicher Schutzausrüstung bei der Arbeit, 4. September 1996 (BGBl. I 1996, S. 1841)

(5) Daneben hat der Arbeitgeber die Beschäftigten und ihre Vertretung auch dann unverzüglich zu informieren, wenn unerwartet erhöhte Expositionen am Arbeitsplatz auftreten, die über die sonst üblichen Belastungen hinausgehen. Dabei sind nicht nur die Ursachen der erhöhten Exposition, sondern auch die entsprechenden Gegenmaßnahmen darzulegen. Dies gilt nicht nur für Abbruch-, Sanierungs- und Instandhaltungsarbeiten, sondern grundsätzlich bei allen Tätigkeiten mit Gefahrstoffen gemäß Absatz 1.

(6) Die Beschäftigten und ihre Vertretung müssen Zugang zu den Dokumenten haben, in denen die technischen Maßnahmen zur Expositionsminimierung und deren Wirksamkeit beschrieben sind. In der Regel wird dies in der Dokumentation der Gefährdungsbeurteilung erfolgen.

(7) Der Arbeitgeber muss unter bestimmten Voraussetzungen ein Verzeichnis über Beschäftigte führen, die Tätigkeiten mit krebserzeugenden oder keimzellmutagenen Gefahrstoffen ausüben. Die entsprechenden Pflichten des Arbeitgebers werden in der TRGS 410 konkretisiert.

Anhang zur TRGS 555

Nutzung von Informationen aus dem Sicherheitsdatenblatt (SDB) für die Erstellung von Betriebsanweisungen

SDB Abschnitt		Betriebsanweisung
1 Bezeichnung des Stoffs beziehungsweise des Gemischs und des Unternehmens Produktidentifikator: Stoffbezeichnung bzw. Handelsname des Gemischs **3 Zusammensetzung/Angaben zu Bestandteilen** Stoffbezeichnung/Identifikation der Bestandteile	Informationsermittlung und Gefährdungsbeurteilung durchführen	**Gefahrstoffbezeichnung** → Siehe auch Nummer 3.2.3
2 Mögliche Gefahren Gefahrenhinweise (H-Sätze), ergänzende Gefahrenhinweise (EUH-Sätze) und besondere Gefahren für Mensch und Umwelt **10 Stabilität und Reaktivität** Reaktivität, chemische Stabilität, unverträgliche Materialien, gefährliche Zersetzungsprodukte		**Gefahren für Mensch und Umwelt** → Siehe auch Nummer 3.2.4
7 Handhabung und Lagerung Schutzmaßnahmen zur sicheren Handhabung, Bedingungen zur sicheren Lagerung unter Berücksichtigung von Unverträglichkeiten, spezifische Endanwendungen **8 Begrenzung und Überwachung der Exposition/Persönliche Schutzausrüstung** Maßnahmen zur Expositionsbegrenzung, Persönliche Schutzausrüstung (nach Aufnahmeweg) **15 Rechtsvorschriften** Relevante nationale Vorschriften (z.B. Beschäftigungsbeschränkungen)		**Schutzmaßnahmen und Verhaltensregeln** → Siehe auch Nummer 3.2.5 ergänzt um betriebsspezifische Angaben
5 Maßnahmen zur Brandbekämfung Geeignete Löschmittel, verbotene Löschmittel **6 Maßnahmen bei unbeabsichtigter Freisetzung** Personenbezogene Vorsichtsmaßnahmen, Schutzausrüstungen und in Notfällen anzuwendende Verfahren, Umweltschutzmaßnahmen, Methoden und Material für die Rückhaltung und Reinigung		**Verhalten im Gefahrfall** → Siehe auch Nummer 3.2.6 ergänzt um betriebsspezifische Angaben
4 Erste-Hilfe-Maßnahmen Allgemeine Hinweise für den Erste-Hilfe-Leistenden nach oraler, dermaler, inhalativer Exposition		**Erste Hilfe** → Siehe auch Nummer 3.2.7 ergänzt um betriebsspezifische Angaben
13 Hinweise zur Entsorgung Verfahren der Abfallbehandlung (bezogen auf das Produkt und seine Verpackung) **14 Angaben zum Transport** Nur bei Gefahrgut		**Sachgerechte Entsorgung** → Siehe auch Nummer 3.2.8 ergänzt um betriebsspezifische Angaben

Gefahrstoffkennzeichnung

Gefahrenpiktogramme und Gefahrenklassen

GHS 01

- Instabile explosive Stoffe und Gemische
  Explosive Stoffe/Gemische und Erzeugnisse mit Explosivstoff der Unterklassen 1.1, 1.2, 1.3, 1.4
- Selbstzersetzliche Stoffe und Gemische: Typen A, B
- Organische Peroxide: Typen A, B

GHS 02

- Entzündbare Gase: Kategorie 1
- (Entzündbare) Aerosole: Kategorien 1, 2
- Entzündbare Flüssigkeiten: Kategorien 1, 2, 3
- Entzündbare Feststoffe: Kategorien 1, 2
- Selbstzersetzliche Stoffe und Gemische: Typen B, C, D, E, F
- Selbstentzündliche (pyrophore) Flüssigkeiten: Kategorie 1
- Selbstentzündliche (pyrophore) Feststoffe: Kategorie 1
- Selbsterhitzungsfähige Stoffe und Gemische: Kategorien 1, 2
- Stoffe und Gemische, die bei Berührung mit Wasser entzündbare Gase entwickeln: Kategorien 1, 2, 3
- Organische Peroxide: Typen B, C, D, E, F

GHS 03

- Entzündend (oxidierend) wirkende Gase: Kategorie 1
- Entzündend (oxidierend) wirkende Flüssigkeiten: Kategorien 1, 2, 3
- Entzündend (oxidierend) wirkende Feststoffe: Kategorien 1, 2, 3

GHS 04

- Gase unter Druck (verdichtete Gase, verflüssigte Gase, tiefgekühlt verflüssigte Gase, gelöste Gase)

GHS 05

- Auf Metalle korrosiv wirkend: Kategorie 1
- Ätz-/Reizwirkung auf die Haut: Unterkategorien 1A/1B/1C
- Schwere Augenschädigung/Augenreizung: Kategorie 1

GHS 06

- Akute Toxizität (oral, dermal, inhalativ): Kategorien 1, 2, 3

GHS 07

- Akute Toxizität (oral, dermal, inhalativ): Kategorie 4
- Reizwirkung auf die Haut: Kategorie 2
- Augenreizung: Kategorie 2
- Sensibilisierung der Haut: Kategorien 1, 1A, 1B
- Spezifische Zielorgan-Toxizität (einmalige Exposition): Kategorie 3 (Atemwegsreizung, narkotisierende Wirkungen)
- Die Ozonschicht schädigend: Kategorie 1

GHS 08

- Sensibilisierung der Atemwege: Kategorien 1, 1A, 1B
- Keimzell-Mutagenität: Kategorien 1A, 1B, 2
- Karzinogenität: Kategorien 1A, 1B, 2
- Reproduktionstoxizität: Kategorien 1A, 1B, 2
- Spezifische Zielorgan-Toxizität (einmalige Exposition): Kategorien 1, 2
- Spezifische Zielorgan-Toxizität (wiederholte Exposition): Kategorien 1, 2
- Aspirationsgefahr: Kategorie 1

GHS 09

Gewässergefährdend

- Akut gewässergefährdend: Kategorie Akut 1
- Langfristig gewässergefährdend: Kategorien Chronisch 1, Chronisch 2

H- und P-Sätze

Liste der H-Sätze

Gefahrenhinweise für physikalische Gefahren

H200	Instabil, explosiv.
H201	Explosiv, Gefahr der Massenexplosion.
H202	Explosiv; große Gefahr durch Splitter, Spreng- und Wurfstücke.
H203	Explosiv; Gefahr durch Feuer, Luftdruck oder Splitter, Spreng- und Wurfstücke.
H204	Gefahr durch Feuer oder Splitter, Spreng- und Wurfstücke.
H205	Gefahr der Massenexplosion bei Feuer.
H206	Gefahr durch Feuer, Druckstoß oder Sprengstücke; erhöhte Explosionsgefahr, wenn das Desensibilisierungsmittel reduziert wird.
H207	Gefahr durch Feuer oder Sprengstücke; erhöhte Explosionsgefahr, wenn das Desensibilisierungsmittel reduziert wird.
H208	Gefahr durch Feuer; erhöhte Explosionsgefahr, wenn das Desensibilisierungsmittel reduziert wird.
H220	Extrem entzündbares Gas.
H221	Entzündbares Gas.
H222	Extrem entzündbares Aerosol.
H223	Entzündbares Aerosol.
H224	Flüssigkeit und Dampf extrem entzündbar.
H225	Flüssigkeit und Dampf leicht entzündbar.
H226	Flüssigkeit und Dampf entzündbar.
H228	Entzündbarer Feststoff.
H229	Behälter steht unter Druck: kann bei Erwärmung bersten.
H230	Kann auch in Abwesenheit von Luft explosionsartig reagieren.
H231	Kann auch in Abwesenheit von Luft bei erhöhtem Druck und/oder erhöhter Temperatur explosionsartig reagieren.
H232	Kann sich bei Kontakt mit Luft spontan entzünden.

Stand: 14. ATP zur CLP-Verordnung (14. ATP = Verordnung (EU) 2020/217 der Kommission

H240	Erwärmung kann Explosion verursachen.
H241	Erwärmung kann Brand oder Explosion verursachen.
H242	Erwärmung kann Brand verursachen.
H250	Entzündet sich in Berührung mit Luft von selbst.
H251	Selbsterhitzungsfähig; kann in Brand geraten.
H252	In großen Mengen selbsterhitzungsfähig; kann in Brand geraten.
H260	In Berührung mit Wasser entstehen entzündbare Gase, die sich spontan entzünden können.
H261	In Berührung mit Wasser entstehen entzündbare Gase.
H270	Kann Brand verursachen oder verstärken; Oxidationsmittel.
H271	Kann Brand oder Explosion verursachen; starkes Oxidationsmittel.
H272	Kann Brand verstärken; Oxidationsmittel.
H280	Enthält Gas unter Druck; kann bei Erwärmung explodieren.
H281	Enthält tiefgekühltes Gas; kann Kälteverbrennungen oder -verletzungen verursachen.
H290	Kann gegenüber Metallen korrosiv sein.

Gefahrenhinweise für Gesundheitsgefahren

H300	Lebensgefahr bei Verschlucken.
H301	Giftig bei Verschlucken.
H302	Gesundheitsschädlich bei Verschlucken.
H304	Kann bei Verschlucken und Eindringen in die Atemwege tödlich sein.
H310	Lebensgefahr bei Hautkontakt.
H311	Giftig bei Hautkontakt.
H312	Gesundheitsschädlich bei Hautkontakt.
H314	Verursacht schwere Verätzungen der Haut und schwere Augenschäden.
H315	Verursacht Hautreizungen.
H317	Kann allergische Hautreaktionen verursachen.
H318	Verursacht schwere Augenschäden.
H319	Verursacht schwere Augenreizung.
H330	Lebensgefahr bei Einatmen.
H331	Giftig bei Einatmen.
H332	Gesundheitsschädlich bei Einatmen.

H334	Kann bei Einatmen Allergie, asthmaartige Symptome oder Atembeschwerden verursachen.
H335	Kann die Atemwege reizen.
H336	Kann Schläfrigkeit und Benommenheit verursachen.
H340	Kann genetische Defekte verursachen (*Expositionsweg angeben, sofern schlüssig belegt ist, dass diese Gefahr bei keinem anderen Expositionsweg besteht*).
H341	Kann vermutlich genetische Defekte verursachen (*Expositionsweg angeben, sofern schlüssig belegt ist, dass diese Gefahr bei keinem anderen Expositionsweg besteht*).
H350	Kann Krebs erzeugen (*Expositionsweg angeben, sofern schlüssig belegt ist, dass diese Gefahr bei keinem anderen Expositionsweg besteht*).
H350i	Kann bei Einatmen Krebs erzeugen
H351	Kann vermutlich Krebs erzeugen (*Expositionsweg angeben, sofern schlüssig belegt ist, dass diese Gefahr bei keinem anderen Expositionsweg besteht*).
H360	Kann die Fruchtbarkeit beeinträchtigen oder das Kind im Mutterleib schädigen (*konkrete Wirkung angeben, sofern bekannt*) (*Expositionsweg angeben, sofern schlüssig belegt ist, dass diese Gefahr bei keinem anderen Expositionsweg besteht*).
H360F	Kann die Fruchtbarkeit beeinträchtigen.
H360D	Kann das Kind im Mutterleib schädigen.
H360FD	Kann die Fruchtbarkeit beeinträchtigen. Kann das Kind im Mutterleib schädigen.
H360Fd	Kann die Fruchtbarkeit beeinträchtigen. Kann vermutlich das Kind im Mutterleib schädigen.
H360Df	Kann das Kind im Mutterleib schädigen. Kann vermutlich die Fruchtbarkeit beeinträchtigen.
H361	Kann vermutlich die Fruchtbarkeit beeinträchtigen oder das Kind im Mutterleib schädigen (*konkrete Wirkung angeben, sofern bekannt*) (*Expositionsweg angeben, sofern schlüssig belegt ist, dass diese Gefahr bei keinem anderen Expositionsweg besteht*).
H361f	Kann vermutlich die Fruchtbarkeit beeinträchtigen.
H361d	Kann vermutlich das Kind im Mutterleib schädigen.
H361fd	Kann vermutlich die Fruchtbarkeit beeinträchtigen. Kann vermutlich das Kind im Mutterleib schädigen.
H362	Kann Säuglinge über die Muttermilch schädigen.

H370	Schädigt die Organe (*oder alle betroffenen Organe nennen, sofern bekannt*) (*Expositionsweg angeben, sofern schlüssig belegt ist, dass diese Gefahr bei keinem anderen Expositionsweg besteht*).
H371	Kann die Organe schädigen (*oder alle betroffenen Organe nennen, sofern bekannt*) (*Expositionsweg angeben, sofern schlüssig belegt ist, dass diese Gefahr bei keinem anderen Expositionsweg besteht*).
H372	Schädigt die Organe (*alle betroffenen Organe nennen)* bei längerer oder wiederholter Exposition (*Expositionsweg angeben, wenn schlüssig belegt ist, dass diese Gefahr bei keinem anderen Expositionsweg besteht*).
H373	Kann die Organe schädigen (*alle betroffenen Organe nennen, sofern bekannt*) bei längerer oder wiederholter Exposition (*Expositionsweg angeben, wenn schlüssig belegt ist, dass diese Gefahr bei keinem anderen Expositionsweg besteht*).
H300+ H310	Lebensgefahr bei Verschlucken oder Hautkontakt.
H300+ H310+ H330	Lebensgefahr bei Verschlucken, Hautkontakt oder Einatmen.
H300+ H330	Lebensgefahr bei Verschlucken oder Einatmen.
H301+ H311	Giftig bei Verschlucken oder Hautkontakt.
H301+ H311+ H331	Giftig bei Verschlucken, Hautkontakt oder Einatmen.
H301+ H331	Giftig bei Verschlucken oder Einatmen.
H302+ H312	Gesundheitsschädlich bei Verschlucken oder Hautkontakt.
H302+ H312+ H332	Gesundheitsschädlich bei Verschlucken, Hautkontakt oder Einatmen.
H302+ H332	Gesundheitsschädlich bei Verschlucken oder Einatmen.
H310+ H330	Lebensgefahr bei Hautkontakt oder Einatmen.
H311+ H331	Giftig bei Hautkontakt oder Einatmen.

H312+ H332	Gesundheitsschädlich bei Hautkontakt oder Einatmen.

Gefahrenhinweise für Umweltgefahren

H400	Sehr giftig für Wasserorganismen.
H410	Sehr giftig für Wasserorganismen mit langfristiger Wirkung.
H411	Giftig für Wasserorganismen, mit langfristiger Wirkung.
H412	Schädlich für Wasserorganismen, mit langfristiger Wirkung.
H413	Kann für Wasserorganismen schädlich sein, mit langfristiger Wirkung.
H420	Schädigt die öffentliche Gesundheit und die Umwelt durch Ozonabbau in der äußeren Atmosphäre.

EUH-Sätze

Physikalische Eigenschaften

EUH014	Reagiert heftig mit Wasser.
EUH018	Kann bei Verwendung explosionsfähige/entzündbare Dampf/Luft-Gemische bilden.
EUH019	Kann explosionsfähige Peroxide bilden.
EUH044	Explosionsgefahr bei Erhitzen unter Einschluss.

Gesundheitsgefährliche Eigenschaften

EUH029	Entwickelt bei Berührung mit Wasser giftige Gase.
EUH031	Entwickelt bei Berührung mit Säure giftige Gase.
EUH032	Entwickelt bei Berührung mit Säure sehr giftige Gase.
EUH066	Wiederholter Kontakt kann zu spröder oder rissiger Haut führen.
EUH070	Giftig bei Berührung mit den Augen.
EUH071	Wirkt ätzend auf die Atemwege.

Ergänzende Kennzeichnungselemente/ Informationen über bestimmte Stoffe und Gemische

EUH201	Enthält Blei. Nicht für den Anstrich von Gegenständen verwenden, die von Kindern gekaut oder gelutscht werden könnten.
EUH201A	Achtung! Enthält Blei.
EUH202	Cyanacrylat. Gefahr. Klebt innerhalb von Sekunden Haut und Augenlider zusammen. Darf nicht in die Hände von Kindern gelangen.
EUH203	Enthält Chrom(VI). Kann allergische Reaktionen hervorrufen.
EUH204	Enthält Isocyanate. Kann allergische Reaktionen hervorrufen.
EUH205	Enthält epoxidhaltige Verbindungen. Kann allergische Reaktionen hervorrufen.
EUH206	Achtung! Nicht zusammen mit anderen Produkten verwenden, da gefährliche Gase (Chlor) freigesetzt werden können.
EUH207	Achtung! Enthält Cadmium. Bei der Verwendung entstehen gefährliche Dämpfe. Hinweise des Herstellers beachten. Sicherheitsanweisungen einhalten.
EUH208	Enthält (Name des sensibilisierenden Stoffes). Kann allergische Reaktionen hervorrufen.
EUH209	Kann bei Verwendung leicht entzündbar werden.
EUH209A	Kann bei Verwendung entzündbar werden.
EUH210	Sicherheitsdatenblatt auf Anfrage erhältlich.
EUH211	Achtung! Beim Sprühen können gefährliche lungengängige Tröpfchen entstehen. Aerosol oder Nebel nicht einatmen.
EUH212	Achtung! Bei der Verwendung kann gefährlicher lungengängiger Staub entstehen. Staub nicht einatmen.
EUH401	Zur Vermeidung von Risiken für Mensch und Umwelt die Gebrauchsanleitung einhalten.

Liste der P-Sätze

Sicherheitshinweise – Allgemeines

P101	Ist ärztlicher Rat erforderlich, Verpackung oder Kennzeichnungsetikett bereithalten.
P102	Darf nicht in die Hände von Kindern gelangen.
P103	Lesen Sie sämtliche Anweisungen aufmerksam und befolgen Sie diese.

Sicherheitshinweise – Prävention

P201	Vor Gebrauch besondere Anweisungen einholen.
P202	Vor Gebrauch alle Sicherheitsratschläge lesen und verstehen.
P210	Von Hitze, heißen Oberflächen, Funken, offenen Flammen und anderen Zündquellen fernhalten. Nicht rauchen.
P211	Nicht gegen offene Flamme oder andere Zündquelle sprühen.
P212	Erhitzen unter Einschluss und Reduzierung des Desensibilisierungsmittels vermeiden.
P220	Von Kleidung und anderen brennbaren Materialien fernhalten.
P222	Keinen Kontakt mit Luft zulassen.
P223	Keinen Kontakt mit Wasser zulassen.
P230	Feucht halten mit …
P231	Inhalt unter inertem Gas/… handhaben und aufbewahren.
P232	Vor Feuchtigkeit schützen.
P233	Behälter dicht verschlossen halten.
P234	Nur in Originalverpackung aufbewahren.
P235	Kühl halten.
P240	Behälter und zu befüllende Anlage erden.
P241	Explosionsgeschützte [elektrische/Lüftungs-/Beleuchtungs-/…] Geräte verwenden.
P242	Funkenarmes Werkzeug verwenden.
P243	Maßnahmen gegen elektrostatische Entladungen treffen.
P244	Ventile und Ausrüstungsteile öl- und fettfrei halten.
P250	Nicht schleifen/stoßen/reiben/….

P251	Nicht durchstechen oder verbrennen, auch nicht nach Gebrauch.
P260	Staub/Rauch/Gas/Nebel/Dampf/Aerosol nicht einatmen.
P261	Einatmen von Staub/Rauch/Gas/Nebel/Dampf/Aerosol vermeiden.
P262	Nicht in die Augen, auf die Haut oder auf die Kleidung gelangen lassen.
P263	Berührung während Schwangerschaft und Stillzeit vermeiden.
P264	Nach Gebrauch … gründlich waschen.
P270	Bei Gebrauch nicht essen, trinken oder rauchen.
P271	Nur im Freien oder in gut belüfteten Räumen verwenden.
P272	Kontaminierte Arbeitskleidung nicht außerhalb des Arbeitsplatzes tragen.
P273	Freisetzung in die Umwelt vermeiden.
P280	Schutzhandschuhe/Schutzkleidung/Augenschutz/ Gesichtsschutz/Gehörschutz/… tragen.
P282	Schutzhandschuhe mit Kälteisolierung und zusätzlich Gesichtsschild oder Augenschutz tragen.
P283	Schwer entflammbare oder flammhemmende Kleidung tragen.
P284	[Bei unzureichender Belüftung] Atemschutz tragen.
P231 + P232	Inhalt unter inertem Gas/… handhaben und aufbewahren. Vor Feuchtigkeit schützen.

Sicherheitshinweise – Reaktion

P301	BEI VERSCHLUCKEN:
P302	BEI BERÜHRUNG MIT DER HAUT:
P303	BEI BERÜHRUNG MIT DER HAUT (oder dem Haar):
P304	BEI EINATMEN:
P305	BEI KONTAKT MIT DEN AUGEN:
P306	BEI KONTAKT MIT DER KLEIDUNG:
P308	Bei Exposition oder falls betroffen:
P310	Sofort GIFTINFORMATIONSZENTRUM/ Arzt/… anrufen.
P311	GIFTINFORMATIONSZENTRUM/Arzt/… anrufen.
P312	Bei Unwohlsein GIFTINFORMATIONSZENTRUM/ Arzt /… anrufen.
P313	Ärztlichen Rat einholen/ärztliche Hilfe hinzuziehen.

P314	Bei Unwohlsein ärztlichen Rat einholen/ärztliche Hilfe hinzuziehen.
P315	Sofort ärztlichen Rat einholen/ärztliche Hilfe hinzuziehen.
P320	Besondere Behandlung dringend erforderlich (siehe ... auf diesem Kennzeichnungsetikett).
P321	Besondere Behandlung (siehe ... auf diesem Kennzeichnungsetikett).
P330	Mund ausspülen.
P331	KEIN Erbrechen herbeiführen.
P332	Bei Hautreizung:
P333	Bei Hautreizung oder -ausschlag:
P334	In kaltes Wasser tauchen [oder nassen Verband anlegen].
P335	Lose Partikel von der Haut abbürsten.
P336	Vereiste Bereiche mit lauwarmem Wasser auftauen. Betroffenen Bereich nicht reiben.
P337	Bei anhaltender Augenreizung:
P338	Eventuell vorhandene Kontaktlinsen nach Möglichkeit entfernen. Weiter ausspülen.
P340	Die Person an die frische Luft bringen und für ungehinderte Atmung sorgen.
P342	Bei Symptomen der Atemwege:
P351	Einige Minuten lang behutsam mit Wasser ausspülen.
P352	Mit viel Wasser/... waschen.
P353	Haut mit Wasser abwaschen [oder duschen].
P360	Kontaminierte Kleidung und Haut sofort mit viel Wasser abwaschen und danach Kleidung ausziehen.
P361	Alle kontaminierten Kleidungsstücke sofort ausziehen.
P362	Kontaminierte Kleidung ausziehen.
P363	Kontaminierte Kleidung vor erneutem Tragen waschen.
P364	Und vor erneutem Tragen waschen.
P370	Bei Brand:
P371	Bei Großbrand und großen Mengen:
P372	Explosionsgefahr
P373	KEINE Brandbekämpfung, wenn das Feuer explosive Stoffe/Gemische/Erzeugnisse erreicht.
P375	Wegen Explosionsgefahr Brand aus der Entfernung bekämpfen.
P376	Undichtigkeit beseitigen, wenn gefahrlos möglich.

P377	Brand von ausströmendem Gas: Nicht löschen, bis Undichtigkeit gefahrlos beseitigt werden kann.
P378	… zum Löschen verwenden.
P380	Umgebung räumen.
P381	Bei Undichtigkeit alle Zündquellen entfernen.
P390	Verschüttete Mengen aufnehmen, um Materialschäden zu vermeiden.
P391	Verschüttete Mengen aufnehmen.
P301 + P310	BEI VERSCHLUCKEN: Sofort GIFTINFORMATIONS-ZENTRUM/Arzt/… anrufen.
P301 + P312	BEI VERSCHLUCKEN: Bei Unwohlsein GIFTINFORMATIONSZENTRUM/ Arzt /… anrufen.
P301 + P330 + P331	BEI VERSCHLUCKEN: Mund ausspülen. KEIN Erbrechen herbeiführen.
P302 + P334	BEI BERÜHRUNG MIT DER HAUT: In kaltes Wasser tauchen [oder nassen Verband anlegen].
P302+ P335+ P334	BEI BERÜHRUNG MIT DER HAUT: Lose Partikel von der Haut abbürsten. In kaltes Wasser tauchen [oder nassen Verband anlegen].
P302 + P352	BEI BERÜHRUNG MIT DER HAUT: Mit viel Wasser/… waschen.
P303 + P361 + P353	BEI BERÜHRUNG MIT DER HAUT (oder dem Haar): Alle kontaminierten Kleidungsstücke sofort ausziehen. Haut mit Wasser abwaschen [oder duschen].
P304 + P340	BEI EINATMEN: Die Person an die frische Luft bringen und für ungehinderte Atmung sorgen.
P305 + P351 + P338	BEI KONTAKT MIT DEN AUGEN: Einige Minuten lang behutsam mit Wasser spülen. Eventuell vorhandene Kontaktlinsen nach Möglichkeit entfernen. Weiter spülen.
P306 + P360	Bei KONTAKT MIT DER KLEIDUNG: Kontaminierte Kleidung und Haut sofort mit viel Wasser abwaschen und danach Kleidung ausziehen.
P308 + P311	Bei Exposition oder falls betroffen: GIFTINFORMATIONSZENTRUM/Arzt/… anrufen.
P308 + P313	Bei Exposition oder falls betroffen: Ärztlichen Rat einholen/ärztliche Hilfe hinzuziehen.
P332 + P313	Bei Hautreizung: Ärztlichen Rat einholen/ ärztliche Hilfe hinzuziehen.

P333 + P313	Bei Hautreizung oder -ausschlag: Ärztlichen Rat einholen/ärztliche Hilfe hinzuziehen.
P336+ P315	Vereiste Bereiche mit lauwarmem Wasser auftauen. Betroffenen Bereich nicht reiben. Sofort ärztlichen Rat einholen/ärztliche Hilfe hinzuziehen.
P337 + P313	Bei anhaltender Augenreizung: Ärztlichen Rat einholen/ärztliche Hilfe hinzuziehen.
P342 + P311	Bei Symptomen der Atemwege: GIFTINFORMATIONSZENTRUM/ Arzt/... anrufen.
P361 + P364	Alle kontaminierten Kleidungsstücke sofort ausziehen und vor erneutem Tragen waschen.
P362 + P364	Kontaminierte Kleidung ausziehen und vor erneutem Tragen waschen.
P370 + P376	Bei Brand: Undichtigkeit beseitigen, wenn gefahrlos möglich.
P370 + P378	Bei Brand: ... zum Löschen verwenden.
P370 + P380 + P375	Bei Brand: Umgebung räumen. Wegen Explosionsgefahr Brand aus der Entfernung bekämpfen.
P371 + P380 + P375	Bei Großbrand und großen Mengen: Umgebung räumen. Wegen Explosionsgefahr Brand aus der Entfernung bekämpfen.
P370 + P372 + P380 + P373	Bei Brand: Explosionsgefahr. Umgebung räumen. KEINE Brandbekämpfung, wenn das Feuer explosive Stoffe/Gemische/Erzeugnisse erreicht.
P370 + P380 + P375 + [P378]	Bei Brand: Umgebung räumen. Wegen Explosionsgefahr Brand aus der Entfernung bekämpfen. [... zum Löschen verwenden].

Sicherheitshinweise – Aufbewahrung

P401	Aufbewahren gemäß ....
P402	An einem trockenen Ort aufbewahren.
P403	An einem gut belüfteten Ort aufbewahren.
P404	In einem geschlossenen Behälter aufbewahren.
P405	Unter Verschluss aufbewahren.
P406	In korrosionsbeständigem/... Behälter mit korrosionsbeständiger Innenauskleidung aufbewahren.

P407	Luftspalt zwischen Stapeln oder Paletten lassen.
P410	Vor Sonnenbestrahlung schützen.
P411	Bei Temperaturen nicht über …°C/…°F aufbewahren.
P412	Nicht Temperaturen über 50 °C/122 °F aussetzen.
P413	Schüttgut in Mengen von mehr als … kg/…lbs bei Temperaturen nicht über … °C/… °F aufbewahren.
P420	Getrennt aufbewahren.
P402 + P404	An einem trockenen Ort aufbewahren. In einem geschlossenen Behälter aufbewahren.
P403 + P233	An einem gut belüfteten Ort aufbewahren. Behälter dicht verschlossen halten.
P403 + P235	An einem gut belüfteten Ort aufbewahren. Kühl halten.
P410 + P403	Vor Sonnenbestrahlung schützen. An einem gut belüfteten Ort aufbewahren.
P410 + P412	Vor Sonnenbestrahlung schützen. Nicht Temperaturen über 50 °C/122 °F aussetzen.

Sicherheitshinweise – Entsorgung

P501	Inhalt/Behälter … zuführen.
P502	Informationen zur Wiederverwendung oder Wiederverwertung bei Hersteller oder Lieferant erfragen.
P503	Informationen zur Entsorgung/Wiederverwendung/Wiederverwertung beim Hersteller/Lieferanten/… erfragen.

Arbeitsmedizin

Arbeitsmedizinische Vorsorge

Arbeitsmedizinische Vorsorge ist eine individuelle Arbeitsschutzmaßnahme. Sie verfolgt das Ziel, arbeitsbedingte Gesundheitsbeschwerden frühzeitig zu erkennen und arbeitsbedingte Erkrankungen sowie Berufskrankheiten zu verhüten. Gleichzeitig soll sie einen Beitrag zum Erhalt der Beschäftigungsfähigkeit und zur Fortentwicklung des betrieblichen Arbeitsschutzes leisten.

Die arbeitsmedizinische Vorsorge umfasst ein ärztliches Beratungsgespräch mit Anamnese einschließlich Arbeitsanamnese. Dabei sollen die Beschäftigten umfassend zu den Wechselwirkungen zwischen ihrer Arbeit und ihrer Gesundheit und dem Zusammenspiel verschiedener Einflussfaktoren informiert und beraten werden. Hält der Betriebsarzt körperliche oder klinische Untersuchungen für erforderlich, bietet er sie dem Beschäftigten an. Untersuchungen dürfen nur mit Einverständnis des Beschäftigten erfolgen. Arbeitsmedizinische Vorsorge unterliegt grundsätzlich der Schweigepflicht.

Arten arbeitsmedizinischer Vorsorge

Es gibt drei Arten arbeitsmedizinischer Vorsorge: Pflichtvorsorge, Angebotsvorsorge und Wunschvorsorge. Während der Gesetzgeber die Tätigkeiten für Pflicht- und Angebotsvorsorge konkret benennt, gibt es für Wunschvorsorge keinen abschließenden Katalog mit Anlässen.

Arbeitsmedizinische Vorsorge darf nicht mit Eignungs- bzw. Tauglichkeitsuntersuchungen verwechselt werden und muss grundsätzlich von diesen getrennt erfolgen.

Untersuchungszeitpunkte

Arbeitsmedizinische Vorsorge erfolgt:

- vor Aufnahme der Tätigkeit und danach in regelmäßigen Abständen
- als nachgehende Vorsorge nach Beendigung bestimmter Tätigkeiten, bei denen nach längeren Latenzzeiten Gesundheitsstörungen auftreten können. Anlässe für nachgehende Vorsorge sind z. B. Tätigkeiten mit Exposition gegenüber krebserzeugenden oder keimzellmutagenen Stoffen und Gemischen der Kategorie 1A oder 1B im Sinne der GefStoffV.

Liste 1: Pflichtvorsorge – Tätigkeiten mit Gefahrstoffen

Bei Tätigkeiten mit folgenden Stoffen ist Pflichtvorsorge vorgeschrieben, wenn

a) der Arbeitsplatzgrenzwert für den Gefahrstoff nach der GefStoffV nicht eingehalten wird,

b) eine wiederholte Exposition nicht ausgeschlossen werden kann und der Gefahrstoff ein krebserzeugender oder keimzellmutagener Stoff der Kategorie 1A oder 1B oder ein krebserzeugendes oder keimzellmutagenes Gemisch der Kategorie 1A oder 1B ist oder die Tätigkeiten mit dem Gefahrstoff als krebserzeugende Tätigkeiten oder Verfahren Kategorie 1A oder 1B im Sinne der GefStoffV bezeichnet werden

c) der Gefahrstoff hautresorptiv ist und eine Gesundheitsgefährdung durch Hautkontakt nicht ausgeschlossen werden kann.

- Acrylnitril
- Alkylquecksilberverbindungen
- Alveolengängiger Staub (A-Staub)
- Aromatische Nitro- und Aminoverbindungen
- Arsen und Arsenverbindungen
- Asbest
- Benzol
- Beryllium
- Bleitetraethyl und Bleitetramethyl
- Cadmium und Cadmiumverbindungen
- Chrom-VI-Verbindungen
- Dimethylformamid
- Einatembarer Staub (E-Staub)
- Fluor und anorganische Fluorverbindungen
- Glycerintrinitrat und Glykoldinitrat (Nitroglycerin/Nitroglykol)
- Hartholzstaub
- Kohlenstoffdisulfid
- Kohlenmonoxid
- Methanol
- Nickel und Nickelverbindungen,
- Polycyclische aromatische Kohlenwasserstoffe (Pyrolyseprodukte aus organischem Material)
- weißer Phosphor (Tetraphosphor)
- Platinverbindungen
- Quecksilber und anorganische Quecksilberverbindungen
- Schwefelwasserstoff
- Silikogener Staub
- Styrol
- Tetrachlorethen
- Toluol
- Trichlorethen
- Vinylchlorid
- Xylol (alle Isomeren)

Pflichtvorsorge

Pflichtvorsorge ist arbeitsmedizinische Vorsorge, die der Arbeitgeber bei besonders gefährlichen Tätigkeiten zu veranlassen hat. Diese Tätigkeiten sind im Anhang der Verordnung zur arbeitsmedizinischen Vorsorge (ArbMedVV) aufgelistet (s. Liste 1 und Liste 2). Der Arbeitgeber darf diese

Liste 2: Pflichtvorsorge – Sonstige Tätigkeiten mit Gefahrstoffen
- Feuchtarbeit von regelmäßig vier Stunden oder mehr je Tag - Schweißen und Trennen von Metallen bei Überschreitung einer Luftkonzentration von 3 Milligramm pro Kubikmeter Schweißrauch - Tätigkeiten mit Exposition gegenüber Getreide- und Futtermittelstäuben bei Überschreitung einer Luftkonzentration von 4 Milligramm pro Kubikmeter einatembarem Staub - Tätigkeiten mit Exposition gegenüber Isocyanaten, bei denen ein regelmäßiger Hautkontakt nicht ausgeschlossen werden kann oder eine Luftkonzentration von 0,05 Milligramm pro Kubikmeter überschritten wird - Tätigkeiten mit einer Exposition mit Gesundheitsgefährdung durch Labortierstaub in Tierhaltungsräumen und -anlagen - Tätigkeiten mit Benutzung von Naturgummilatexhandschuhen mit mehr als 30 Mikrogramm Protein je Gramm im Handschuhmaterial - Tätigkeiten mit dermaler Gefährdung oder inhalativer Exposition mit Gesundheitsgefährdung, verursacht durch Bestandteile unausgehärteter Epoxidharze, insbesondere durch Versprühen von Epoxidharzen - Tätigkeiten mit Exposition gegenüber Blei und anorganischen Bleiverbindungen bei Überschreitung einer Luftkonzentration von 0,075 Milligramm pro Kubikmeter - Tätigkeiten mit Hochtemperaturwollen, soweit dabei als krebserzeugend Kategorie 1A oder 1B im Sinne der GefStoffV eingestufte Faserstäube freigesetzt werden können - Tätigkeiten mit Exposition gegenüber Mehlstaub bei Überschreitung einer Mehlstaubkonzentration von 4 Milligramm pro Kubikmeter Luft

Tätigkeiten nur ausüben lassen, wenn zuvor eine Pflichtvorsorge stattgefunden hat. Das bedeutet, dass Beschäftigte faktisch verpflichtet sind, an dem Vorsorgetermin teilzunehmen.

Angebotsvorsorge

Für eine Reihe von Tätigkeiten schreibt die ArbMedVV vor, dass der Arbeitgeber den Beschäftigten arbeitsmedizinische Vorsorge anbieten muss. Diese Tätigkeiten sind ebenfalls im Anhang der ArbMedVV geregelt. Für die Mitarbeiter ist die Teilnahme jedoch freiwillig und nicht Voraussetzung für die Tätigkeit. Angebotsvorsorge muss im Vorfeld und anschließend in regelmäßigen Abständen angeboten werden. Das Ausschlagen entbindet den Arbeitgeber nicht von seiner weiteren Angebotspflicht.

Anlässe zur Angebotsvorsorge

- Tätigkeiten mit den in Liste 1 genannten Gefahrstoffen, wenn eine Exposition nicht ausgeschlossen werden kann und der Arbeitgeber keine Pflichtvorsorge zu veranlassen hat
- Schädlingsbekämpfung und Begasungen nach der GefstoffV
- Tätigkeiten mit folgenden Stoffen oder deren Gemischen: n-Hexan, n-Heptan, 2-Butanon, 2-Hexanon, Methanol, Ethanol, 2-Methoxyethanol, Benzol, Toluol, Xylol, Styrol, Dichlormethan, 1,1,1-Trichlorethan, Trichlorethen, Tetrachlorethen
- Tätigkeiten mit einem Gefahrstoff, sofern der Gefahrstoff nicht in Liste 1 „Pflichtvorsorge" genannt ist, eine wiederholte Exposition nicht ausgeschlossen werden kann und
  a) der Gefahrstoff ein krebserzeugender oder keimzellmutagener Stoff der Kategorie 1A oder 1B oder ein krebserzeugendes oder keimzellmutagenes Gemisch der Kategorie 1A oder 1B im Sinne der GefStoffV ist oder
  b) die Tätigkeiten mit dem Gefahrstoff als krebserzeugende Tätigkeiten oder Verfahren Kategorie 1A oder 1B bezeichnet werden
- Feuchtarbeit von regelmäßig mehr als zwei Stunden je Tag
- Schweißen und Trennen von Metallen bei Einhaltung einer Luftkonzentration von 3 Milligramm pro Kubikmeter Schweißrauch
- Tätigkeiten mit Exposition gegenüber Getreide- und Futtermittelstäuben bei Überschreitung einer Luftkonzentration von 1 Milligramm je Kubikmeter einatembarem Staub
- Tätigkeiten mit Exposition gegenüber Isocyanaten, bei denen ein Hautkontakt nicht ausgeschlossen werden kann oder eine Luftkonzentration von 0,05 Milligramm pro Kubikmeter eingehalten wird
- Tätigkeiten mit Exposition gegenüber Blei und anorganischen Bleiverbindungen bei Einhaltung einer Luftkonzentration von 0,075 Milligramm pro Kubikmeter
- Tätigkeiten mit Exposition gegenüber Mehlstaub bei Einhaltung einer Mehlstaubkonzentration von 4 Milligramm pro Kubikmeter Luft
- Tätigkeiten mit Exposition gegenüber sonstigen atemwegssensibilisierend oder hautsensibilisierend wirkenden Stoffen, für die keine andere aufgeführte Vorsorge vorgesehen ist

Wunschvorsorge

Wunschvorsorge ist arbeitsmedizinische Vorsorge, die der Arbeitgeber den Beschäftigten über den Anhang der ArbMedVV hinaus bei allen Tätigkeiten zu ermöglichen hat. Die Beschäftigten müssen den Anspruch von sich aus geltend machen. Der Anspruch besteht allerdings nicht, wenn aufgrund der Gefährdungsbeurteilung und der getroffenen Schutzmaßnahmen nicht mit einem Gesundheitsschaden zu rechnen ist. Im Streitfall muss der Arbeitgeber dies beweisen.

Vorsorgebescheinigung

Der Arzt muss dem Beschäftigten und dem Arbeitgeber eine Vorsorgebescheinigung ausstellen. Diese Bescheinigung enthält lediglich Angaben zu Zeitpunkt und Vorsorgeanlass sowie die ärztliche Beurteilung, wann eine weitere arbeitsmedizinische Vorsorge angezeigt ist. Weitere Angaben, zum Beispiel zum Befund oder zu Diagnosen, sind nicht Bestandteil der Vorsorgebescheinigung. Sie unterliegen der umfassenden ärztlichen Schweigepflicht. Rückmeldungen an den Arbeitgeber über unzureichende Maßnahmen des Arbeitsschutzes – und welche Schutzmaßnahmen zusätzlich erforderlich sind – müssen gesondert erfolgen.

Glossar

Akzeptanzrisiko
ist eine stoffübergreifende Größe, die die statistische Wahrscheinlichkeit des Auftretens einer Krebserkrankung übergangsweise in Höhe von 4:10.000 bzw. spätestens ab 2018 in Höhe von 4:100.000 angibt. [TRGS 910 Nr.2. (2)]

Akzeptanzkonzentration
ist eine stoffspezifische Größe. Es ist die Konzentration eines Stoffes in der Luft am Arbeitsplatz, die über seine ERB dem Akzeptanzrisiko entspricht und bei Unterschreitung mit einem niedrigen, hinnehmbaren Risiko assoziiert wird. [TRGS 910 Nr.2 (3)]

Arbeitsplatzgrenzwert
ist der Grenzwert für die zeitlich gewichtete durchschnittliche Konzentration eines Stoffes in der Luft am Arbeitsplatz in Bezug auf einen gegebenen Referenzzeitraum. Er gibt an, bis zu welcher Konzentration eines Stoffes akute oder chronische schädliche Auswirkungen auf die Gesundheit im Allgemeinen nicht zu erwarten sind. [§ 2 Abs. 8 GefStoffV]

ATP
Abkürzung für Adaption to Technical Progress. Mit Veröffentlichung von ATP werden europäische Vorschriften, z. B. die CLP-Verordnung, laufend dem technischen Fortschritt angepasst.

Biologischer Grenzwert
ist der Grenzwert für die toxikologisch-arbeitsmedizinisch abgeleitete Konzentration eines Stoffes, seines Metaboliten oder eines Beanspruchungsindikators im entsprechenden biologischen Material, bei dem im Allgemeinen die Gesundheit eines Beschäftigten nicht beeinträchtigt wird. [§ 2 Abs. 9 GefStoffV]

CAS-Nummer
Internationaler Bezeichnungsstandard für chemische Stoffe. CAS-Nummern werden vom Chemical Abstract Service mit Sitz in Ohio, USA, vergeben.

CLP-Verordnung
Abkürzung der Verordnung (EG) 1272/2008 Regulation on Classification, Labelling and Packaging of Substances and Mixtures. Die Verordnung wird auch GHS-Verordnung genannt, weil sie das Globally Harmonised System of Classification and Labelling of Chemicals der Vereinten Nationen in die EU implementiert. Sie ist seit 2009 in Kraft.

DNEL
Abkürzung für Derived No-Effect Level. Der DNEL-Wert bezeichnet die Expositionshöhe, unterhalb derer ein Stoff zu keiner Beeinträchtigung der menschlichen Gesundheit führt. Der Expositionsgrenzwert stammt aus der REACH-Verordnung. [Anhang 1 Nr. 1.0.1 Verordnung (EG) 1907/2006].

ECHA
Abkürzung für die European Chemicals Agency. Die Europäische Chemikalienagentur mit Sitz in Helsinki soll die Registrierung, Bewertung, Zulassung und Beschränkung chemischer Stoffe (REACH-Verfahren) verwalten.

EG-Nummer
Amtliche Nummer eines Stoffes in der Europäischen Union (EINECS-, ELINCS- oder NLP-Nummer).

Erzeugnis
Gegenstand, der bei der Herstellung eine spezifische Form, Oberfläche oder Gestalt erhält, die in größerem Maße als die chemische Zusammensetzung seine Funktion bestimmt. [Art. 2 Nr. 9 Verordnung (EG) 1272/2008]

Exposition (inhalativ)
Eine inhalative Exposition liegt vor, wenn gefährliche Stoffe in der Luft im Atembereich der Beschäftigten vorhanden sind. Ihr Ausmaß wird beschrieben durch ihre Konzentration und die Dauer ihres Auftretens (zeitlicher Bezug). Zum Vergleich der inhalativen Exposition mit Arbeitsplatzgrenzwerten nach TRGS 900 „Arbeitsplatzgrenzwerte" ist sie auf einen Zeitraum von 8 Stunden zu beziehen. Bei Expositionsspitzen gilt als zeitlicher Bezug die Dauer von Kurzzeitwertphasen gemäß TRGS 900. [TRGS 402 Nr. 2 (3)]

Exposition-Risiko-Beziehungen (ERB)
Die ERB eines krebserzeugenden Stoffes beschreibt den Zusammenhang zwischen der Stoffkonzentration (inhalative Aufnahme) und der statistischen Wahrscheinlichkeit des Auftretens einer Krebserkrankung.

Bezugszeitraum für das Risiko ist die gesamte Lebenszeit (Lebenszeitrisiko). [TRGS 910 Nr. 2 (1)]

Explosionsfähiges Gemisch

Gemisch aus brennbaren Gasen, Dämpfen, Nebeln oder aufgewirbelten Stäuben und Luft oder einem anderen Oxidationsmittel, das nach Wirksamwerden einer Zündquelle in einer sich selbsttätig fortpflanzenden Flammenausbreitung reagiert, sodass im Allgemeinen ein sprunghafter Temperatur- und Druckanstieg hervorgerufen wird. [§ 2 Abs. 10 GefStoffV]

Feuchtarbeit

Tätigkeiten, bei denen die Beschäftigten einen erheblichen Teil ihrer Arbeitszeit Arbeiten im feuchten Milieu ausführen oder flüssigkeitsdichte Handschuhe tragen oder häufig oder intensiv ihre Hände reinigen. [TRGS 401 Nr. 2 (2.4)]

Gefahrenklasse

Art der physikalischen Gefahr, der Gefahr für die menschliche Gesundheit oder der Gefahr für die Umwelt. [Art. 2 Nr. 1 Verordnung (EG) Nr. 1272/2008]

Gefahrenkategorie

Untergliederung nach Kriterien innerhalb der einzelnen Gefahrenklassen zur Angabe der Schwere der Gefahr. [Art. 2 Nr. 2 Verordnung (EG) Nr. 1272/2008]

GHS

Abkürzung für Globally Harmonised System of Classification and Labelling of Chemicals (Global Harmonisiertes System zur Einstufung und Kennzeichnung von Chemikalien). Mit GHS soll die Einstufung und Kennzeichnung von gefährlichen Stoffen langfristig in allen Ländern der Erde vereinheitlicht werden. Die Verordnung zur Einführung von GHS in Europa, Verordnung (EG) 1272/2008 – GHS- oder CLP-Verordnung genannt – ist am 20. Januar 2009 in Kraft getreten.

Gemisch

Gemische oder Lösungen, die aus zwei oder mehr Stoffen bestehen. [Art. 2 Nr. 8 Verordnung (EG) Nr. 1272/2008]

Händler

Natürliche oder juristische Person mit Sitz in der Gemeinschaft, die einen Stoff als solchen oder in einem Gemisch lediglich lagert und an Dritte in Verkehr bringt; darunter fallen auch Einzelhändler. [Art. 2 Nr. 20 Verordnung (EG) Nr. 1272/2008]

Hersteller

Natürliche oder juristische Person mit Sitz in der Gemeinschaft, die in der Gemeinschaft einen Stoff herstellt. [Art. 2 Nr. 15 Verordnung (EG) Nr. 1272/2008]

H-Satz

Gefahrenhinweis (englisch: hazard statement) auf der Verpackung und in den Sicherheitsdatenblättern von Chemikalien: Textaussage zu einer bestimmten Gefahrenklasse und Gefahrenkategorie, die die Art und gegebenenfalls den Schweregrad der von einem gefährlichen Stoff oder Gemisch ausgehenden Gefahr beschreibt. [Art. 2 Verordnung Nr. 5 (EG) 1272/2008]

Inverkehrbringen

Entgeltliche oder unentgeltliche Abgabe an Dritte oder Bereitstellung für Dritte. Die Einfuhr gilt als Inverkehrbringen. [Art. 2 Nr. 18 Verordnung (EG) 1272/2008]

Lagern

ist das Aufbewahren zur späteren Verwendung sowie zur Abgabe an Andere. Es schließt die Bereitstellung zur Beförderung ein, wenn die Beförderung nicht binnen 24 Stunden nach der Bereitstellung oder am darauf folgenden Werktag erfolgt. Ist dieser Werktag ein Samstag, so endet die Frist mit Ablauf des nächsten Werktages. [§ 2 Abs. 6 GefStoffV]

LD_{50}-Wert

Für ein bestimmtes Lebewesen tödliche Dosis eines bestimmten Stoffes oder einer bestimmten Strahlung (letale Dosis). Der LD_{50}-Wert bezeichnet dabei die Dosis, die für 50 Prozent der beobachteten Population (meist Ratten) tödlich ist. Je nach Aufnahmeweg gibt es verschiedene Werte: orale (durch Verschlucken), subkutane (über die Haut) oder intravenöse (im Blut). Die Einheit wird angegeben in mg Stoff/kg Körpergewicht.

Nachgeschalteter Anwender

Natürliche oder juristische Person mit Sitz in der Gemeinschaft, die im Rahmen ihrer industriellen oder gewerblichen Tätigkeit einen Stoff als solchen oder in einem Gemisch verwendet, mit Ausnahme des Herstellers oder Importeurs. Händler oder Verbraucher sind keine nachgeschalteten Anwender. [Art. 2 Nr. 19 Verordnung (EG) Nr. 1272/2008]

P-Satz

Sicherheitshinweis (englisch: precautionary statement) auf der Verpackung und in Sicherheitsdatenblättern von Chemikalien: Textaussage, die eine (oder mehrere) empfohlene Maßnahme(n) beschreibt, um schädliche Wirkungen aufgrund der Exposition gegenüber einem gefährlichen Stoff oder Gemisch bei seiner Verwendung oder Beseitigung zu begrenzen oder zu vermeiden. [Art. 2 Nr. 6 Verordnung (EG) 1272/2008]

REACH

Abkürzung für Registration, Evaluation, Authorisation and Restriction of Chemicals (Registrierung, Bewertung, Zulassung und Beschränkung von Chemikalien). Die entsprechende Verordnung (EG) Nr. 1907/2006 (REACH-Verordnung) ist am 1. Juni 2007 in Kraft getreten.

Sachkunde

Sachkundig ist, wer seine bestehende Fachkunde durch Teilnahme an einem behördlich anerkannten Sachkundelehrgang erweitert hat. In Abhängigkeit vom Aufgabengebiet kann es zum Erwerb der Sachkunde auch erforderlich sein, den Lehrgang mit einer erfolgreichen Prüfung abzuschließen. Sachkundig ist ferner, wer über eine von der zuständigen Behörde als gleichwertig anerkannte oder in dieser Verordnung als gleichwertig bestimmte Qualifikation verfügt. [§ 2 Abs. 17 GefStoffV]

Schwebstoffe

Zu den Schwebstoffen gehören Staub, Rauch und Nebel. Staub ist eine disperse Verteilung fester Stoffe in Luft, entstanden durch mechanische Prozesse oder durch Aufwirbelung. Rauch ist eine disperse Verteilung fester Stoffe in Luft, entstanden durch thermische und/oder durch chemische Prozesse. Nebel ist eine disperse Verteilung flüssiger Stoffe in Luft, entstanden durch Kondensation oder durch Dispersion. [TRGS 900 Nr. 1 (4)]

Signalwort

Wort, das das Ausmaß der Gefahr angibt, um den Leser auf eine potenzielle Gefahr hinzuweisen; dabei wird zwischen folgenden zwei Gefahrenausmaßstufen unterschieden: a) „Gefahr“: Signalwort für die schwerwiegenden Gefahrenkategorien; b) „Achtung“: Signalwort für die mit weniger schwerwiegenden Gefahrenkategorien. [Art. 2 Nr. 4 Verordnung (EG) Nr. 1272/2008]

Stand der Technik

ist der Entwicklungsstand fortschrittlicher Verfahren, Einrichtungen oder Betriebsweisen, der die praktische Eignung einer Maßnahme zum Schutz der Gesundheit und zur Sicherheit der Beschäftigten gesichert erscheinen lässt. Bei der Bestimmung des Standes der Technik sind insbesondere vergleichbare Verfahren, Einrichtungen oder Betriebsweisen heranzuziehen, die mit Erfolg in der Praxis erprobt worden sind. Gleiches gilt für die Anforderungen an die Arbeitsmedizin und die Arbeitsplatzhygiene. [§ 2 Abs. 15 GefStoffV]

Stoff

Chemisches Element und seine Verbindungen in natürlicher Form oder gewonnen durch ein Herstellungsverfahren, einschließlich der zur Wahrung seiner Stabilität notwendigen Zusatzstoffe und der durch das angewandte Verfahren bedingten Verunreinigungen, aber mit Ausnahme von Lösungsmitteln, die von dem Stoff ohne Beeinträchtigung seiner Stabilität und ohne Änderung seiner Zusammensetzung abgetrennt werden können. [Art. 2 Nr. 7 Verordnung (EG) Nr. 1272/2008]

STOT

Abkürzung für specific target organ toxicity (Spezifische Zielorgan-Toxizität). Die Gefahrenklasse nach CLP-Verordnung bezeichnet alle eindeutigen Auswirkungen auf die Gesundheit, die Körperfunktionen beeinträchtigen können, aber nicht zum sofortigen Tod führen. Unterschieden wird die Spezifische Zielorgan-Toxizität nach einmaliger Exposition (SE) und nach wiederholter Exposition (RE).

Substitution

Ersatz eines Gefahrstoffs, eines biologischen Arbeitsstoffs oder eines Verfahrens durch einen Arbeitsstoff oder ein Verfahren mit einer insgesamt geringeren Gefährdung für den Beschäftigten.

Tätigkeit

Eine Tätigkeit ist jede Arbeit mit Stoffen, Gemischen oder Erzeugnissen, einschließlich Herstellung, Mischung, Ge- und Verbrauch, Lagerung, Aufbewahrung, Be- und Verarbeitung, Ab- und Umfüllung, Entfernung, Entsorgung und Vernichtung. Zu den Tätigkeiten zählen auch das innerbetriebliche Befördern sowie Bedien- und Überwachungsarbeiten. [§ 2 Abs. 5 GefStoffV]

Technische Regeln für Gefahrstoffe

Technischen Regeln für Gefahrstoffe (TRGS) geben den Stand der Technik, Arbeitsmedizin und Arbeitshygiene sowie sonstige gesicherte arbeitswissenschaftliche Erkenntnisse für Tätigkeiten mit Gefahrstoffen, einschließlich deren Einstufung und Kennzeichnung, wieder. Sie werden vom Ausschuss für Gefahrstoffe (AGS) ermittelt und vom Bundesministerium für Arbeit und Soziales im Gemeinsamen Ministerialblatt bekannt gegeben

Toleranzrisiko

ist eine stoffübergreifende Größe, die die statistische Wahrscheinlichkeit des Auftretens einer Krebserkrankung in Höhe von 4:1.000 angibt. [TRGS 910 Nr.2 (4)]

Toleranzkonzentration

ist eine stoffspezifische Größe. Es ist die Konzentration eines Stoffes in der Luft am Arbeitsplatz, die über seine ERB dem Toleranzrisiko entspricht und bei Überschreitung mit einem hohen, nicht hinnehmbaren Risiko assoziiert wird. [TRGS 910 Nr. 2 (5)]

Verwendung

Verarbeiten, Formulieren, Verbrauchen, Lagern, Bereithalten, Behandeln, Abfüllen in Behältnisse, Umfüllen von einem Behältnis in ein anderes, Mischen, Herstellen eines Erzeugnisses oder jeder andere Gebrauch. [Art. 2 Nr. 25 Verordnung (EG) Nr. 1272/2008]

Informationsquellen

Gefahrstoff-Informationen

www.dguv.de/ifa/gestis
Gefahrstoffinformationssystem (GESTIS):

- GESTIS-Stoffdatenbank: Informationen für den sicheren Umgang mit Gefahrstoffen und anderen chemischen Stoffen (z. B. Wirkungen auf den Menschen, Schutzmaßnahmen, Maßnahmen im Gefahrenfall)
- GESTIS-Stoffmanager: Onlinetool zur Gefährdungsbeurteilung bei Tätigkeiten mit Gefahrstoffen nach TRGS 400 und zur nichtmesstechnischen Expositionsermittlung
- GESTIS-STAUB-EX: Brenn- und Explosionskenngrößen von Stäuben

www.gisbau.de
Gefahrstoffinformationssystem der Berufsgenossenschaft der Bauwirtschaft (GISBAU): Informationen zu Gefahrstoffen beim Bauen, Renovieren und Reinigen, u. a. Expositionsbeschreibungen, Formulare für Tätigkeiten mit Gefahrstoffen, Zugang zum Programm WINGIS (direkt: *www.wingisonline.de*) mit GISCODEs/Produktcodes, Handschuhdatenbank

www.gischem.de
Gefahrstoffinformationssystem Chemikalien der Berufsgenossenschaft Rohstoffe und chemische Industrie (BG RCI) und der Berufsgenossenschaft Holz und Metall (BGHM): u.a. Hilfe bei der Erstellung von Betriebsanweisungen, bei der Einstufung von Gemischen (Gemischrechner), beim Führen des Gefahrstoffverzeichnisses

www.gefahrstoff-info.de
Gefahrstoffdatenbank der Länder (GDL): Informationen über Gefahren und Schutzmaßnahmen sowie rechtliche Regelungen/Grenzwerte von Einzelstoffen und Stoffgruppen. Zudem wichtige Aspekte aus nationalen und EU-Rechtsvorschriften

https://echa.europa.eu/information-on-chemicals
European Chemicals Agency: Umfassende Informationsquelle über Chemikalien, die in Europa hergestellt oder dorthin eingeführt werden: gefährlichen Eigenschaften, Einstufung und Kennzeichnung, Hinweise zur sicheren Verwendung (nur in Englisch)

www.reach-clp-biozid-helpdesk.de
Der REACH-CLP-Biozid Helpdesk ist die Auskunftsstelle des Bundes. Er liefert Informationen und unterstützt bei der Umsetzung der REACH-Verordnung, der CLP-Verordnung und der Biozid-Verordnung

www.umweltbundesamt.de (> Themen > Chemikalien)
Informationsseiten des Umweltbundesamts, u. a. mit Zugang zum Informationssystem Chemikalien des Bundes und der Länder (ChemInfo)

Gesetzte, Verordnungen, Vorschriften

http://eur-lex.europa.eu
Portal zum Recht der Europäischen Union (EUR-LEX)

www.bmas.de
Informationsangebot des Bundeministeriums für Arbeit und Soziales: u. a. Gesetze und Verordnungen im Volltext

www.gesetze-im-internet.de
Fast das komplette aktuelle Bundesrecht im Volltext; Links zu allen neu im Bundesgesetzblatt Teil 1 verkündeten Vorschriften (bis sechs Monate nach Inkrafttreten)

www.gmbl-online.de
Das Gemeinsame Ministerialblatt (GMBl) ist das amtliche Publikationsorgan der Bundesregierung. Hier veröffentlicht u. a. das Bundesministerium für Arbeit und Soziales seine Bekanntmachungen

www.umwelt-online.de
Umfassende Volltextsammlung zum Arbeitsschutz- und Umweltrecht (kostenpflichtiges Abonnement)

www.dguv.de/publikationen
Zugang zum Vorschriften- und Regelwerk der Deutschen Gesetzlichen Unfallversicherung